职业教育一体化课程改革系列教材——机电一体化

51单片机系统设计与调试

——基于智能小屋系统开发的工作过程

主　编　王　丽　徐又又

副主编　朱国云　韦　政　李　熊

参　编　刘梦薇　张　翠

西南交通大学出版社

·成　都·

图书在版编目（CIP）数据

51 单片机系统设计与调试：基于智能小屋系统开发的工作过程 / 王丽，徐又又主编. —成都：西南交通大学出版社，2022.8
ISBN 978-7-5643-8774-7

Ⅰ. ①5… Ⅱ. ①王… ②徐… Ⅲ. ①单片微型计算机－系统设计－中等专业学校－教材②单片微型计算机－调试方法－中等专业学校－教材 Ⅳ. ①TP368.1

中国版本图书馆 CIP 数据核字（2022）第 122427 号

51 Danpianji Xitong Sheji yu Tiaoshi
—— Jiyu Zhineng Xiaowu Xitong Kaifa de Gongzuo Guocheng

51 单片机系统设计与调试
——基于智能小屋系统开发的工作过程

主编 王 丽 徐又又

责任编辑	李华宇
封面设计	GT 工作室
出版发行	西南交通大学出版社 （四川省成都市金牛区二环路北一段 111 号 西南交通大学创新大厦 21 楼）
发行部电话	028-87600564 028-87600533
邮政编码	610031
网址	http://www.xnjdcbs.com
印刷	成都中永印务有限责任公司
成品尺寸	210 mm×285 mm
印张	14.5
字数	439 千
版次	2022 年 8 月第 1 版
印次	2022 年 8 月第 1 次
书号	ISBN 978-7-5643-8774-7
定价	45.00 元

课件咨询电话：028-81435775

前　言

单片机课程的学习是典型的复杂学习（Complex Learning），不仅要求学习者能掌握与单片机工作原理相关的知识，更要求学习者能够切实掌握单片机系统设计与开发的技能。因此，单片机教材多以项目驱动的形式，将单片机相关知识点融入各个项目中，这在一定程度上能达到让学习者在实践中学习，在学习中实践的效果。然而不足之处是，各个项目之间缺乏关联，知识点是分散的。当学习者面对一个综合性单片机系统开发任务时，会感到束手无策，无法掌控项目的整体架构。实际单片机项目开发时，工程师首先依据产品的需求分析设计系统的功能模块，然后依次实现各模块功能，最后将各功能模块进行耦合优化实现完整的系统功能。依据这一过程，本书选择一个综合性单片机系统——智能小屋系统作为载体，设计以下六个典型工作任务：

学习任务一：智能小屋整体功能设计；

学习任务二：智能小屋彩灯模块设计；

学习任务三：智能小屋数字钟模块设计；

学习任务四：智能小屋门禁模块设计；

学习任务五：智能小屋自动窗帘控制模块设计；

学习任务六：智能小屋综合设计。

其中学习任务一是对智能小屋进行整体功能设计，运用自顶向下的分解方法将系统分解为若干个大小不同的功能模块；学习任务二、三、四、五分别实现智能小屋的四个功能模块；学习任务六将各模块优化耦合做出智能小屋的样机，这样形成一个从系统到局部再回归到系统的闭环。通过学习本书，读者可以学会设计与建构综合性项目的方法，形成对复杂项目独立思考的能力，制作出一个具有多种功能的个性化智能小屋。

本书的另外一个特色是用到两种编程语言：一是汇编语言，有助于更加深入地理解单片机的运行原理以及精准控制；二是 C 语言，提高程序的可读性以及可维护性，更加接近实际产品的开发维护过程。本书中的学习任务二智能小屋彩灯控制模块是用汇编语言编程实现的，通过设置在难度上循序渐进的子任务加深读者对汇编语言及单片机硬件知识的理解。学习任务三智能小屋数字钟模块在使用汇编语言编程的同时引入了 C 语言编程，详细讲解了单片机 C 语言的基本知识及使用方法。在学习任务四智能小屋门禁模块、学习任务五智能小屋自动窗帘控制模块中继续使用 C 语言编程，并涉及矩阵键盘、LCD 液晶显示、继电器、扬声器、步进电机、红外遥控器、无线遥控器等外设与单片机的接口电路及编程方法。

本书对每一个子任务都详细讲解了硬件电路设计和软件程序设计及相关知识点、电路和程序的仿真、电路搭接注意事项、故障调试方法等；完整地复现了实际工程中产品开发调试的全过程；充分体现了“做中学、学中做”的工学结合一体化的教学设计思路，非常适合用作一体化课程的教材，指引一体化课程的开展和实施。本书适合作为职业院校、技工院校机电、自动化、电子、计算机等专业的教学用书和相关技术培训教材，也可供 51 系列单片机项目开发初学者学习使用。

本书提供了配套资源，包括：电子教学课件、工作页，以供教师引导学生完成学与做；完整的源代码和仿真电路设计图，以供初学者验证调试。

本书由王丽、徐又又担任主编，朱国云、韦政、李熊担任副主编，刘梦薇、张翠参与了部分内容的编写及修改工作，在此表示感谢。

由于编者水平有限，书中难免存在不足之处，恳请广大读者批评指正。

编　者

2022 年 5 月

数字资源索引

续表

目　录

学习任务一　智能小屋整体功能设计

【学习任务描述】

单片机工程师接到产品开发任务时，第一件事就是对产品进行整体功能设计：即确定产品的具体功能，自顶向下进行功能分解，直至确定每个功能模块的作用以及实现的方法等，从而从宏观上把控产品架构。

智能小屋是一个以单片机为控制核心的综合性应用系统，因此我们首先要进行智能小屋的整体功能设计，确定具体的功能模块。

【学习目标】

（1）能理解需求分析的意义，对智能小屋系统进行需求分析。
（2）能掌握自顶向下设计方法，对智能小屋系统进行功能模块的分解。
（3）能叙述单片机的特点、功能及内部结构。

一、智能小屋需求分析

需求分析也称为软件需求分析、系统需求分析或需求分析工程等，是开发人员经过深入细致的调研和分析，准确理解用户和项目的功能、性能、可靠性等具体要求，将用户非形式的需求表述转化为完整的需求定义，从而确定系统必须做什么的过程。在单片产品开发当中的“需求分析”就是确定产品要实现什么功能，要达到什么样的效果，以及分析产品能否实现等。可以说需求分析是做系统之前必做的。

我们对智能小屋的需求是：早晨起来，房间的窗帘可以自动打开，让阳光照射进来；晚上回去，窗帘自动放下；同时还可以通过遥控器手动控制窗帘，随心所欲地在房间任何地方开关窗帘；我们的房间一定要具有安全性，所以有门禁系统，只有输入正确的密码才能进入，这样也可以避免钥匙丢失进不了门；房间里还有一个小小的数字钟，让我们不用看手机也可以随时知道时间；房间里还有彩色氛围灯，增加房间的浪漫气息；最酷的是房间里的所有东西都由我们随心所欲地控制，随时可以根据心情修改功能。

通过对以上智能小屋的需求进行分析，结合我们的开发条件，确定智能小屋有以下功能：

（1）彩灯循环控制；
（2）数字钟显示；
（3）门禁控制；
（4）窗帘自动控制。

二、智能小屋自顶向下功能模块设计

自顶向下设计，在工程学中是一种逐步求精的设计程序的过程和方法。这种设计方法先对最高层次中的问题进行定义、设计，而将其中未解决的问题作为一个子任务放到下一层次中去解决。这样逐层、逐个地进行定义、设计，直到所有层次上的问题均由实用程序来解决，就能设计出具有层次结构的程序，其核心本质是“分解”。在单片机系统开发中，经常用自顶向下的方法将一个综合性的系统进行功能模块的分解，这样有利于开发人员从宏观上掌控系统架构，从而快速并准确定位每个问题的关键、重点所在，进而找到解决问题的办法。

单片机系统的分解过程可以用树的形式表示，如图 1-1 所示。单片机系统的自顶向下设计过程就是建构一棵项目树的过程。模块化思维、软硬件结合思维和软件分层思维，是单片机系统分解的三种基本方法。模块化思维方法将系统分成不同的功能模块；软硬件结合思维方法将功能模块细分为硬件与软件；软件分层思维方法将软件分为应用层和驱动层。

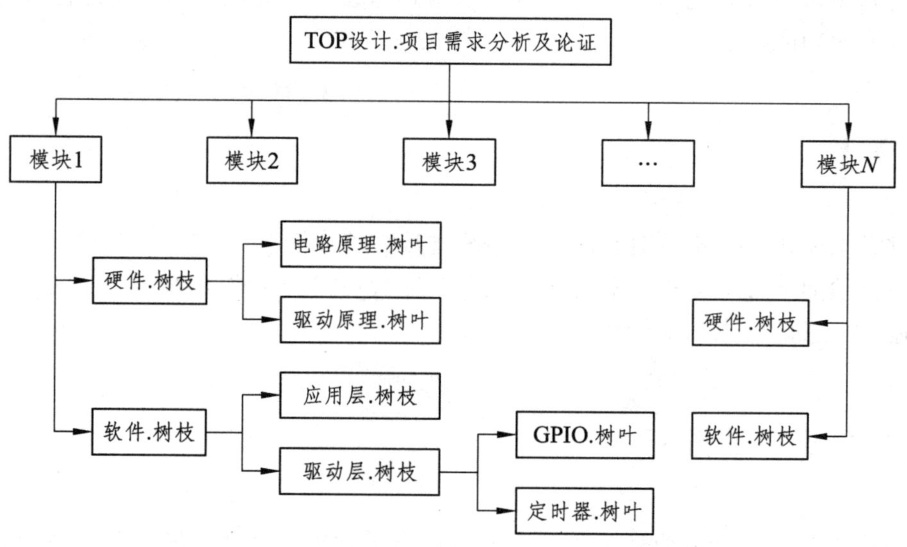

图 1-1　单片机系统自顶向下分解示意图

智能小屋是一个综合性的系统，包含多种功能，在开发之前用自顶向下的方法对其进行分解，便于我们对系统的整体把控，明确工作任务。自顶向下对智能小屋进行功能模块分解的过程如图 1-2 所示。

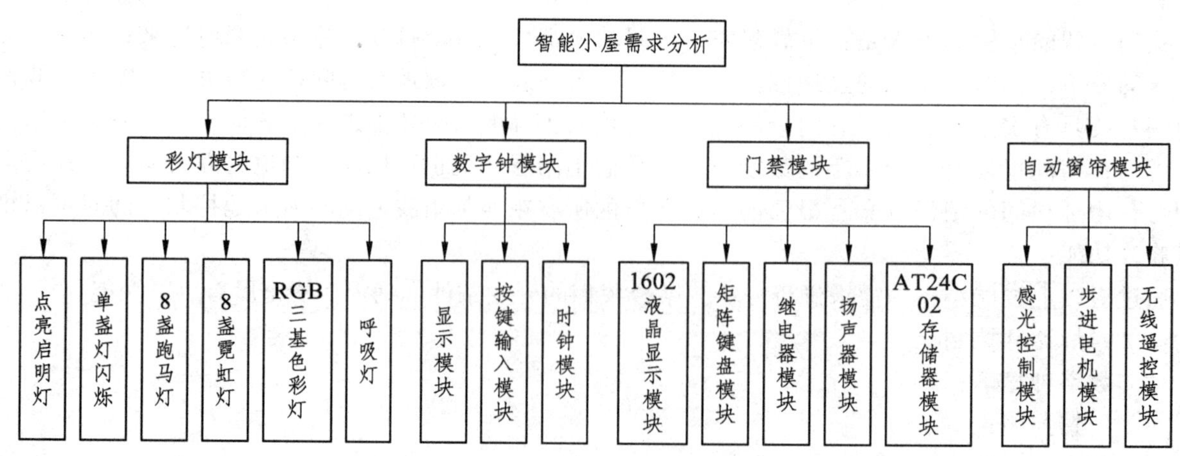

图 1-2　智能小屋系统自顶向下分解示意图

三、智能小屋的控制核心——单片机

1. 单片机的简介

单片机（Micro-Controller Unit，简称 MCU）是一种集成电路芯片，是采用超大规模集成电路技术把具有数据处理能力的中央处理器 CPU、随机存储器 RAM、只读存储器 ROM、多种 I/O（输入/输出）口和中断系统、定时器/计数器等功能［可能还包括显示驱动电路、脉宽调制电路、模拟多路转换器、A/D（模拟/数字）转换器等电路］集成到一块硅片上构成的一个小而完善的微型计算机系统，如图 1-3 所示。

图 1-3　单片机示意图

一块小小的芯片就是一个完整的微型计算机系统，与我们经常使用的个人计算机相比，单片机只缺少 I/O 设备，其内部功能结构与个人计算机所差无几，但是单片机的体积小、质量轻、价格便宜，非常适用于嵌入一个系统中实现自动控制，所以单片机又称为嵌入式计算机。其使用领域非常广泛，如智能仪表、实时工控、通信设备、导航系统、家用电器等。各种产品一旦用上了单片机，就能起到使产品升级换代的功效，常在产品名称前冠以形容词——“智能型”，如智能型洗衣机、智能小屋等。市场上现有单片机的型号有很多种，如 51 单片机、AVR 单片机、PIC 单片机、MSP430 单片机等。对于初学者，使用最多的是 51 单片机，因此本书中智能小屋的开发选用一款常用的 51 单片机——STC89C51 作为控制核心。

2. 51 单片机的内部结构

虽然 51 单片机有很多种，但它们的结构却基本相同，主要包括中央处理器（CPU）、存储器（程序存储器和数据存储器）、定时/计数器、并行接口、串行接口和中断系统等几大单元，如图 1-4 所示。

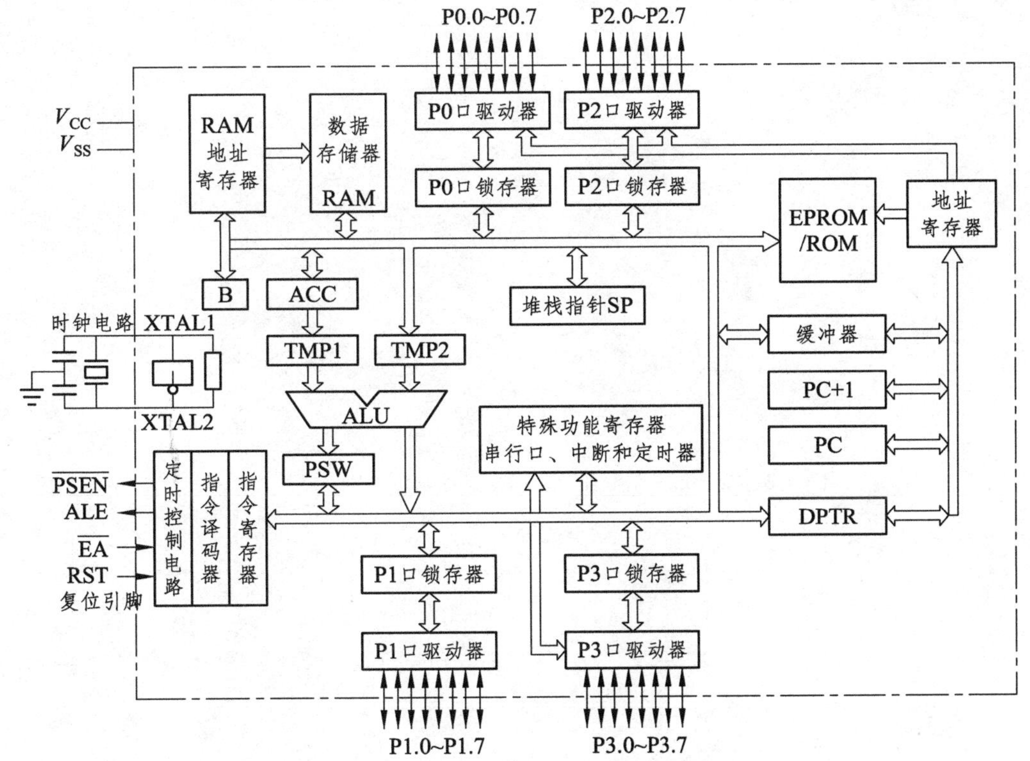

图 1-4　51 单片机内部结构框图

可以看出，51 单片机虽然只是一个小芯片，但“麻雀虽小、五脏俱全”，作为计算机应该具有的基本部件在单片机内部几乎都包括。下面具体介绍每个功能部件的作用。

1）中央处理器（CPU）

中央处理器（CPU）是整个单片机的核心部件，是 8 位数据宽度的处理器，能处理 8 位二进制数或代码。CPU 负责控制、指挥和调度整个单元系统协调工作，完成运算和控制输入/输出功能等操作。

2）存储器

存储器分为程序存储器（ROM）和数据存储器（RAM）两种，前者存放调试好的固定程序和常数，后者存放一些随时有可能变动的数据。

3）定时/计数器

单片机除了进行运算外，还要完成控制功能，所以离不开计数和定时。因此，在单片机里就设置有定时/计数器。

4）并行输入/输出（I/O）口

51 单片机共有 4 组 8 位 I/O 口（P0、P2、P1 和 P3），用于与外部数据进行并行传输。

5）全双工串行口

51 单片机内置一个全双工串行通信口，用于与其他设备间进行串行数据传输。

6）中断系统

51 单片机具备较完善的中断功能，一般包括外部中断、定时/计数器中断和串行中断，满足不同的控制要求。

现在，我们已经知道了 51 单片机的基本组成。实际上，单片机内部有一条将它们连接起来的“纽带”，即所谓的“内部总线”。而 CPU、ROM、RAM、I/O 口、中断系统等就分布在此总线的近旁，并和它联通。因此，一切指令、数据都可经内部总线传送。

学习任务二　智能小屋彩灯模块设计

【学习任务描述】

在学习任务一中，我们已经设计了智能小屋的整体功能模块。现在开始制作智能小屋的第一个功能模块——彩灯模块。在这个任务中，我们要为智能小屋设计炫丽的彩灯，把小屋装饰得漂亮温馨。

【学习目标】

（1）能在了解单片机内部结构的基础上，叙述外部引脚的作用。
（2）能正确检测 LED（发光二极管）灯的好坏，同时能区分不同类型 LED 灯的管脚极性。
（3）能灵活使用 51 汇编语言的大部分指令，编写 LED 彩灯控制程序。
（4）能熟练使用 Proteus 软件绘制 LED 彩灯控制电路并仿真电路功能。
（5）能在 Keil 编程软件中编写 LED 彩灯控制程序并调试。
（6）能在面包板或万能板上搭建并调试硬件电路。
（7）能将程序下载到单片机中对 LED 彩灯控制系统进行软硬件联合调试。

【学习工作任务】

根据从易至难、循序渐进的原则，该任务可以分为以下几个子任务：
（1）单盏灯点亮；
（2）单盏灯闪烁；
（3）8 盏跑马灯；
（4）霓虹灯；
（5）RGB 三基色灯；
（6）呼吸灯；
（7）LED 彩灯综合设计。

子任务一　点亮启明灯

下面就从用单片机点亮一个 LED 灯开启我们的单片机学习之旅吧。如前所述，单片机其实就是一台微型计算机。用一台计算机去控制一盏灯的亮灭岂不是大材小用吗？先别急，我们就在这个简单的任务中学习怎样用单片机控制一个设备动作。这里的 LED 灯对于单片机而言就是一个外部设备。

任务目标

- ○ 能描绘单片机的内部结构与外部引脚的关系。
- ○ 能叙述单片机最小系统的工作原理。
- ◎ 能用 Proteus 软件绘制单片机控制启明灯电路。
- ◎ 能用 Keil 软件编译点亮启明灯的程序。
- ● 能排除启明灯控制系统硬件电路故障。
- ● 能进行启明灯控制系统软硬件联合调试。

说　明

○——了解；◎——重点；●——难点。

一、硬件电路设计

硬件和软件是一个完整的计算机系统互相依存的两大部分。硬件是基础，是平台。没有一个正确的、好的平台，任务就不能很好地实现。所以每一个任务开始就是进行硬件电路的设计。本任务的电路设计如图 2-1 所示，一块 STC89C51 单片机通过它的一个 I/O 口 P1.0 连接到一个 LED 灯。

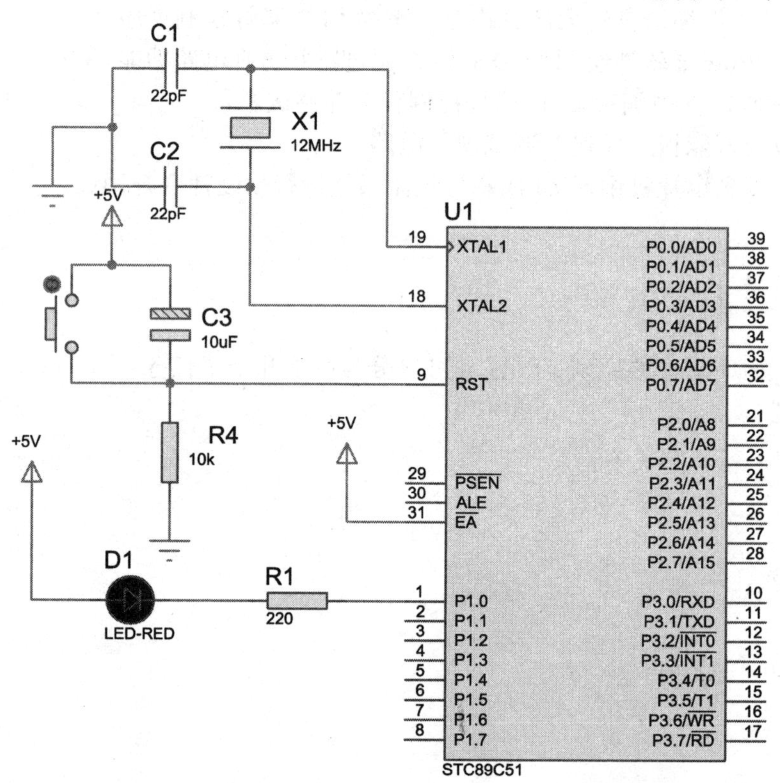

图 2-1　启明灯硬件电路图

该电路设计涉及以下知识点：

1. 单片机的最小系统

单片机的最小系统就是指使单片机能正常工作的最低配置。它由一系列电路组成：

（1）电源电路：这款单片机芯片的供电电压为 4~5.5 V。如图 2-1 中单片机芯片的 40 脚 VCC 接 5 V

电源，20 脚 GND 接地。在 Proteus 软件中，单片机的 40 脚 VCC 和 20 脚 GND 默认情况下是隐藏并且已经连接到电源、地的。后续电路图中都使用的默认隐藏模式，在实际接线中记得要为单片机 40 脚接上电源，20 脚接到地上。

（2）复位电路：单片机复位电路就好比计算机的重启部分，当计算机在使用中出现死机，按下重启按钮，计算机内部的程序从头开始执行。单片机也一样，当单片机系统在运行中受到环境干扰出现程序跑飞的时候，按下复位按钮，内部的程序自动从头开始执行。如图 2-1 中 9 脚接的 10 μF 电容和 10K 电阻，上电时可以使 9 脚出现 2 个机器周期以上高电平，从而使单片机复位。按下复位按钮时，9 脚得到 2 个机器周期以上的高电平，也可以使单片机复位。

（3）晶振电路：图 2-1 中 18 和 19 脚接的晶振频率决定了单片机的处理速度，相当于计算机的主频。晶振频率越高，处理速度越快。51 单片机的晶振频率可以是 6 MHz、12 MHz 或者 11.059 2 MHz，在正常工作的情况下可以采用更高频率的晶振。

2. 40P51 单片机的引脚

引脚就是芯片内部电路引出来与外围电路的连接点，所有引脚就构成了芯片的接口。STC89C51 单片机有 40 个引脚，具体如图 2-2 所示。

这 40 个引脚虽然多，但一点也不难理解，因为它们都是从芯片内部的功能电路中引出来的，知道单片机内部有些什么功能模块，就知道外部引脚的功能了。在学习任务一中，我们已经了解到单片机内部有 I/O 口（并口和串口）、定时/计数器、存储器、中断系统、时钟系统等，那么它们延伸至芯片外的引脚分别对应的是哪些功能呢？请看图 2-3。

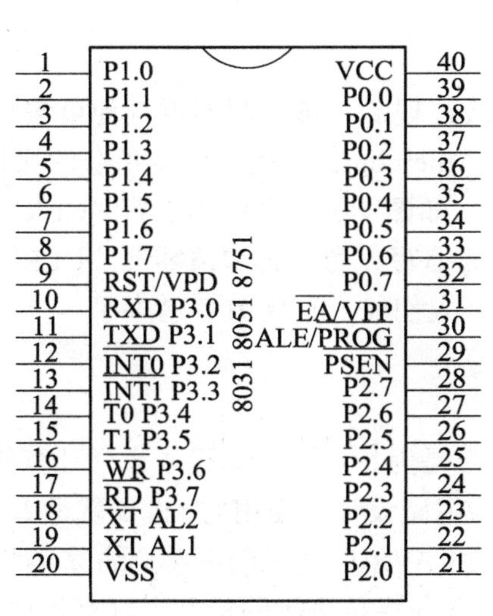

图 2-2　8051 单片机引脚图

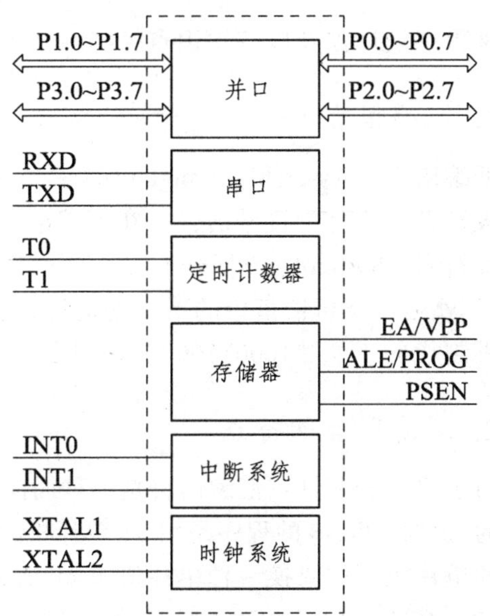

图 2-3　51 单片机内部结构与外部引脚关系

3. 单片机的 I/O 口

I/O 即输入（Input）和输出（Output），是单片机与外部设备交换信息的通道。就像人是通过他的五官和手足与外界事物进行联系一样，单片机是通过 I/O 口向外部设备发出控制命令，同时从 I/O 口接收外部设备发过来的信息。51 单片机有两种 I/O 口，并口和串口。两种口传输数据的方式不一样，这里先了解并口。图 2-1 中的 51 单片机有 P0、P1、P2、P3 共 4 个并口。每个并口都有 8 个引脚引出成为 8 根数据线，可以同时传输 8 位比特数据。如图 2-1 所示，单片机通过 P1 口的一个引脚 P1.0 连接到 LED 灯的一端，通过 P1.0 传输 0 或 1，从而控制灯的亮灭。

4. LED 灯的工作原理

图 2-1 中的发光二极管就是一个 LED 灯，其实物图如图 2-4 所示。长脚是正极，短脚是负极。它的发光原理是：给长脚提供一个高电平，短脚一个低电平，LED 灯就会发光。当 LED 灯发光时，它两端的电压一般为 1.7 V 左右（不同颜色、不同类型的发光二极管，该值有所不同）。图 2-1 中 LED 灯的负极接到 P1.0，正极通过一个电阻接到 5 V 高电平，那么单片机只需要通过 P1.0 送出一个 0（即低电平 0 V），LED 灯就可以发光了。

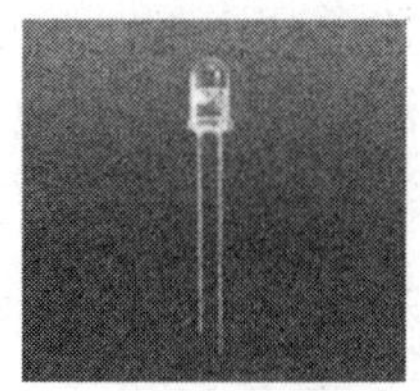

图 2-4　LED 灯

二、软件程序设计

硬件电路设计好了，下面开始软件设计。程序是人发送给单片机的指令，是单片机的灵魂。程序编好了，单片机才会按照人的意愿完成交给它的任务。所以学习单片机最主要的就是学习编写程序的方法，以驱动单片机的硬件资源完成任务。点亮一个 LED 灯的程序如图 2-5 所示。

```
ORG 0000H        ; 程序的开始
CLR P1.0         ; P1.0 口输出 0
SJMP $           ; 停在此处
END              ; 程序的结束
```

图 2-5　启明灯软件程序

该程序设计涉及以下知识点：

1. 汇编语言

汇编语言（Assembly Language）是一种用于电子计算机、微处理器、微控制器或其他可编程器件的低级语言，也称为符号语言。在汇编语言中，用英文助记符（Mnemonics）代替机器指令的操作码，用地址符号（Symbol）或标号（Label）代替指令或操作数的地址。如图 2-5 程序的第 2 行“CLR P1.0”，“CLR”就是一条机器指令的英文助记符，它是英文“CLEAR”的缩写，意思是“清零”。“CLR”比一串二进制代码（如“10001100”）好记多了，因此有了汇编语言，人们输入程序就容易多了。

2. 汇编语言的特点

（1）机器相关性：汇编语言是一种面向机器的低级语言，通常是为特定的计算机或系列计算机专门设计的。比如，图 2-5 的程序是用 51 单片机的汇编语言编写的，因为电路设计中使用的 MCU 就是 MCS-51 系列的单片机。如果换一种单片机（如 AVR 单片机），我们就要用 AVR 单片机的汇编语言来编程了。

（2）高速度和高效率：汇编语言保持了机器语言的优点，具有直接和简捷的特点，可有效地访问、控制计算机的各种硬件设备，如磁盘、存储器、CPU、I/O 端口等，且占用内存少、执行速度快，是高效的程序设计语言。

（3）编写和调试的复杂性：由于是直接控制硬件，且简单的任务也需要很多汇编语言语句，因此在进行程序设计时必须面面俱到，需要考虑到一切可能的问题，合理调配和使用各种软、硬件资源。这样，就不可避免地加重了程序员的负担。与此相同，在程序调试时，一旦程序的运行出了问题，较难发现。

3. 51 单片机汇编语言程序的基本结构

如图 2-5 所示，51 汇编语言程序一般以指令“ORG ”开始，“END”结束，中间的两条语句就是程序的主体。语句“ORG 0000H”用于将程序主体存放在单片机内部程序存储器从地址“0000H”开始的存储单元中。一般汇编语言程序的开始都用这条指令进行程序定位。这个程序中用于实现该任务目标的语句是“CLR P1.0”，功能是使 P1.0 引脚为 0，即 P1.0 引脚为低电平，从而驱动 LED 灯发光。“CLR”是 51 汇编语言中的清零指令，与之功能相反的是置位指令“SETB”，如“SETB P1.0”的功能是使 P1.0 引脚为 1，即 P1.0 引脚为高电平。

三、单片机开发的两件利器——Proteus 仿真软件和 Keil C51 编程软件

Proteus 软件是英国 Lab Center Electronics 公司出版的 EDA（电子设计自动化）工具软件。它不仅具有其他 EDA 工具软件的仿真功能，还能仿真单片机及外围器件并且能够与 Keil 联合调试。它是目前比较好的仿真单片机及外围器件的工具。

Keil C51 是美国 Keil Software 公司出品的 51 系列兼容单片机 C 语言软件开发系统，可以用于 C 语言编程，也可以用于汇编语言编程。

将用 Keil C51 编译的程序下载至用 Proteus 绘制的电路图中，就可以验证设计的程序和电路能否实现任务要求。下面将学习怎样用 Proteus 绘制图 2-1 中的电路，以及在 Keil C51 中编写图 2-5 中的程序。

1. 使用 Proteus 绘制电路图

（1）点击计算机桌面 Proteus 的图标打开软件，如图 2-6 所示。

（2）经过短暂的加载就进入如图 2-7 所示界面。

图 2-6　Proteus 图标

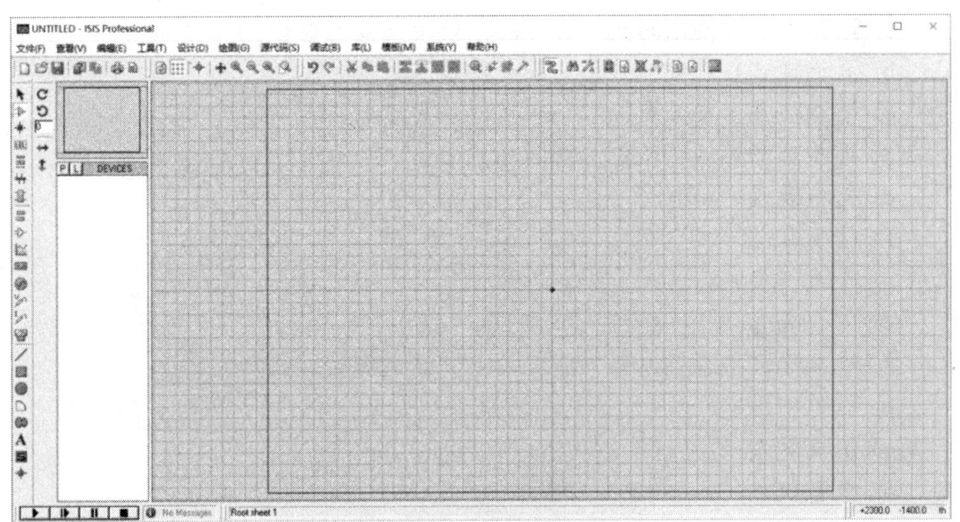

图 2-7　Proteus 软件工作界面

图 2-7 所示为 Proteus 软件的工作界面（本书使用 Proteus 7.8 版本），与大多数软件一样，它也是由标题栏、菜单栏、工具栏等构成。下面结合图 2-8 简单介绍各功能区。

①工作区（The Editing Window）：也就是原理图编辑窗口，我们可以在工作区内绘制电路原理图。需要注意的是，工作区所在的窗口是没有滚动条的，我们可以使用预览窗口来改变原理图的可视范围。此外，Proteus 的操作不同于常用的 Windows 应用程序，在本软件中，使用鼠标滚轮缩放原理图，利用鼠标左键放置元件，右键选择元件，双击右键删除元件，先右键后左键编辑元件属性，先左键后右键拖动元件，连线用左键，删除用右键。

②预览窗口（The Overview Window）：主要有两个作用，一是在元件列表中选择一个元件时，它会

显示该元件的预览图；二是当鼠标焦点落在工作区时（如放置元件到原理图编辑窗口后或在原理图编辑窗口中点击鼠标后），它会显示整张原理图的缩略图，并会显示一个绿色的方框，绿色的方框里面的内容就是当前原理图窗口中显示的内容，因此，我们可用鼠标在它上面点击来改变绿色方框的位置，从而改变原理图的可视范围。

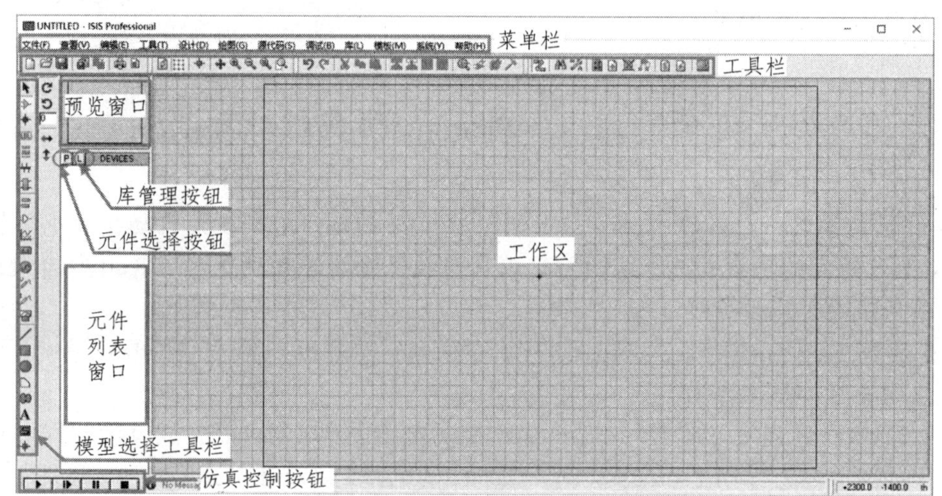

图 2-8　Proteus 软件工作界面功能分区

③模式选择工具栏（Mode Selector Toolbar）：有主要模式、配件及 2 D 图形模式。将鼠标放在相应的图标下面会有相应的文字提示。

主要模式（Main Modes）：

a. 选择模式（使用时先单击该图标再单击需要修改的元件）；

b. 元件模式（在此模式下选择元件）；

c. 结点模式（交叉点）；

d. 连线标号模式（使用总线时用到）；

e. 文本模式；

f. 总线模式；

g. 子电路模式。

配件（Gadgets）：

a. 终端接口，含有电源、地、输出、输入等接口；

b. 器件引脚；

c. 仿真图表；

d. 录音机；

e. 信号发生器；

f. 电压探针；

g. 电流探针；

h. 虚拟仪表，含有示波器等虚拟仪表。

④元件列表窗口（The Object Selector）：用于挑选元件、终端接口、信号发生器、仿真图表等。例如，当我们在元件模式下单击“P”按钮会打开元件选择对话框，选取一个元件后按下“OK”键则该元件会在元件列表中显示，以后再用到该元件时，只需在元件列表中选择即可，不需要再次进元件库中选取。

⑤方向工具栏（Orientation Toolbar）：可以对元件进行旋转及翻转。

旋转：　　旋转角度只能是 90 的整数倍。

翻转： 可以完成水平翻转和垂直翻转。

使用方法：先用鼠标右键单击元件，再点击（左击）相应的旋转图标。

⑥仿真控制按钮：

按钮的功能分别为运行、单步运行、暂停和停止。

（3）接下来，一步一步地绘制出图 2-1 中的电路。

首先点击元件模式，此模式下鼠标变为画笔，然后点击元件选择按钮，如图 2-9 所示。出现元件选择界面，在关键字中输入 RES，如图 2-10 所示，点击“确定”，回到工作界面，此时在工作区按下鼠标左键会出现刚才选取的电阻图标，此时图标是悬浮状态，可以按下 Tab 键编辑元件属性。或者直接找到合适的位置再次点击鼠标左键将该电阻放置好。元件放置后可以通过双击鼠标左键来编辑元件属性，属性编辑界面如图 2-11 所示。

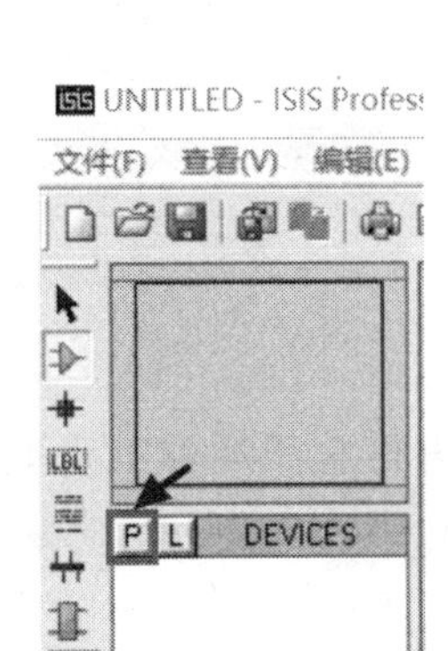

图 2-9　元件选择按钮

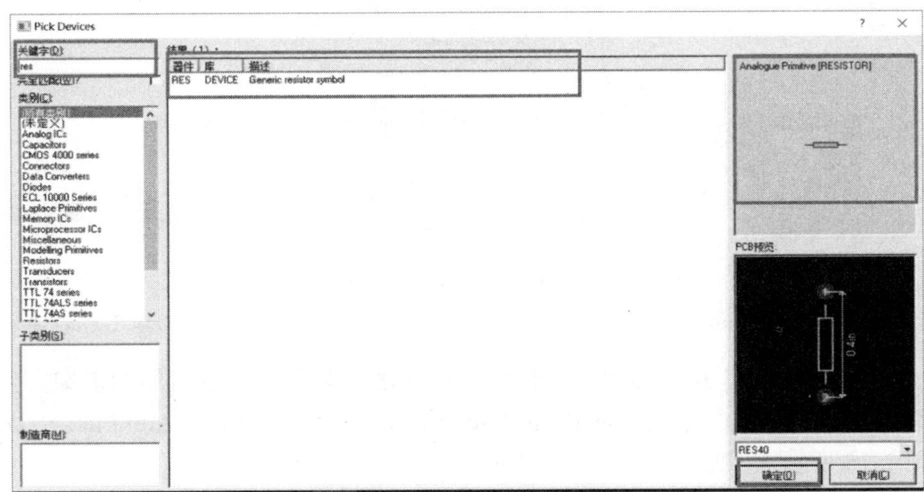

图 2-10　元件选择界面

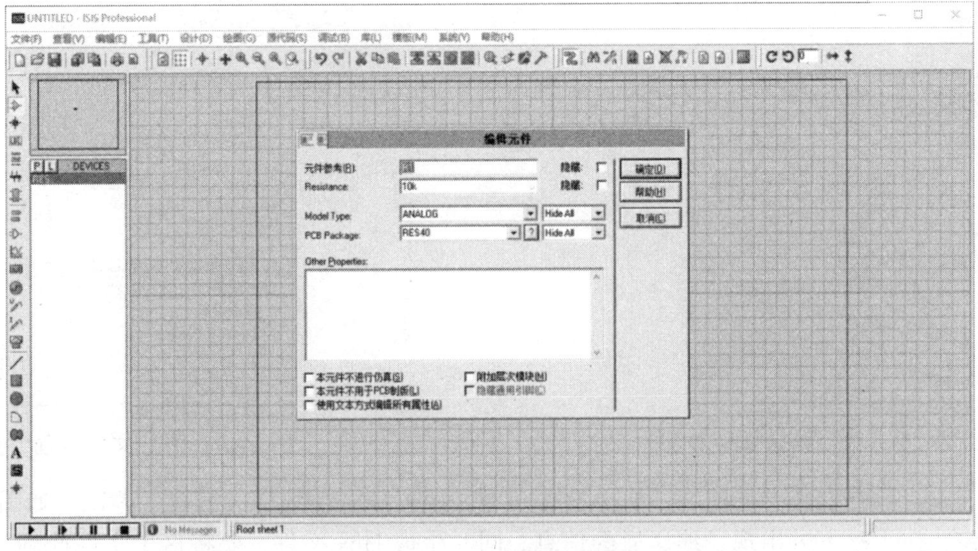

图 2-11　元件属性编辑界面

将电阻阻值修改为 1K，就成功放置了限流电阻。根据同样的方法，将其他器件依次从库里选取出来。在 Proteus 中绘制电路图时一定要知道元件所对应的关键字，这样才能快速地从库中把它们找到。

2. Keil C51 编制程序

（1）双击计算机桌面上 Keil uVision4 的图标打开软件，如图 2-12 所示。

（2）打开软件后，会出现如图 2-13 所示的页面，这时候就需要点击窗口上面的“Project”，然后点击“New uVision Project...”新建一个工程文件，在里面需要选择芯片，本节选择的是 Atmel 里面的 AT89C51。

（3）选择好芯片后，需要保存文件，接着就是写程序了。新建一个空白文档，这里是点击“File”下面的“New...”按钮，如图 2-14 所示。

图 2-12　Keil uVision4 图标

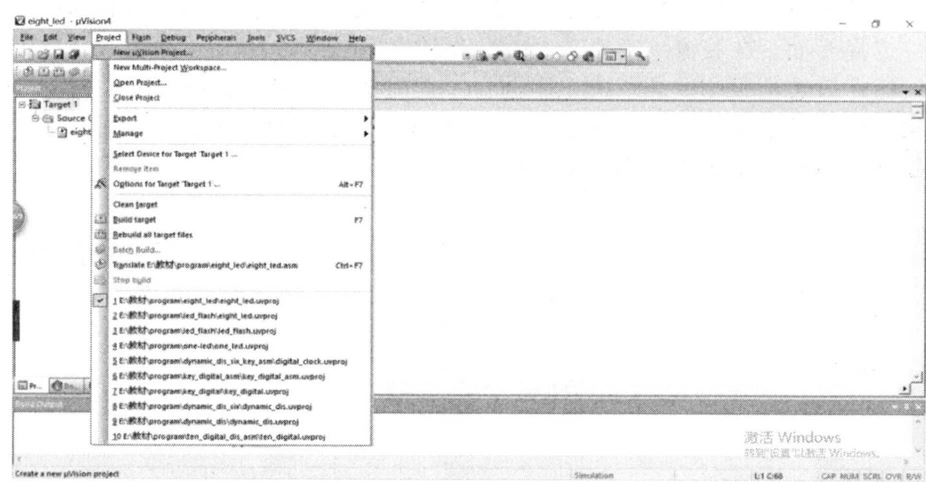

图 2-13　新建工程界面

（4）在“Text”中编写自己的程序，写好之后保存为.asm 后缀的汇编文件，再将它添加到工程里。这里需要注意，是点击“Project”的“Source Group 1”里面的“Add Files to Group ‘source Group 1’...”，如图 2-15 所示。

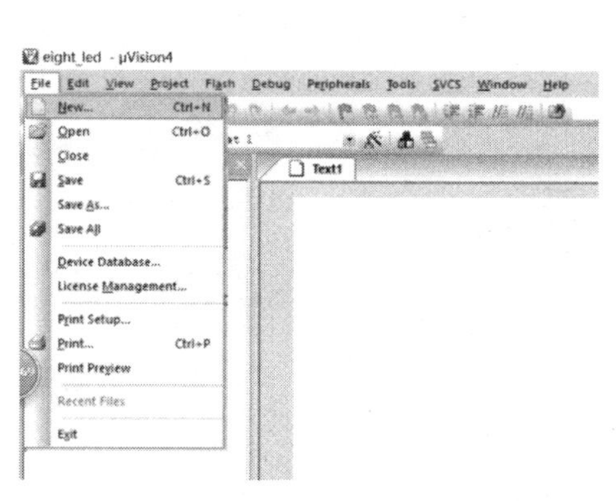

图 2-14　新建文件界面

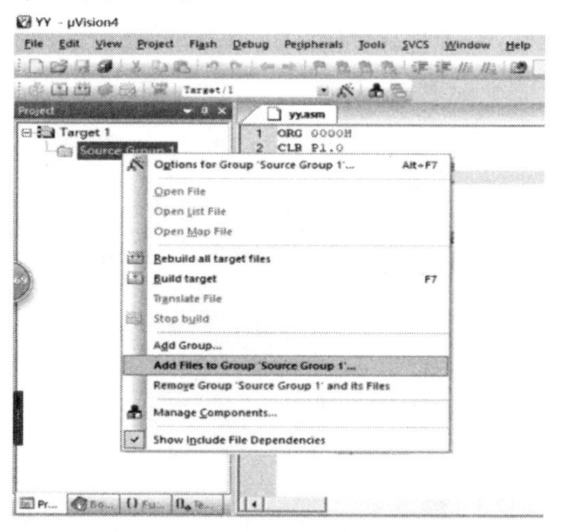

图 2-15　添加文件界面

（5）接下来，检查程序有无问题，如果没有问题，便可以开始编译、链接、调试。如图 2-16 所示，点击编译按钮，在工程下方出现了编译后的信息，同时生成 Hex 文件，要将这个文件放到 Proteus 软件中才能仿真。若程序有语法错误或其他问题则会出现相应的错误或警告提示，此时需要从第一条错误开始检查。双击此错误提示，程序中会出现一个蓝色箭头来标识此错误所在的行，需要仔细检查本行及其上下两行，因为 Keil 软件只能定位错误出现的大概位置，我们根据这个大概位置和错误提示信息自己再查找和修改错误，找到问题并修改后再次编译直到没有错误及警告（注意有些警告并不影响程序的执行，需要具体问题具体分析）。如果没有生成 Hex 文件，则检查“目标属性”→“输出”（“Options for Target1”→“Output”）是否勾选了生成 Hex 文件。

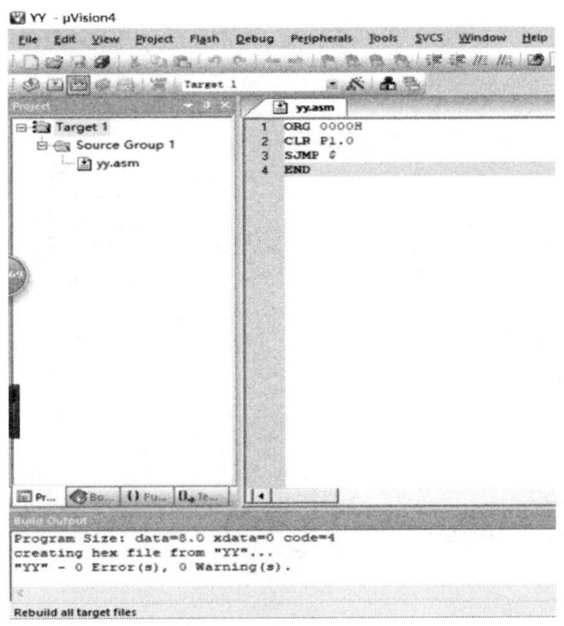

图 2-16　编译程序界面

3. Proteus 仿真

程序编写完成后，可以在 Proteus 软件中进行仿真，测试我们设计的电路和程序是否正确。

（1）打开已绘制好的电路图，如图 2-17 所示。

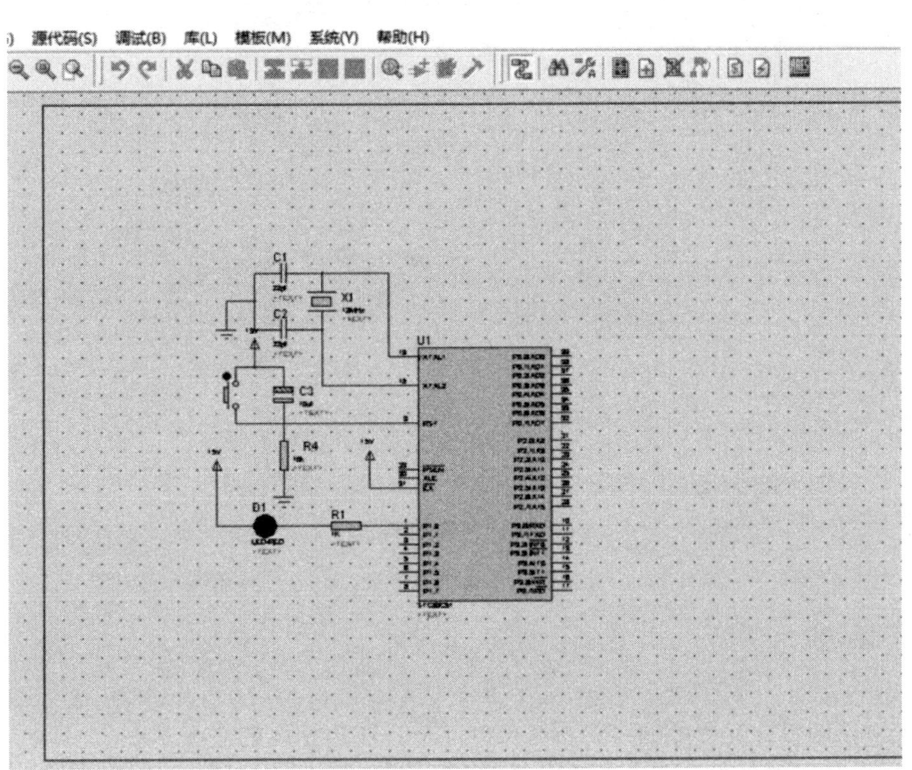

图 2-17　proteus 电路图

（2）点击电路图中的 51 单片机芯片出现如图 2-18 所示界面，点击 Program File 右侧文件夹图案，选择 Hex 文件所在路径，将 Keil 中生成的 Hex 文件加载至 51 单片机芯片中。

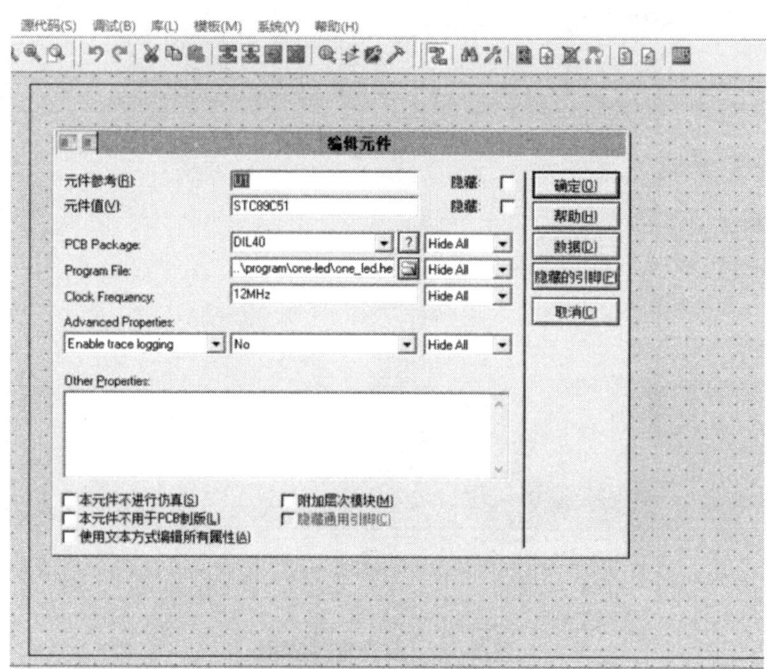

图 2-18　加载文件界面

（3）点击仿真按钮，开始仿真，如图 2-19 所示。

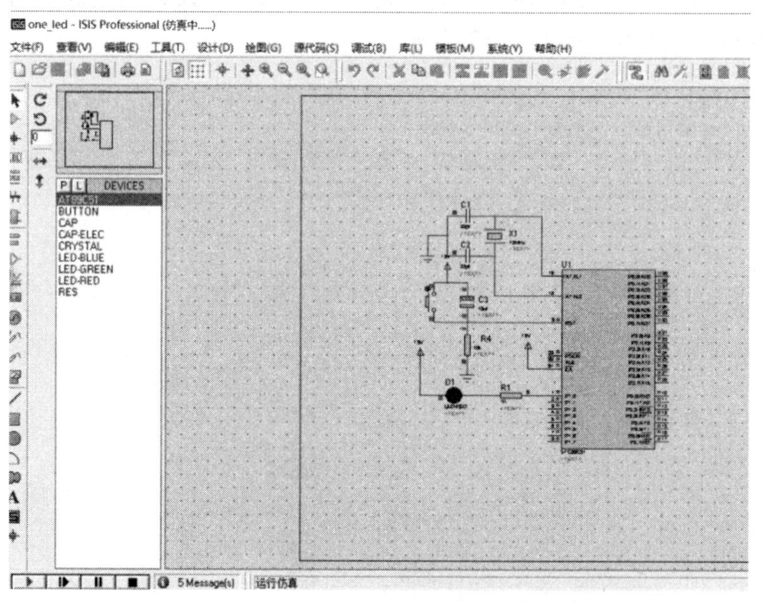

图 2-19　仿真界面

四、任务实施

完成了硬件电路图设计和程序编写后，就可以完成点亮启明灯的任务了。

（1）在 Proteus 仿真软件中验证设计的电路和程序。

首先列出元器件清单，见表 2-1。

根据元器件清单中所示的关键字，在 Proteus 仿真软件的元件库中找到所有元件，并按照原理图接线。

按下仿真开始按钮后，仿真结果如图 2-20 所示。

表 2-1　启明灯元器件清单

品名	型号	数量/个	Proteus 元件库关键字
单片机	STC89C51	1	AT89C51（代替）
晶振	12 MHz	1	CRYSTAL
电阻	10 kΩ	1	RES
电阻	1 kΩ	1	RES
按键	不带锁	1	BUTTON
瓷片电容	22 pF	2	CAP
电解电容	10 μF	1	CAP-ELEC
发光二极管	LED	1	LED-RED

（2）根据电路图搭接电路。

根据元器件清单，找到制作电路所需的所有材料后按照电路原理图接线。如前所述，在 Proteus 软件中，单片机的 40 脚 VCC 和 20 脚 GND 是隐藏且默认连接的，所以在实际搭建电路中一定要记得为单片机 40 脚接入 5 V 电源，20 脚接到地。注意搭建硬件电路后需要使用万用表测试系统的电源与地之间是否连通。在上电之前我们一定要确保系统电源、地没有短路，这是一个调试的好习惯。

（3）下载程序至单片机。

将程序下载至单片机中观察结果。如果程序及电路都没有错误，那么我们就会看到发光二极管被点亮了。

（4）故障调试。

程序下载至单片机中后，理想情况下能一举成功，不理想的话，就看不到我们想要的效果。因此，故障调试这一步一般避免不了。表 2-2 中列出了常见的故障现象和排查思路。

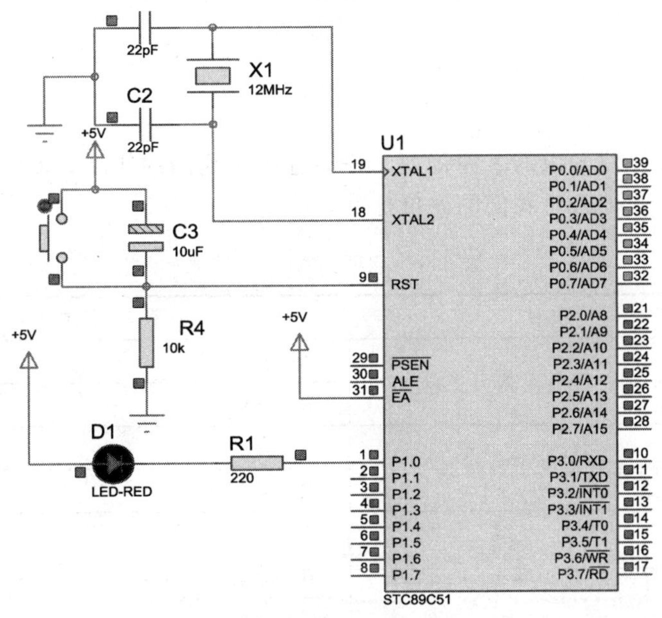

图 2-20　启明灯电路仿真结果图

表 2-2　启明灯故障排查

常见故障现象	排查思路
最小系统不能正常工作，程序下载不进去	检查最小系统各部分是否搭接正确，特别是晶振很容易接错
程序下载进去后，灯不亮	检查程序中是否漏掉“SJMP $”语句，导致程序跑飞；EA 引脚是否接至电源；LED 是否接反

五、总结归纳

在完成了单片机学习之旅的第一个任务之后，是不是感觉学到了一些知识，又表达不出来呢？图 2-21 中的这棵树能帮助我们理清思路，归纳所学知识。

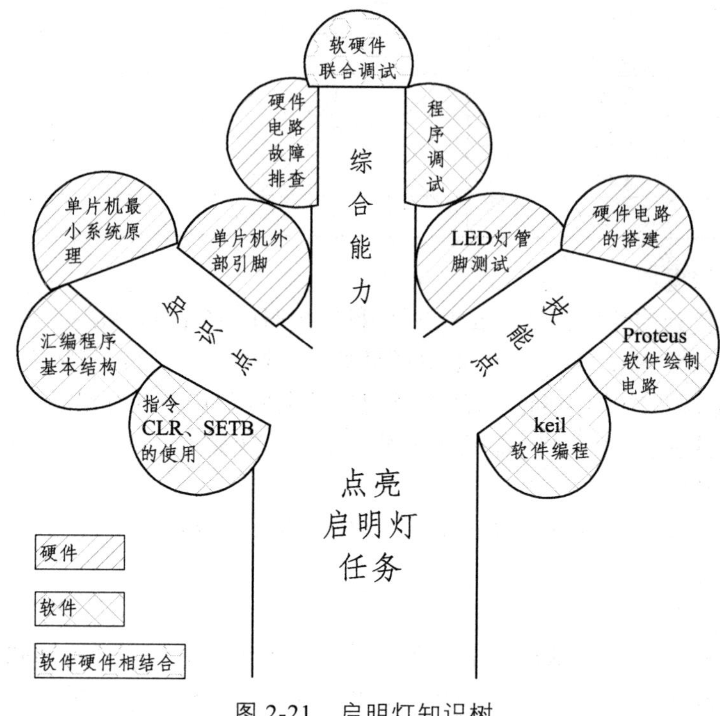

图 2-21　启明灯知识树

六、学习评价

评价可以帮助我们反思对知识的掌握程度，并促进优化我们的作品。评价表（表 2-3）提供了我们对自己的评价标准和老师或他人对我们的评价标准。

表 2-3　启明灯学习评价表

	评价项目	评价标准	评价结果
自我评价	Proteus 软件绘制单盏灯电路	A. 会	
		B. 不会	
	单片机最小系统正确搭接	A. 会	
		B. 不会	
	灯点亮程序编写	A. 独立编写	
		B. 借鉴参考	
		C. 不会	
教师评价	故障排查	A. 能独立找到错误并解决问题	
		B. 在别人的帮助下解决问题	
		C. 不会	
	启明灯点亮系统制作	A. 成功	
		B. 实现部分功能	
		C. 未完成	

子任务二　单盏灯闪烁

我们已经成功地用单片机点亮了一盏启明灯，现在是否有一种跃跃欲试，想要完成难一点的任务的感觉呢？那么，在这个任务中，我们就让这盏灯闪烁起来吧。

任务目标

○ 能说出单片机的 4 个 I/O 口在使用上的区别。
○ 能描绘单片机的存储器结构。
◎ 能绘制灯闪烁程序流程图。
◎ 能编写灯闪烁的程序。
● 能排除灯闪烁控制系统硬件电路故障。
● 能进行灯闪烁控制系统软硬件联合调试。

说　明

○——了解；◎——重点；●——难点。

一、硬件电路设计

该任务的电路原理图如图 2-22 所示。一块 STC89C51 单片机通过它的一个 I/O 口 P0.0 连接到一个 LED 灯。与前面任务的电路图相比，会发现两个电路基本相同，只是 LED 灯连接的 I/O 口不一样。这个电路图中，接的是 P0.0 引脚，同时该引脚通过一个 4.7 k 上拉电阻接到了 5 V 电源。

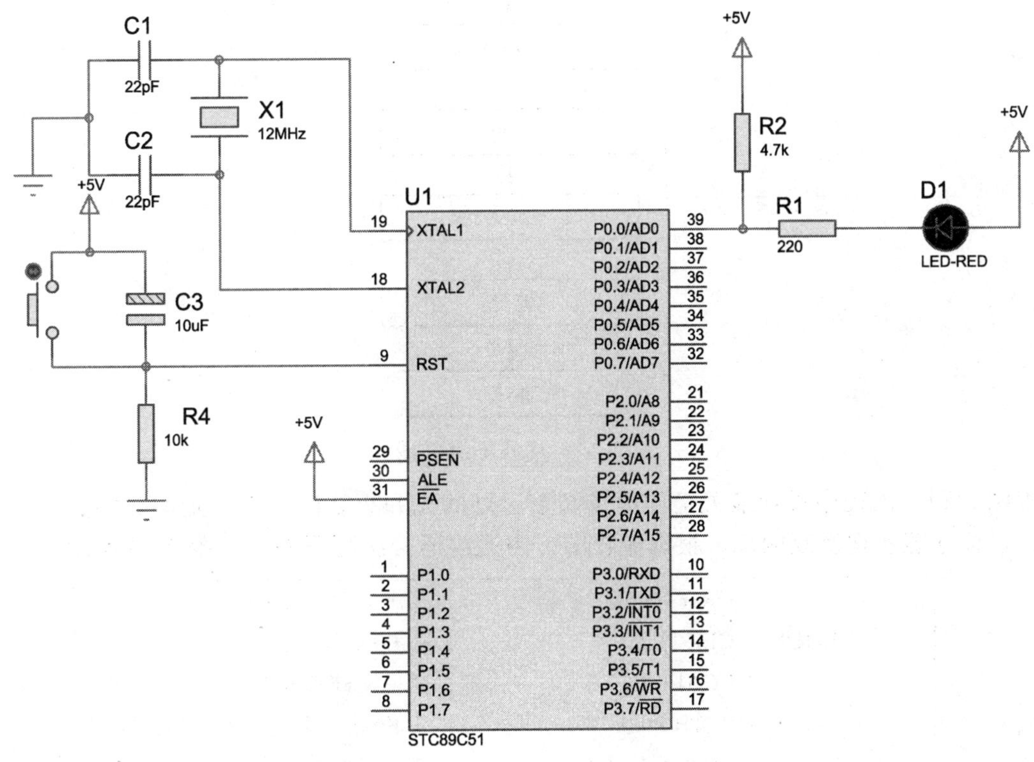

图 2-22　单盏灯闪烁硬件电路图

该电路设计涉及以下知识点：

51 单片机的 4 个 I/O 口在使用上的区别：

8051 单片机的 4 个 I/O 口主要有 P0、P1、P2、P3。P0 口下拉能力较强；P3 口有较多的复用功能；P0、P2 口当访问外部存储器时可作为 DB（数据线）和 AB（地址线）口，P1 口一般作为通用 I/O 口使用。P1、P2、P3 是具有内部上拉电阻的双向输出 I/O 口，如图 2-23（a）所示；P0 口无内部上拉电阻，为开漏输出，如图 2-23（b）所示。图 2-23（c）中的 I/O 口输出能力最强，因为它是强推挽输出结构。图 2-23（b）作为普通 I/O 口使用时，P0 口需要外加上拉电阻，P1、P2、P3 则不需要。

灯闪烁电路图中，用的是 P0.0 引脚控制灯，所以接了一个 4.7 kΩ 的电阻至电源。

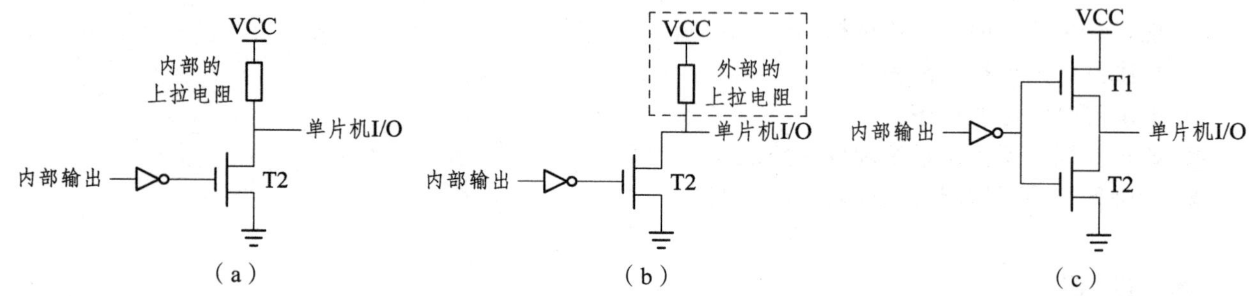

图 2-23　51 单片机 I/O 引脚结构

二、软件程序设计

这个任务要实现灯闪烁，比点亮一盏灯要复杂一些。直接写代码，初学者容易思维混乱。可以先用流程图将程序设计思路表现出来，如图 2-24 所示。

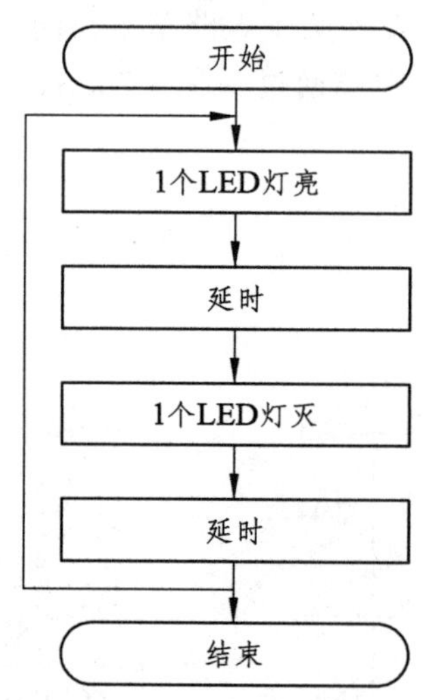

图 2-24　灯闪烁流程图

从流程图看到，该程序设计最关键的两点在于：灯的亮和灭之间要有一定的时间间隔，灯的亮和灭要重复，这样才能实现反复闪烁。根据流程图，用汇编语言编写程序，如图 2-25 所示。

```
        ORG 0000H          ；程序定位，程序的开始
LOOP:   CLR P0.0           ；从 P0.0 引脚输出 0，灯亮
        LCALL DELAY        ；调用延时子程序
        SETB P0.0          ；从 P0.0 引脚输出 1，灯灭
        LCALL DELAY        ；调用延时子程序
```

```
            SJMP LOOP         ; 跳转至 LOOP, 实现循环
DELAY:      MOV R5, #100      ; 延时子程序开始
   D1:      MOV R6, #100
   D2:      DJNZ R6, D2
            DJNZ R5, D1
            RET               ; 延时子程序结束，返回
            END               ; 程序结束
```

图 2-25　灯闪烁软件程序

该程序设计涉及以下知识点：

1. 流程图

用图形表示程序设计的思路是一种极好的方法。流程图（Flow Chart）在汇编语言和早期的 BASIC 语言环境中得到广泛应用，它以特定的图形符号加上说明表示算法，清晰明了，便于理解，可以直接转化为程序。流程图使用一些标准符号代表某些类型的动作，如图 2-26 所示。

灯闪烁的程序流程图使用了图 2-26 中的几种符号。比如用矩形表示执行点灯和熄灭灯的动作，用菱形判断闪烁过程是否结束，若没有，则回到前面重复亮和灭的过程。

图 2-26　流程图符号

2. 子程序及其调用

在计算机科学中，子程序是一个大型程序中的某部分代码，由一条或多条指令组成。它负责完成某项特定任务，而且相较于其他代码，具备相对的独立性。比如，灯闪烁程序中，标号“DELAY”至指令“RET”的那段代码，就是一个子程序。它的特定功能是延时，用于使灯的亮和灭延长一段时间，从而在亮灭之间造成一个时间间隔。51 汇编语言子程序的基本格式如下：

```
标号 1: 指令序列
标号 2: 指令序列
        ⋮
        RET
```

标号 1 是子程序的名字，同时还代表子程序第一条指令所在的逻辑地址，称为子程序的入口地址。如灯闪烁程序中的延时子程序，标号“DELAY”就是该子程序的名字。子程序的名字是由编程人员自己取的，一般根据子程序的功能而定。我们把延时子程序取名为“DELAY”，因为这段程序的功能是延时。从标号 1 开始的指令序列是完成固定功能的程序段，通常指令序列的最后一条指令是返回指令 RET。

有了子程序，怎样去使用它呢？这就要进行子程序的调用了。如灯闪烁程序中，指令“LCALL DELAY”就是调用延时子程序。51 汇编语言中，调用子程序的基本格式是：

```
ACALL/LCALL    子程序名
```

根据被调用子程序的类型不同，调用指令分为两种：ACALL 和 LCALL。我们都知道程序是存放在存储器中的，如果被调用子程序与调用指令的地址间隔在 2 KB 范围内，也就是两者的距离较近，调用指令就用 ACALL，即短调用，相反就用 LCALL，即长调用，如图 2-27 所示。LCALL 可在 64 KB

范围内调用，所以初学者一般喜欢用 LCALL，因为不管距离远近均可使用。

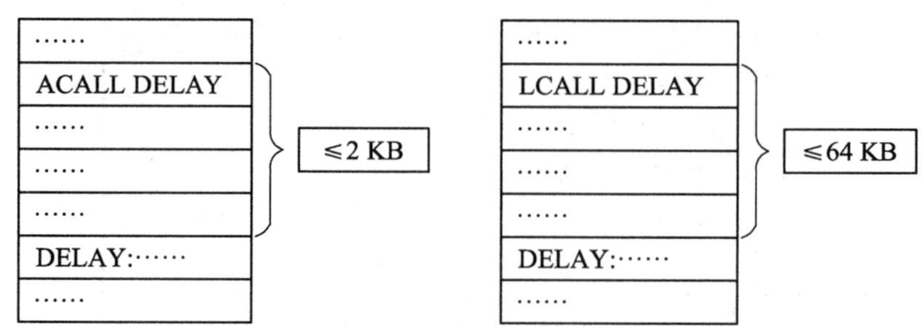

图 2-27　ACALL 和 LCALL 使用范围

3. 程序的三种基本结构

程序有三种基本结构：顺序结构、选择结构和循环结构。我们的计算机在执行一个程序的时候，最基本的方式是一条语句接一条语句地执行，如图 2-28（a）所示。但不可能所有的问题都能用顺序执行方式解决，总会有一些跳转。于是，有了选择结构和循环结构。选择结构又称为选取结构或分支结构，如图 2-28（b）所示，此结构中必然包含一个判断框，根据给定的条件 E 是否成立而选择执行 A 框中的指令或 B 框的指令。值得一提的是，A 框或 B 框可以有一个是空的，即不执行任何操作。循环结构又称重复结构，即反复执行某一部分的操作，如图 2-28（c）中，L 框中的指令将会根据条件重复执行多次。

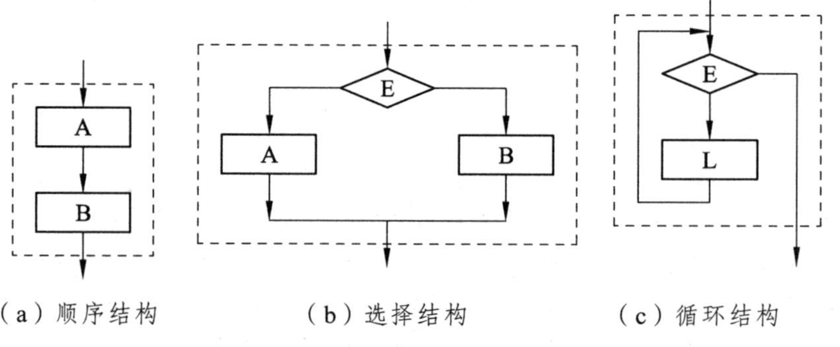

（a）顺序结构　　（b）选择结构　　（c）循环结构

图 2-28　程序的三种基本结构

我们现在回去看看灯闪烁的流程图，分析一下它采用了哪种程序结构。可以看到，它同时使用了顺序结构和循环结构。顺序结构实现灯亮和灯灭的先后执行，循环结构用以重复灯亮灭的过程，从而实现反复闪烁。看仔细一点会发现，这个流程图中的循环结构没有条件判断，灯亮和灭的过程是无条件地重复的，这种循环称为死循环。在编程中，死循环并不是一个需要避免的问题，相反，在实际应用中，经常需要用到死循环。比如，若我们需要灯闪烁在单片机系统一上电就自动执行，直到系统断电，那我们就可以设计一个死循环结构的程序。如灯闪烁程序中，通过指令“LJMP LOOP”，无条件跳转至标号 LOOP，从而实现死循环。其中，“LJMP”是一种跳转指令，用于改变程序的顺序执行过程，跳转到别处执行。类似功能的指令在 51 汇编语言中有：无条件跳转指令 LJMP、AJMP 和 SJMP，有条件跳转指令 DJNZ 和 CJNE。

4. 51 单片机的指令系统

单盏灯闪烁的程序比单盏灯点亮的程序复杂，因为里面有一些我们不认识的指令。现在就让我们来了解 51 单片机有多少指令可以供我们使用。

51 单片机共有 111 条指令，详见附表。如果能熟练掌握这 111 条指令的使用方法，就可以玩转 51 单片机了。在这个程序中，使用了以下 8 条指令：

ORG	程序定位指令	LCALL	长调用指令
CLR	位清零指令	LJMP	长跳转指令
SETB	位置位指令	DJNZ	减 1 不为 0，则跳转
MOV	数据传送指令	RET	子程序返回指令

从前面的程序中，我们已经了解到 ORG 指令通常用于程序的开始，用于将所编写的程序存放在程序存储器的某个位置。CLR 和 SETB 指令是位操作指令，通常用于直接操作某个 I/O 引脚输出 0 或 1。LJMP 指令是一种无条件跳转指令，通常用于构造死循环。DJNZ 指令是有条件跳转指令，通常用于构造有一定循环次数的循环结构。例如，在延时子程序中，就是利用 DJNZ 指令构造循环结构，从而实现延时。

指令的一般格式为：

```
操作助记符    目的操作数, 源操作数  ; 注释
MOV           R5      ,    #100     ; 将立即数 100 传送至 R5 寄存器中
```

多数指令为两操作数指令；也有的指令只有 1 个操作数，如 SETB P1.0；有的指令无操作数，如 NOP；还有极少数指令有 3 个操作数，如 CJNE R5，#10，D1。在两个操作数的指令中，通常目的操作数写在左边，源操作数写在右边。

5. 51 单片机的存储器结构

前面我们已经知道，单片机内部有一个程序存储器，用来存放编写的程序。但实际上单片机内部还有一个数据存储器，专门用来存放一些数据，如图 2-29 所示。本节用的单片机内部有 4 KB 程序存储器和 256 B 数据存储器。

内部数据存储器又分为不同的功能区，高 128 B 的特殊功能寄存器区和低 128 B 的通用数据存储器，如图 2-30 所示。

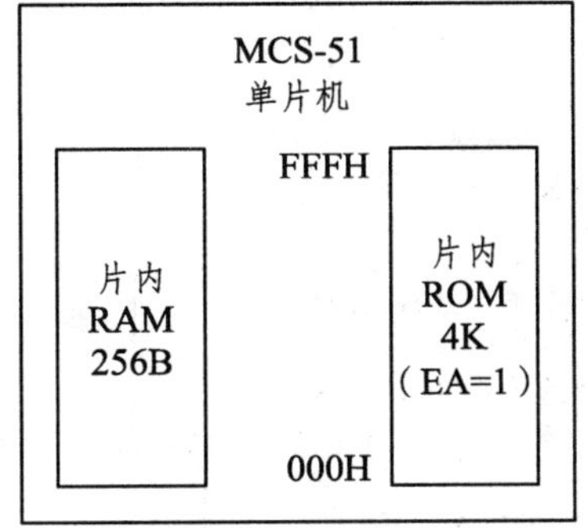

图 2-29　51 单片机存储器结构

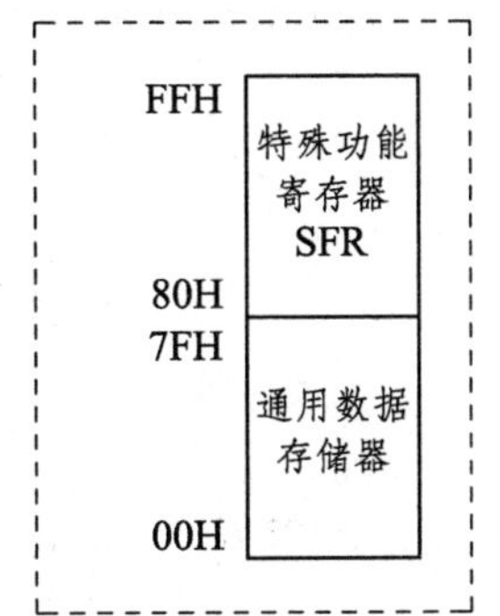

图 2-30　片内数据存储器结构

1）片内 RAM 高 128 B（地址 80H~FFH）

这部分存储单元均称为特殊功能寄存器，因为它们都分别对应于单片机的某一硬件结构，通过设置这些特殊功能寄存器，可以驱动相应的硬件电路工作。这样的特殊功能寄存器在我们用的 STC89C51 单片机里有 26 个，如表 2-4 所示。其中 P0、P1、P2 和 P3 就对应了单片机的 4 个 I/O 口。

表 2-4　片内 RAM 高 128 B（地址 80H~FFH）

标识符号	地址	寄存器名称	复位值
ACC	0E0H	累加器	00H
B	0F0H	B 寄存器	00H
PSW	0D0H	程序状态字	00H
SP	81H	堆栈指针	07H

续表

标识符号	地址	寄存器名称	复位值
DPTR	82H、83H	数据指针（16 位）含 DPL 和 DPH	00H
IE	0A8H	中断允许控制寄存器	
IP	0B8H	中断优先控制寄存器	
P0	80H	I/O 口 0 寄存器	0FFH
P1	90H	I/O 口 1 寄存器	0FFH
P2	0A0H	I/O 口 2 寄存器	0FFH
P3	0B0H	I/O 口 3 寄存器	0FFH
PCON	87H	电源控制及波特率选择寄存器	
SCON	98H	串行口控制寄存器	00H
SBUF	99H	串行数据缓冲寄存器	不定
TCON	88H	定时控制寄存器	00H
TMOD	89H	定时器方式选择寄存器	00H
TL0	8AH	定时器 0 低 8 位	00H
TH0	8CH	定时器 0 高 8 位	00H
TL1	8BH	定时器 1 低 8 位	00H
TH1	8DH	定时器 1 高 8 位	00H

2）片内 RAM 低 128B（地址 00H~7FH）

低 128B 的存储单元也可分为 3 个功能区：工作寄存器区、位寻址区和用户 RAM 区，如图 2-31 所示。工作寄存器区是程序中常用的用来暂存数据的存储单元。本次任务的程序中，语句：MOV R5，#100，就用工作寄存器 R5 暂存数据 100。默认使用第 0 区工作寄存器，也可以通过修改特殊功能寄存器 PSW 中 RS1 和 RS0 位来使用其他区的工作寄存器。

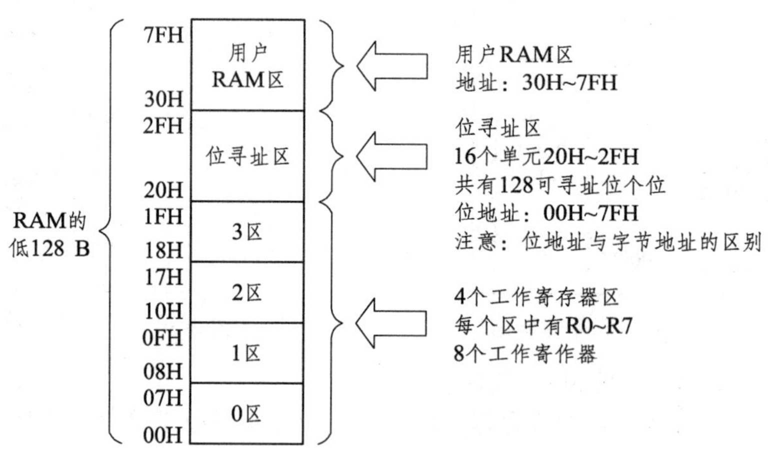

图 2-31　片内 RAM 低 128 B 功能分配

三、任务实施

完成了硬件电路图设计和程序编写后，就可以完成点亮启明灯的任务了。

（1）在 Proteus 仿真软件中验证设计的电路和程序。

首先列出元器件清单，见表 2-5。

表 2-5　灯闪烁元器件清单

品名	型号	数量/个	Proteus 元件库关键字
单片机	STC89C51	1	AT89C51（代替）
晶振	12 MHz	1	CRYSTAL
电阻	10 kΩ	1	RES
电阻	1 kΩ	1	RES
按键	不带锁	1	BUTTON
瓷片电容	22 pF	2	CAP
电解电容	10 μF	1	CAP-ELEC
发光二极管	LED	1	LED-RED

根据元器件清单中所示的关键字，在 Proteus 仿真软件的元件库中找到所有元件，并按照原理图接线。

按下仿真开始按钮后，发光二极管以一定的频率闪烁发光，仿真结果可以扫描以下二维码查看。

单盏灯闪烁电路仿真结果

（2）根据电路图搭接电路。

根据元器件清单，找到制作电路所需的所有材料后按照电路原理图接线。注意搭建硬件电路后需要使用万用表测试下系统的电源、地之间是否连通。在上电之前我们一定要确保系统电源、地没有短路，这是一个调试的好习惯。

（3）下载程序至单片机。

将程序下载至单片机中观察结果。如果程序及电路都没有错误，那么我们就会看到发光二极管以一定的频率闪烁发光了。

（4）故障调试。

若发光二极管不能按要求闪烁就需要检查，此过程是软硬件联合调试的过程，在实际单片机系统制作过程中非常重要，需要借助万用表来完成此过程。本项目常见的调试故障及排查思路见表 2-6。

表 2-6　灯闪烁故障排查

常见故障现象	排查思路
灯不亮	测量单片机芯片是否供电正常；EA 引脚是否接至电源
灯一直亮着，不闪烁	检查延时子程序是否书写正确，是否漏掉子程序返回 RET；子程序中参数是否错误，导致死循环

四、总结归纳

本任务中的知识点、技能点总结归纳如图 2-32 所示。

五、学习评价

学习任务评价表参见本书配套的电子版工作页。

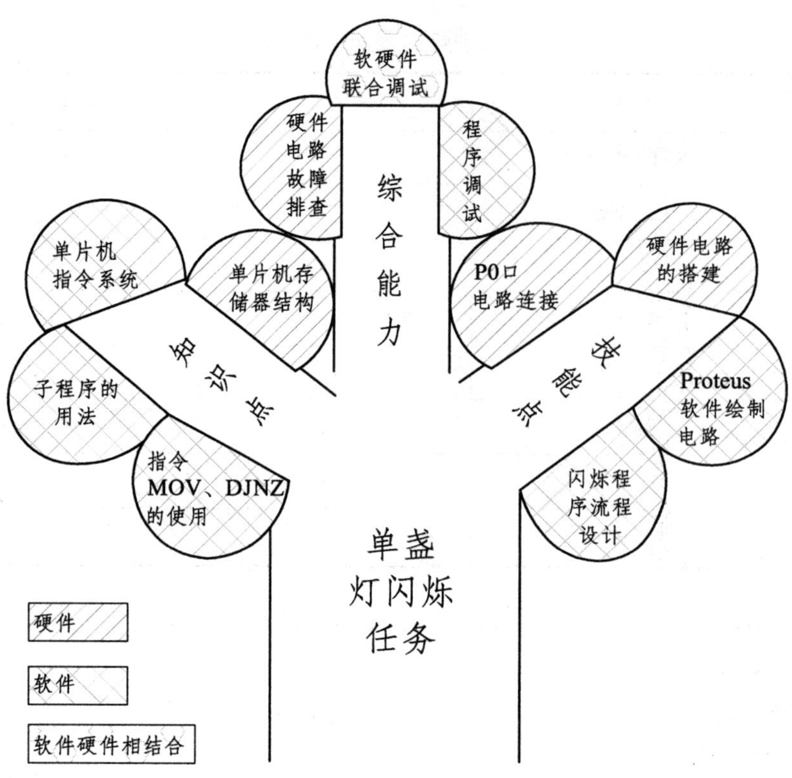

图 2-32　单盏灯闪烁知识树

子任务三　8 盏跑马灯

在前面两个任务中，我们只用了单片机的一个 I/O 引脚控制一盏灯。肯定会有人在想，既然单片机有那么多 I/O 引脚，为什么不多接几盏灯呢？这个任务，就让我们一起实现 8 盏 LED 跑马灯吧。

任务目标

○ 能选取限流电阻。
◎ 能绘制跑马灯程序流程图。
● 能灵活使用循环左移、右移指令实现跑马灯的效果。
◎ 能排除跑马灯控制系统硬件电路故障。
● 能进行跑马灯控制系统软硬件联合调试。

说　明

○——了解；◎——重点；●——难点。

一、硬件电路设计

一盏灯接一个 I/O 引脚，那么 8 盏灯就要占用单片机的 8 个 I/O 引脚，因此电路设计为 8 盏灯接到同一个 I/O 口，如图 2-33 所示的 P1 口。另外，每盏灯都需要接一个限流电阻。

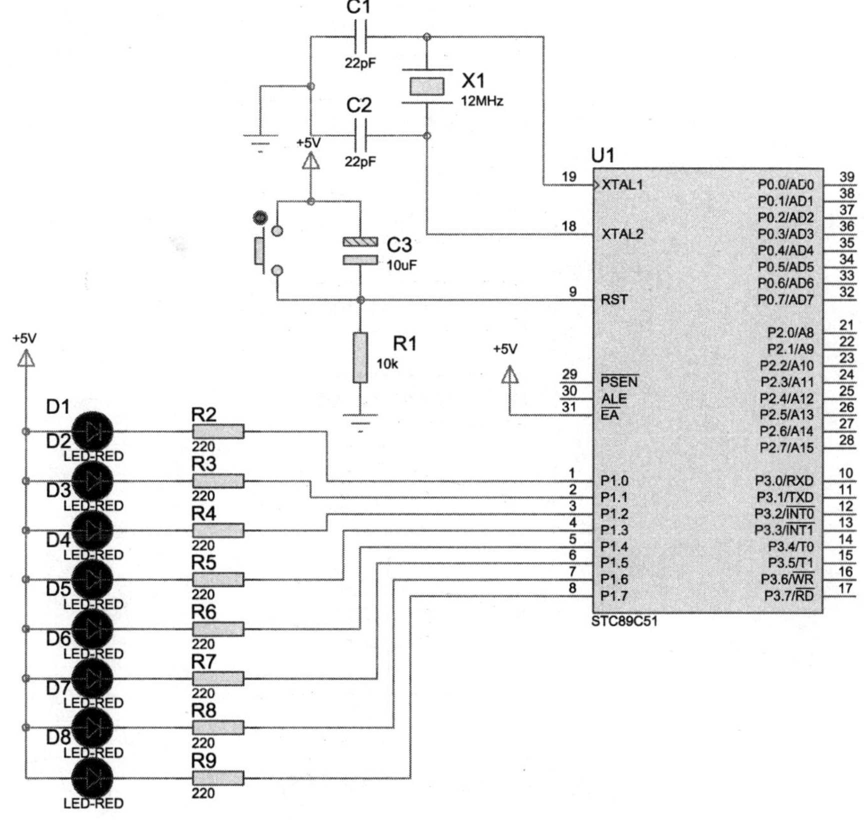

图 2-33　跑马灯硬件电路图

该电路设计涉及以下知识点：

限流电阻的计算和选取：

从前面几个任务和本次任务的电路图中，我们可以看到 LED 灯接到单片机的 I/O 引脚时，都要通过一个电阻，这个电阻就是限流电阻。限流，顾名思义，就是限制通过 LED 灯的电流大小。我们任务中所用 LED 灯的工作电流为 5~20 mA，即要求通过 LED 灯的电流最小为 5 mA，最大为 20 mA。电流太小，灯的亮度不够；电流太大，灯容易烧坏。所以要通过选取一个合适的电阻来控制流过 LED 灯的电流。电阻阻值的计算方法如下：

$$R_{限流}=\frac{V_{CC}-1.7}{I_{LED}}$$

式中，V_{CC}是电源电压，电路中是 5 V；LED 灯的导通压降约为 1.7 V。若要流过 LED 灯的电流为 15 mA，限流电阻的值应取约 220 Ω。

二、软件程序设计

跑马灯的效果是，8 盏灯往一个方向轮流点亮，就像水流一样，因此跑马灯又称流水灯。如果要求 8 盏灯跑马 3 次，设计如图 2-34 所示的流程图。

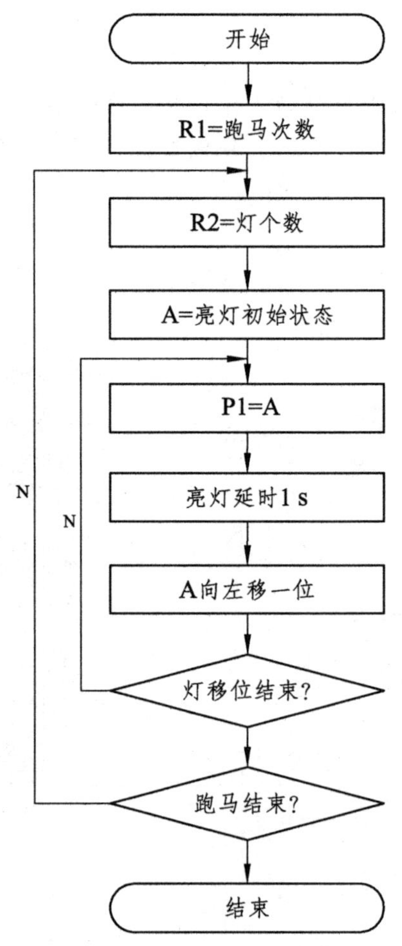

图 2-34　跑马灯程序流程图

根据该流程图，编写程序如图 2-35 所示。

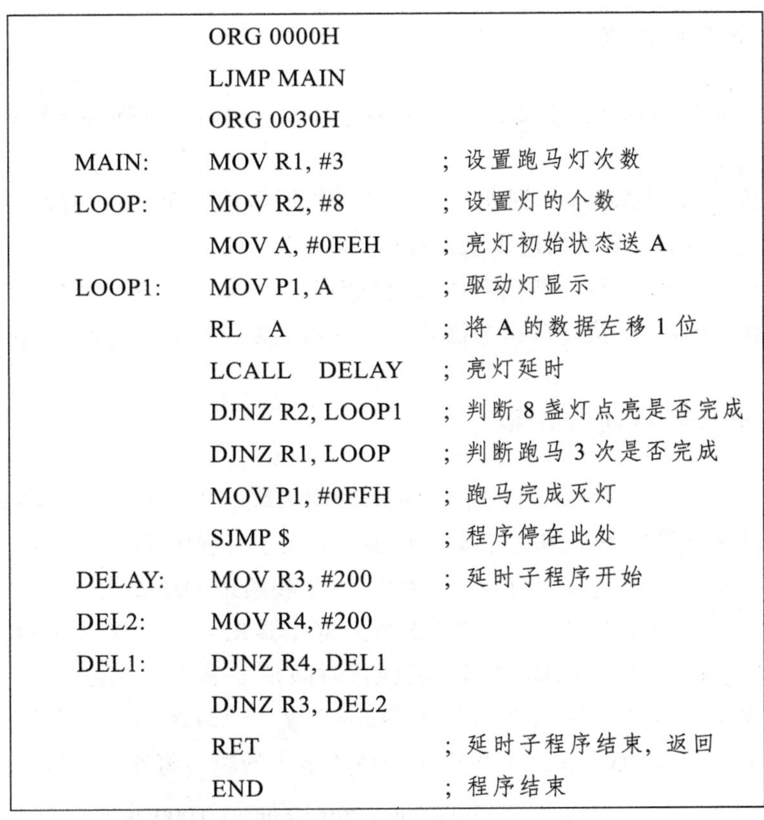

```
        ORG 0000H
        LJMP MAIN
        ORG 0030H
MAIN:   MOV R1, #3          ; 设置跑马灯次数
LOOP:   MOV R2, #8          ; 设置灯的个数
        MOV A, #0FEH        ; 亮灯初始状态送 A
LOOP1:  MOV P1, A           ; 驱动灯显示
        RL   A              ; 将 A 的数据左移 1 位
        LCALL   DELAY       ; 亮灯延时
        DJNZ R2, LOOP1      ; 判断 8 盏灯点亮是否完成
        DJNZ R1, LOOP       ; 判断跑马 3 次是否完成
        MOV P1, #0FFH       ; 跑马完成灭灯
        SJMP $              ; 程序停在此处
DELAY:  MOV R3, #200        ; 延时子程序开始
DEL2:   MOV R4, #200
DEL1:   DJNZ R4, DEL1
        DJNZ R3, DEL2
        RET                 ; 延时子程序结束，返回
        END                 ; 程序结束
```

图 2-35　跑马灯软件程序

该程序设计涉及以下知识点：

1. 循环左移和右移指令

在跑马灯程序中，使用了循环左移指令“RL　A”，实现 8 盏灯的自动流水显示。51 单片机中有 4 条左移和右移指令，其功能如图 2-36 所示。

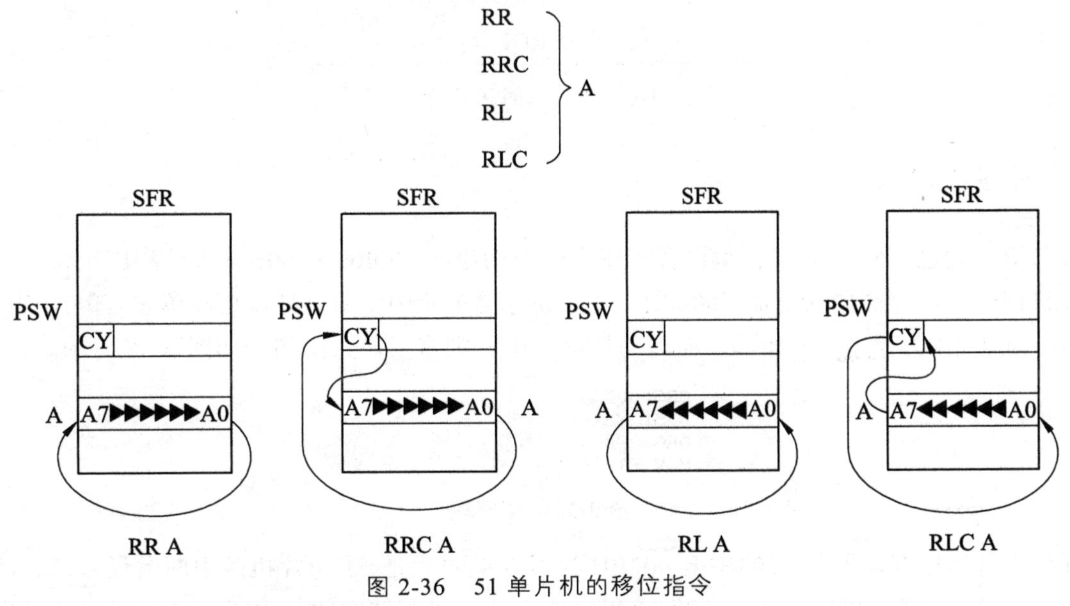

图 2-36　51 单片机的移位指令

其中 RR A 和 RL A 是不带进位的循环右移和左移指令，RRC A 和 RLC A 是带进位的循环右移和左移指令。灵活使用这 4 条指令，能实现意想不到的彩灯显示效果。

2. 单片机的几个重要周期

（1）时钟周期：也称振荡周期，定义为时钟频率的倒数。如单片机外接晶振为 12 MHz，它的时钟周期 $T_1 = 1/f_{osc} = 1/12\ \mu s$。

（2）机器周期：单片机的基本操作周期，在一个操作周期内，单片机完成一项基本操作，如取指令、存储器读/写等。它由 12 个时钟周期组成，即 $T_{cy} = 12T = 1\ \mu s$。

（3）指令周期：是指 CPU 执行一条指令所需要的时间。一般一个指令周期含有 1~4 个机器周期。如 DJNZ 指令是一个双周期指令，执行该指令需要 2 个机器周期即 2 μs 的时间（外接晶振为 12 MHz 时）。

3. 延时子程序中延时时间的计算

我们一直在使用延时子程序实现两个过程之间的时间间隔，但到底实现了多长时间的延时却没有具体分析。下面我们就来计算一下，跑马灯程序中延时子程序实现的延时时间。

如图 2-37 所示的延时子程序中，用了两条 MOV 指令和两条 DJNZ 指令，构造了双重循环，内循环的次数由寄存器 R4 中存放的数决定，外循环的次数由寄存器 R3 中存放的数决定，因此内循环中 DJNZ 指令将被重复执行（R3×R4）次，而 DJNZ 指令的执行时间是 2 个机器周期。

假如外接晶振频率 f_{osc} 为 12 MHz，则时钟周期 $T_1 = 1/f_{osc} = 1/12(\mu s)$，机器周期 $T_{cy} = 12 \times T_1 = 1\ \mu s$，DJNZ 指令的执行时间为 $2\ \mu s$。那么在该子程序中 DJNZ 指令的执行将花费 CPU 的时间为

$$T = \text{R3} \times \text{R4} \times 2\ \mu s = 200 \times 200 \times 2\ \mu s = 80\ 000\ \mu s$$

即 80 ms 的时间，这个时间就是 DELAY 延时子程序的大概执行时间，所以在主程序中调用该子程序，就实现了 80 ms 的延时。外接不同的晶振频率，延时时间也不相同，计算时需要注意。

```
DELAY:  MOV R3, #200
 DEL2:  MOV R4, #200
 DEL1:  DJNZ R4, DEL1
        DJNZ R3, DEL2
        RET
```

图 2-37　延时子程序

4. 主程序的定位

前面已经提到过，51 单片机汇编语言程序中一般用语句“ORG 0000H”进行程序定位，将程序存放在单片机内部程序存储器从地址“0000H”开始的存储单元中。单盏灯点亮和单盏灯闪烁程序中，都是以 ORG 0000H 作为程序的开始的。而跑马灯程序中，则多了两条语句，如图 2-38 所示。

```
      ORG 0000H
      LJMP MAIN
      ORG 0030H
MAIN: MOV R1,#3        ;设置跑马次数
```

图 2-38　程序段

单片机内部程序存储器从 0003H 至 002BH 这段存储单元是 51 单片机的中断向量入口，后面会学习到“中断”这个重要功能。因此，我们的程序要避开这段存储空间。由于单片机上电后程序会从程序存储器中的 0000H 处开始执行，所以一般我们会在 0000H 处存放一条 LJMP 指令跳转到主程序所在

的位置，且 LJMP 指令刚好占 3B 的存储空间，不会影响中断向量入口地址。因此，该程序段中用 ORG 0000H、LJMP MAIN 和 ORG 0030H 三条语句将主程序定位在“0030H”开始的存储单元中。在本教材后面的程序示例中，都用这种方法进行主程序定位。

三、任务实施

完成了硬件电路图设计和程序编写后，就可以完成跑马灯的任务了。

（1）在 Proteus 仿真软件中验证设计的电路和程序。

首先列出元器件清单，见表 2-7。

表 2-7　跑马灯元器件清单

品名	型号	数量/个	Proteus 元件库关键字
单片机	STC89C51	1	AT89C51（代替）
晶振	12 MHz	1	CRYSTAL
电阻	10 kΩ	1	RES
电阻	1 kΩ	1	RES
按键	不带锁	1	BUTTON
瓷片电容	22 pF	2	CAP
电解电容	10 μF	1	CAP-ELEC
发光二极管	LED	8	LED-RED

根据元器件清单中所示的关键字，在 Proteus 仿真软件的元件库中找到所有元件，并按照原理图接线。

按下仿真开始按钮后，8 个发光二极管以一定的频率轮流发光 3 遍，仿真结果可以扫描以下二维码查看。

跑马灯电路仿真结果

（2）根据电路图搭接电路。

根据元器件清单，找到制作电路所需的所有材料后按照电路原理图接线。注意搭建硬件电路后需要使用万用表测试下系统的电源、地之间是否连通。在上电之前一定要确保系统电源、地没有短路，这是一个调试的好习惯。

（3）下载程序至单片机。

将程序下载至单片机中观察结果。如果程序及电路都没有错误，那么我们就会看到 8 个发光二极管以一定的频率轮流发光 3 遍，然后全灭。

（4）故障调试。

若 LED 灯不能按要求闪烁就需要检查，此过程是软硬件联合调试的过程，在实际单片机系统制作过程中非常重要，我们需要借助万用表来完成此过程。本项目常见的调试故障及排查思路见表 2-8。

表 2-8　跑马灯故障排查

常见故障现象	排查思路
8 盏灯均不亮	测量单片机芯片是否供电正常；EA 引脚是否接至电源
8 盏灯不跑马显示	检查左移或右移循环指令是否使用正确；检查延时子程序是否书写正确，是否漏掉子程序返回 RET；子程序中参数是否错误，导致死循环

四、总结归纳

本任务中的知识点、技能点总结归纳如图 2-39 所示。

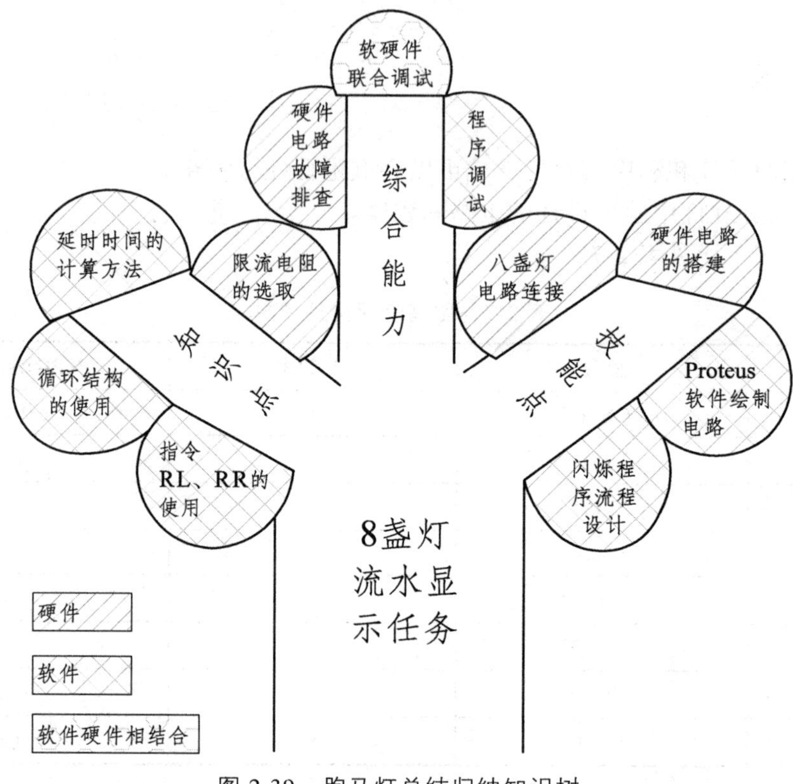

图 2-39　跑马灯总结归纳知识树

五、学习评价

学习任务评价表参见本书配套的电子版工作页。

子任务四　8 盏 LED 灯花样显示

跑马灯显示方式是有规律的，而花样显示是指 LED 灯的显示方式没有规律，有多种花样，可以使灯显示更加绚丽多彩。这个任务我们尝试制作霓虹灯，让 8 盏 LED 灯显示出不同的花样。

任务目标

◎ 能绘制花样显示程序流程图。

● 能使用建表、查表指令实现花样显示的效果。

◎ 能排除 LED 灯花样显示控制系统硬件电路故障。

● 能进行 LED 灯花样显示控制系统软硬件联合调试。

说 明

○——了解；◎——重点；●——难点。

一、硬件电路设计

该电路设计与跑马灯的电路是一样的，如图 2-40 所示，在此不再赘述。

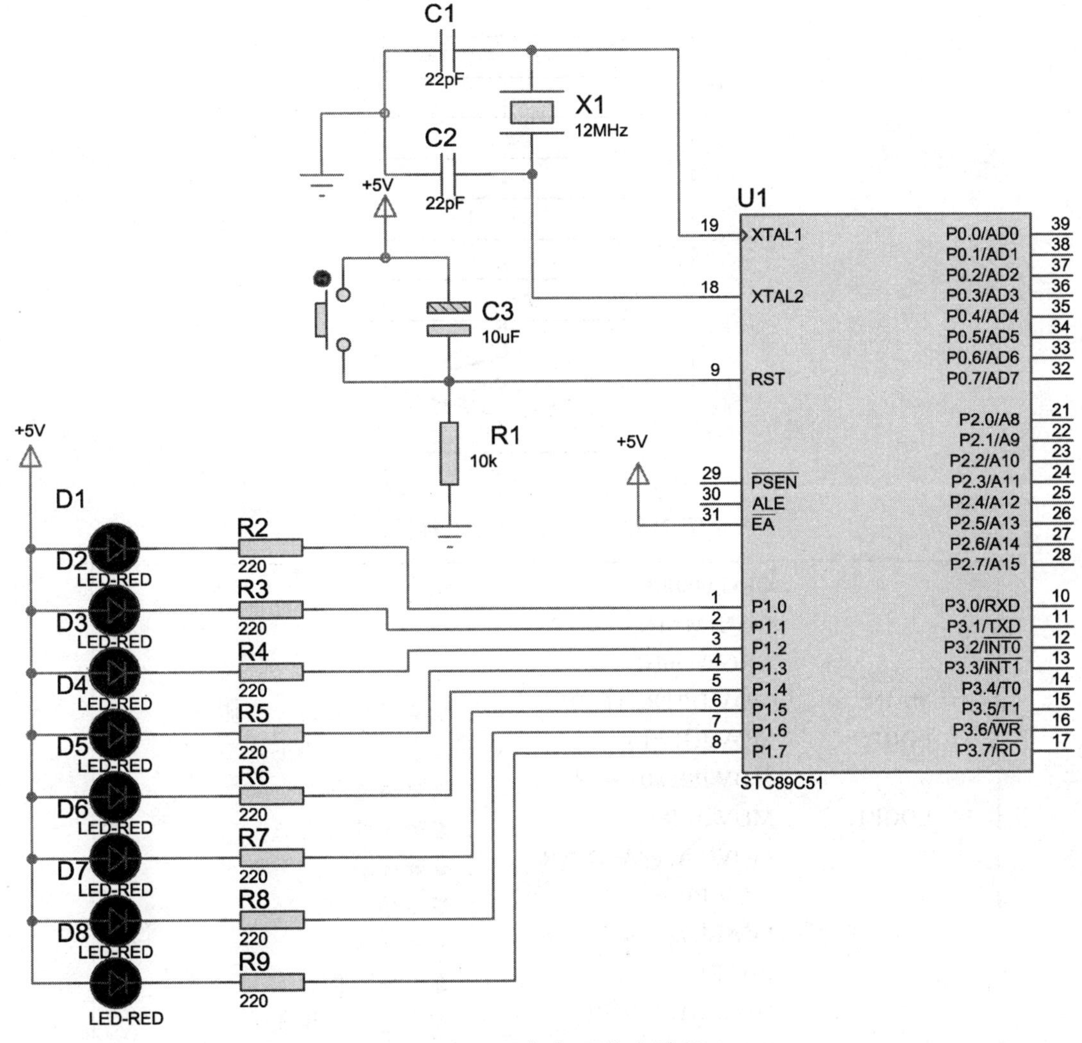

图 2-40　霓虹灯硬件电路图

二、软件程序设计

花样显示是没有规律的，无法用前面任务中所学指令实现，需要用建表、查表的方法才能实现。建表即将灯的显示花样集合在一起，建立一个显示码表；查表即在程序中将表中的显示码一一读出，送往连接 LED 灯的 I/O 口，从而实现花样显示。程序流程图设计如图 2-41 所示。

根据该流程图，编写程序如图 2-42 所示。

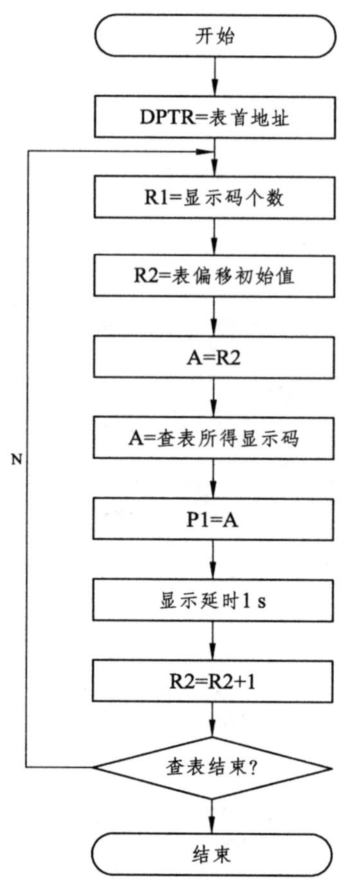

图 2-41　霓虹灯程序流程图

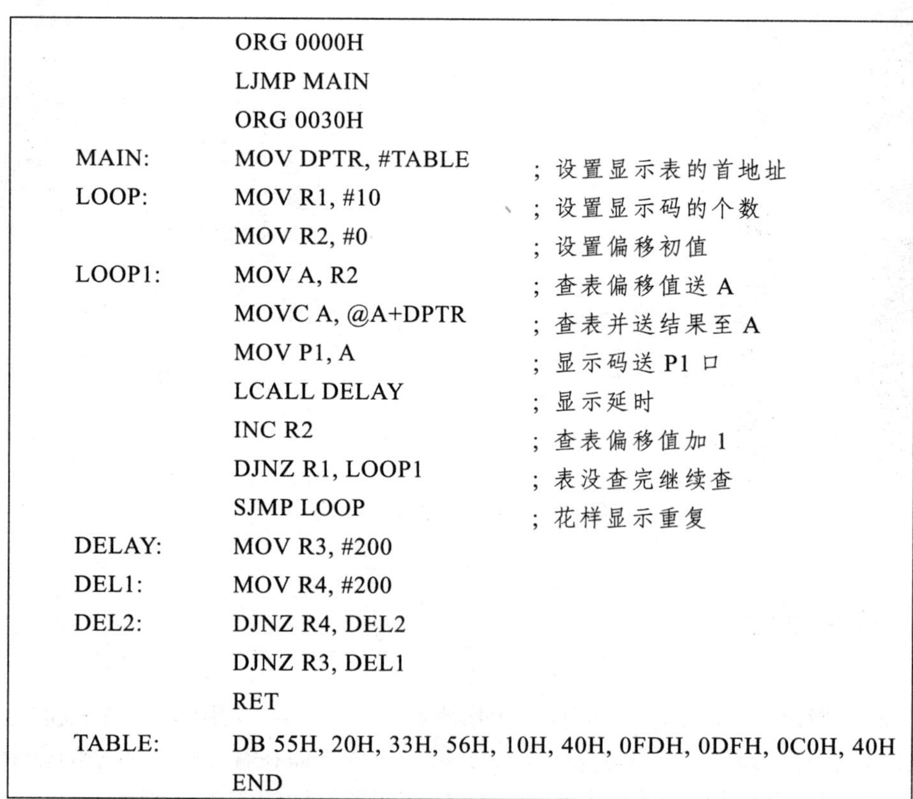

```
        ORG 0000H
        LJMP MAIN
        ORG 0030H
MAIN:   MOV DPTR, #TABLE      ；设置显示表的首地址
LOOP:   MOV R1, #10           ；设置显示码的个数
        MOV R2, #0            ；设置偏移初值
LOOP1:  MOV A, R2             ；查表偏移值送 A
        MOVC A, @A+DPTR       ；查表并送结果至 A
        MOV P1, A             ；显示码送 P1 口
        LCALL DELAY           ；显示延时
        INC R2                ；查表偏移值加 1
        DJNZ R1, LOOP1        ；表没查完继续查
        SJMP LOOP             ；花样显示重复
DELAY:  MOV R3, #200
DEL1:   MOV R4, #200
DEL2:   DJNZ R4, DEL2
        DJNZ R3, DEL1
        RET
TABLE:  DB 55H, 20H, 33H, 56H, 10H, 40H, 0FDH, 0DFH, 0C0H, 40H
        END
```

图 2-42　霓虹灯软件程序

该程序设计涉及以下知识点：

1. 汇编语言指令系统基础知识

MCS-51 单片机指令系统具有功能强、指令短、执行快等特点，共有 111 条指令（见附表）。从功能上可划分成数据传送、算术操作、逻辑操作、程序转移、位操作等五大类；从空间属性上可分为单字节指令（49 条）、双字节指令（46 条）和最长的三字节指令（16 条）；从时间属性上可分成单机器周期指令（64 条）、双机器周期指令（45 条）和乘、除法两条 4 个机器周期的指令。可见，MCS-51 单片机指令系统在存储空间和执行时间方面具有较高的效率。

指令系统中的指令描述了不同的操作，不同操作对应不同的指令。但结构上，每条指令通常由操作码和操作数两部分组成。操作码表示计算机执行该指令将进行何种操作，操作数表示参加操作的数的本身或操作数所在的地址。MCS-51 单片机的指令有无操作数、单操作数、双操作数三种情况。

1）MCS-51 单片机指令的标准格式

[标号：]操作码[目的操作数][，源操作数][；注释]

（1）方括号“[ ]”表示该项是可选项。

（2）标号是用户使用的符号，它实际代表该指令所在的地址。标号必须以字母开头，其后跟 1 ~ 8 个字母或数字，并以“:”结尾。标号必须位于行首，前面可以有空格。

（3）操作码是用英文缩写的指令功能助记符。它确定本条指令完成什么样的操作功能。

（4）目的操作数表示操作结果存放单元的地址。

（5）源操作数指出的是一个源地址(或数)，表示操作的对象或操作数来自何处。它与目的操作数之间要用“,”号隔开。

（6）注释部分是在编写程序时为了增加程序的可读性，由用户编写的程序说明。它以分号“;”开头，可以用中文、英文或某些符号来书写其内容，它不存入单片机的 ROM 中，只出现在文本文件的源程序中。

汇编语言源程序不能直接存入单片机的程序存储器，必须经过汇编，将指令翻译成二进制的机器码(通常用十六进制码表示)，再装入程序存储器中。

2）标识符

在汇编语言中，标号、子程序名和宏名等都是标识符，它一般最多由 31 个字母、数字及规定的特殊字符（？、@、_、$）等组成，并且不能用数字开头。通常情况下。汇编语言不区分标识符中字母的大小写。和高级语言变量名一样，一般要求标识符尽可能有意义，这样可以提高程序的可读性。

另外，汇编语言的保留字不可以作为标识符。汇编语言的保留字主要有指令助记符、伪指令定义符、寄存器名以及一些具有特殊含义的字符串等。在图 2-42 所示的程序中 MAIN、LOOP、LOOP1、DELAY、DEL1、DEL2、TABLE 都是合法的标识符。

3）指令中常用符号的含义

（1）Ri 和 Rn：表示当前工作寄存器区中的工作寄存器，i 取 0 或 1，表示 R0 或 R1。n 取 0~7，表示 R0~R7。

（2）#data：表示包含在指令中的 8 位立即数。

（3）#data16：表示包含在指令中的 16 位立即数。

（4）rel：以补码形式表示的 8 位相对偏移量，范围为−128~127，主要用在相对寻址的指令中。

2. 二进制与十六进制

1）二进制

二进制是计算机中广泛采用的一种数制。二进制数据是用 0 和 1 两个数码来表示的数。二进制数的特点是“逢二进一，借一当二”，只有两个元素：0 和 1。在数字电路中，逻辑门的实现直接应用了二进制，现代的计算机和依赖计算机的设备里都使用二进制。每个数字称为一个比特（bit，binary digit 的缩写）。在汇编语言中一般在二进制数的后面加上后缀 B 表示该数为二进制数。十进制数 1 转换为二进制数是 1B，十进制数 2 转换为二进制数时，因为已经到 2，所以需要进位，即对应的二进制数是 10B，以此类推，当十进制数为 255 时，对应的二进制数为 11111111B。十进制数转换为二进制数可采用除 2 取余法。

2）十六进制

十六进制与二进制大同小异，不同之处是十六进制是“逢十六进一，借一当十六”。十进制的 0~15 表示成十六进制数分别为 0~9，A、B、C、D、E、F，即十进制的 10 对应十六进制的 A，11 对应 B,⋯，15 对应 F。在汇编语言中一般在十六进制数的后面加上后缀 H 表示该数为十六进制数。十进制数转换为十六进制可采用除 16 取余法。

3）二进制与十六进制相互转换

将二进制转为十六进制遵循“8421”码，即从二进制数最低位开始从后向前每四位一组，左边不满 4 位的可以用 0 补满。每组最高位有 1 则代表“8”，次高位有 1 代表“4”，次低位有 1 代表“2”，最低位有 1 代表“1”，将每组四位数据相加得到一个十六进制数，从左向右按顺序将各组对应的十六进制数书写出来即得到转换后的十六进制数，如 10110101B 转换为十六进制数为 B5H。注意，在汇编语言中若数据以字母开头，则需在数据前面补 0，否则编译器会报错。如 B5H 在程序中应书写为 0B5H。

3. 建表指令和查表指令

1）建表伪指令 DB

格式为：

```
TAB：DB,,,,,,
```

例如上面程序中的 TABLE：DB55H，20H，33H，56H，10H，40H，0FDH，0DFH，0C0H，40H

以上指令的作用是在存储器中开辟连续的 10 个存储单元，用于存放 10 个数，这 10 个存储单元就是一个表格，表格的首地址的名字即是标号的名字 TABLE，表格示意图如图 2-43 所示。

TABLE	55H
	20H
	33H
	56H
	10H
	40H
	FDH
	DFH
	C0H
	40H

图 2-43 表格示意图

2）查表指令

查表指令是用来查找以列表形式或系统地排列在存储器中的数据的一种指令。

格式：

```
MOVC A, @A+DPTR
```

在这条指令中 DPTR 存放表格的首地址，如上表格中的 TABLE，A 中放要查的数据的偏移地址，与 DPTR 中的内容相加后得到 1 个地址，把该地址指向的表格单元的内容送到累加器 A。表格中的第一个数据所在的地址即为表格的首地址，即第一个数据相对于表格首地址的偏移量为 0。

例：(DPTR)=#TABLE (A)=4 执行指令

MOVC A, @A+DPTR

结果是将上表格中的第 5 个数即 10H 送入累加器 A 中。

三、任务实施

完成了硬件电路图设计和程序编写后，就可以完成霓虹灯的任务了。

（1）在 Proteus 仿真软件中验证设计的电路和程序。

首先列出元器件清单，见表 2-9。

根据元器件清单中所示的关键字，在 Proteus 仿真软件的元件库中找到所有元件，并按照原理图接线。

按下仿真开始按钮后，8 个发光二极管以 10 种方式循环闪烁，仿真结果可以扫描以下二维码查看。

霓虹灯电路仿真结果

（2）根据电路图搭接电路。

根据元器件清单，找到制作电路所需的所有材料后按照电路原理图接线。注意搭建硬件电路后需要使用万用表测试下系统的电源、地之间是否没有连通。在上电之前一定要确保系统电源、地没有短路，这是一个调试的好习惯。

表 2-9　霓虹灯元器件清单

品名	型号	数量/个	Proteus 元件库关键字
单片机	STC89C51	1	AT89C51（代替）
晶振	12 MHz	1	CRYSTAL
电阻	10 kΩ	1	RES
电阻	1 kΩ	1	RES
按键	不带锁	1	BUTTON
瓷片电容	22 pF	2	CAP
电解电容	10 μF	1	CAP-ELEC
发光二极管	LED	8	LED-RED

（3）下载程序至单片机。

将程序下载至单片机中观察结果。如果程序及电路都没有错误，那么我们就会看到 8 个发光二极管以 10 种方式循环闪烁。

（4）故障调试。

若 LED 灯没有按要求闪烁就需要检查，此过程是软硬件联合调试的过程，在实际单片机系统制作过程中非常重要，需要借助万用表来完成此过程。本项目常见的调试故障及排查思路见表 2-10。

表 2-10　霓虹灯故障排查

常见故障现象	排查思路
8 盏灯没有花样显示，只显示一种花样	检查延时子程序，看查表程序是否出现问题
显示花样与设置的不一样	检查显示码表是否写正确

四、总结归纳

本任务中的知识点、技能点总结归纳如图 2-44 所示。

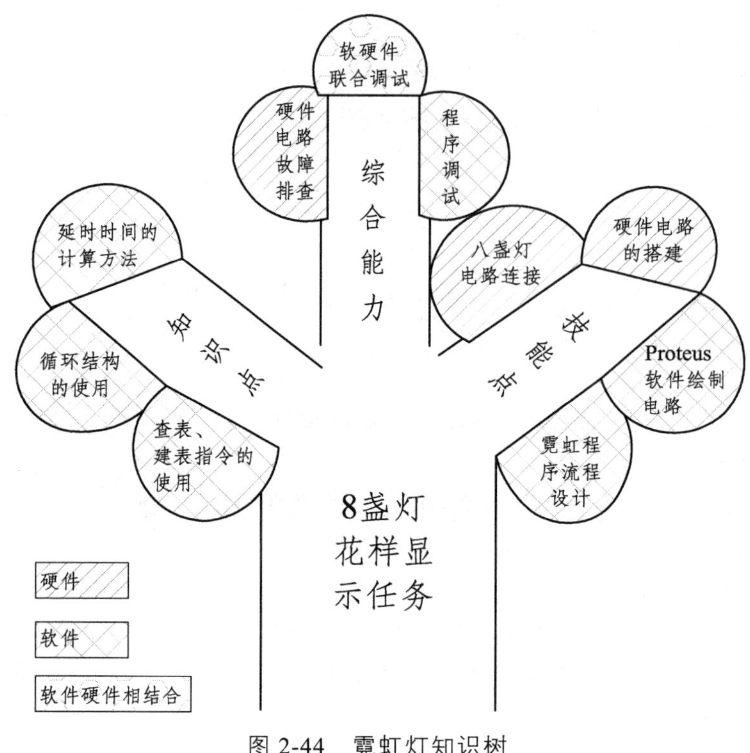

图 2-44　霓虹灯知识树

五、学习评价

学习任务评价表参见本书配套的电子版工作页。

子任务五　RGB 三基色彩灯

通过对前面几个任务的学习，我们已经掌握了普通 LED 灯的使用及编程控制方法。为了使智能小屋彩灯模块更加炫丽，接下来学习一种特别的 LED 灯——RGB 三基色彩灯的使用方法。在本任务中我们用单片机控制共阳极的 RGB 三基色彩灯的颜色依次亮红色、绿色、蓝色、黄色、洋红色、青色、白色，每种颜色的间隔时间为 0.5 s，循环 3 次后灭灯。

任务目标

○ 能描绘 RGB 三基色彩灯的内部结构。

○ 能叙述 RGB 三基色彩灯七彩变色的原理。

◎ 能用万用表分辨 RGB 三基色彩灯的管脚及极性。

◎ 能用 Keil 软件编写并调试 RGB 三基色彩灯控制程序。

● 能排除 RGB 三基色彩灯控制系统硬件电路故障。

◎ 能进行 RGB 三基色彩灯控制系统软硬件联合调试。

说　明

○——了解；◎——重点；●——难点。

一、硬件电路设计

该任务的电路原理图如图 2-45 所示。单片机的 P2.0 口、P2.1 口、P2.2 口分别通过 1 kΩ 限流电阻接到 RGB 彩灯的红灯管脚、绿灯管脚、蓝灯管脚，RGB 彩灯的公共端引脚接到正 5 V 电源上。

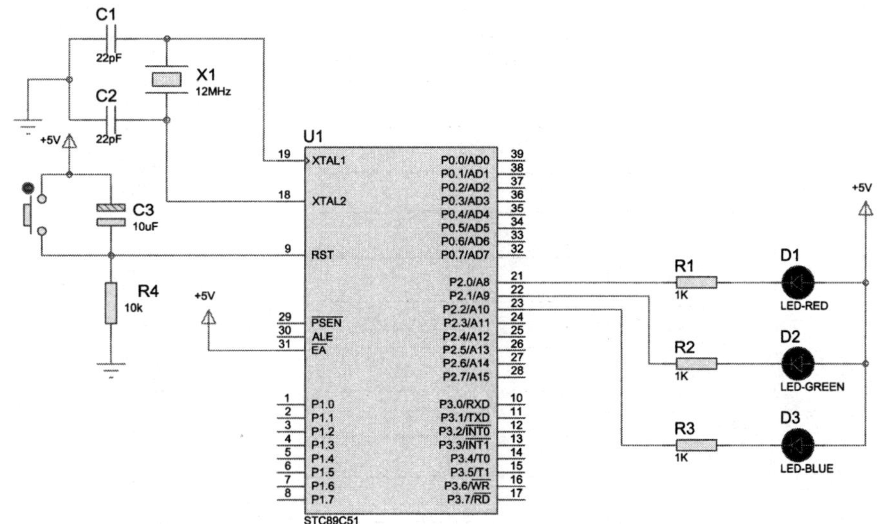

图 2-45　RGB 三基色彩灯硬件电路图

该电路设计涉及以下知识点：

RGB 三基色彩灯的内部结构：

RGB 三基色彩灯与普通 LED 灯有何区别呢？它又为什么能发出不同颜色的光呢？

原来 RGB 彩灯内部集成了 3 个不同颜色的 LED 灯珠，分别是红色、绿色和蓝色 LED 灯珠，如图 2-46 所示。图中我们可以看到共阳极 RGB 彩灯在内部已经把 3 个 LED 灯的阳极连接在一起并通过一个管脚引出，这个管脚就是 RGB 彩灯的公共端，在使用时需要把它接在高电平 5 V 上。而 3 个 LED 灯的阴极分别引出作为控制管脚，连接到单片机的 I/O 口上，通过编程相应的 I/O 口输出不同的电平来控制相应颜色灯珠的亮灭，其中低电平可点亮相应颜色的灯珠，高电平则熄灭该颜色的灯珠。如 P2.0 口输出低电平，P2.1 口、P2.2 口输出高电平时 RGB 彩灯发出红色的光。

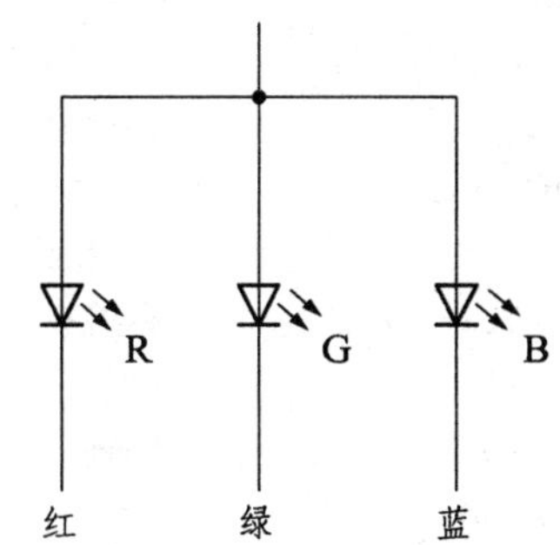

图 2-46　RGB 彩灯内部结构示意图

二、软件程序设计

掌握了 RGB 三基色彩灯的使用方法，就可以编写控制程序了。控制要求为：单片机控制共阳极的 RGB 三基色彩灯的颜色依次亮红色、绿色、蓝色、黄色、洋红色、青色、白色，每种颜色的间隔时间为 0.5 s。

根据控制要求设计程序流程图，如图 2-47 所示。

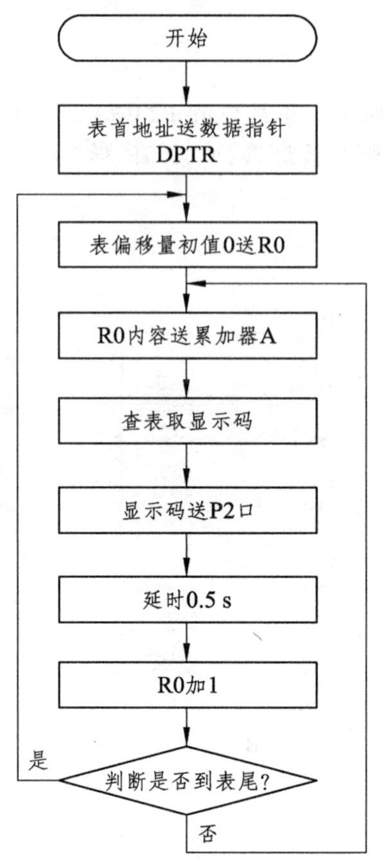

图 2-47 RGB 三基色彩灯程序流程图

从图 2-47 中可以看到，本流程图与霓虹灯的流程图极为相似，都是需要根据灯的发光状态建立表格，再查表依次将状态码取出送到相应的 I/O 口去显示。其中查表指令以及判断是否到达表尾是本程序的关键。根据流程图编写程序如图 2-48 所示。

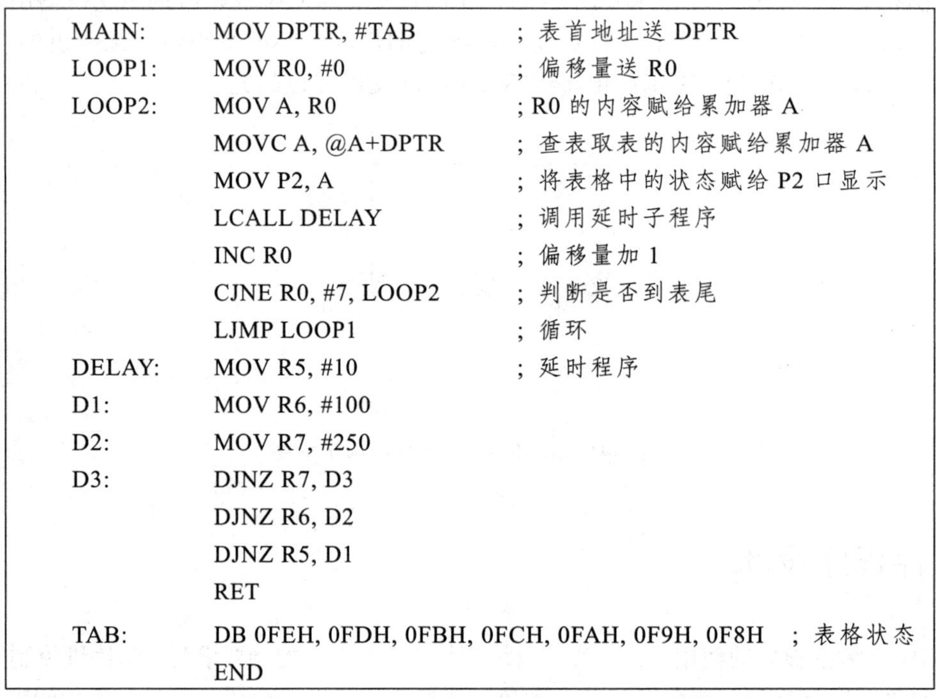

```
MAIN:     MOV DPTR, #TAB        ; 表首地址送 DPTR
LOOP1:    MOV R0, #0            ; 偏移量送 R0
LOOP2:    MOV A, R0             ; R0 的内容赋给累加器 A
          MOVC A, @A+DPTR       ; 查表取表的内容赋给累加器 A
          MOV P2, A             ; 将表格中的状态赋给 P2 口显示
          LCALL DELAY           ; 调用延时子程序
          INC R0                ; 偏移量加 1
          CJNE R0, #7, LOOP2    ; 判断是否到表尾
          LJMP LOOP1            ; 循环
DELAY:    MOV R5, #10           ; 延时程序
D1:       MOV R6, #100
D2:       MOV R7, #250
D3:       DJNZ R7, D3
          DJNZ R6, D2
          DJNZ R5, D1
          RET
TAB:      DB 0FEH, 0FDH, 0FBH, 0FCH, 0FAH, 0F9H, 0F8H  ; 表格状态
          END
```

图 2-48 程序

该程序设计涉及以下知识点：

RGB 三基色彩灯七彩变色的原理及控制方法：

通过控制红、绿、蓝 3 个灯珠的管脚分别为低电平可以得到红色、绿色和蓝色三种颜色，那么是否可以显示更多的颜色呢？答案是肯定的。接下来我们来看一个三基色光混合的效果图（图 2-49）。

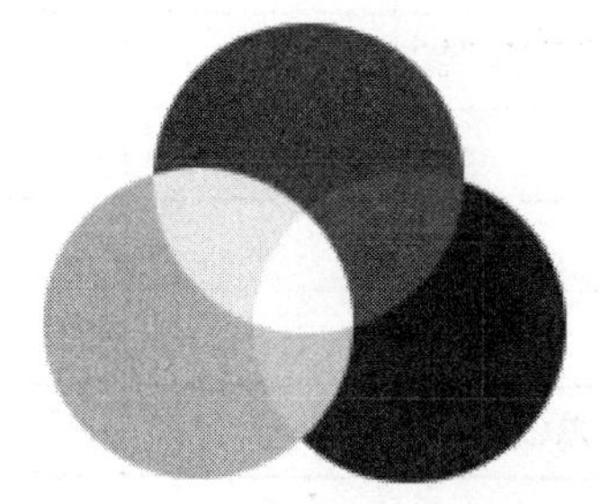

图 2-49　三基色光混合的效果图

从图 2-49 中可以看到，红色光源和绿色光源混合变为黄色，红色和蓝色混合变为洋红色，绿色和蓝色混合变为青色，红色、绿色和蓝色混合可以变为白色，再加上原来的红色、绿色和蓝色 3 个颜色一共是 7 种颜色。这就是红、绿、蓝三基色光七彩变色的原理。

根据这个原理我们可以用单片机的 I/O 口控制红色、绿色、蓝色灯珠其中两盏同时点亮或者三盏同时点亮来产生更多的颜色。如 P2.0 口、P2.1 输出低电平（红、绿灯珠亮），P2.2 口输出高电平（蓝色灯珠灭）时 RGB 彩灯发出黄色的光。用 0 代表低电平，1 代表高电平，那么单片机 I/O 口输出电平与颜色的对应关系如表 2-11 所示。将这些状态用十六进制的形式写出来，其他未用到的位全部置 1（或置 0），即可得到 RGB 三基色彩灯依次亮红色、绿色、蓝色、黄色、洋红色、青色、白色的显示码，将这些显示码写在表格中即程序中第 20 行所示。

需要注意的是，当产生白色光时需要三基色光源亮度一样，并且白色只会出现在三基色交叠的中心区域。在实际使用时我们可以通过调节 3 个控制管脚上所连接的限流电阻的阻值来调节红、绿、蓝 3 个 LED 灯的亮度，继而得到最佳的白光。

表 2-11　单片机 I/O 口输出电平与颜色的对应关系

P2.2 口（蓝）	P2.1 口（绿）	P2.0 口（红）	颜色
1	1	0	红色
1	0	1	绿色
0	1	1	蓝色
1	0	0	黄色
0	1	0	洋红色
0	0	1	青色
0	0	0	白色

三、任务实施

完成了硬件电路图设计和程序编写后，就可以完成 RGB 三基色彩灯任务了。

（1）在 Proteus 仿真软件中验证设计的电路和程序。

首先列出元器件清单，见表 2-12。

表 2-12　RGB 三基色彩灯元器件清单

品名	型号	数量/个	Proteus 元件库关键字
单片机	STC89C51	1	AT89C51（代替）
晶振	12 MHz	1	CRYSTAL
瓷片电容	22 pF	2	CAP

续表

品名	型号	数量/个	Proteus 元件库关键字
电解电容	10 μF	1	CAP-ELEC
电阻	10 kΩ	1	RES
按键	不带锁	4	BUTTON
电阻	1 kΩ	3	RES
RGB 三基色彩灯	（雾状）共阳	1	仿真时用红、绿、蓝 LED 代替

根据元器件清单中所示的关键字，在 Proteus 仿真软件的元件库中找到所有元件，并按照原理图接线。其中 RGB 三基色彩灯在 Proteus 仿真软件中并没有相应的模型，可以用红、绿、蓝 3 个 LED 灯来代替它（在 Proteus 8.7 版本中添加了 RGB 彩灯的仿真模型对应的关键字为：RGBLED-CA）。按照颜色合成的原理来观察仿真结果。按下仿真开始按钮，红、绿、蓝 3 个 LED 灯按照控制要求的顺序被点亮了，仿真结果可以扫描以下二维码查看。

RGB 三基色彩灯仿真结果

（2）根据电路图搭接电路。

根据元器件清单，找到制作电路所需的所有材料后按照电路原理图接线。在开始搭建电路之前需要测试 RGB 三基色灯的管脚功能并判断灯的好坏。用数字万用表的红表笔放在 RGB 三基色灯的公共端（最长的管脚）上，黑表笔逐一碰触其他 3 个管脚，查看每个管脚的发光情况，黑表笔所在的管脚发什么光此管脚就是该颜色的控制管脚。注意搭建硬件电路后需要使用万用表测试下系统的电源、地之间是否连通。在上电之前一定要确保系统电源、地没有短路，这是一个调试的好习惯。

（3）下载程序至单片机。

将程序下载至单片机中观察结果。如果程序及电路都没有错误，那么我们就会看到 RGB 彩灯按照控制要求依次亮相应的颜色了。

（4）故障调试。

若灯不能正常显示或颜色顺序出错则需要检查。此过程是软硬件联合调试的过程，在实际单片机系统制作过程中非常重要，我们需要借助万用表来完成此过程。本项目常见的调试故障及排查思路见表 2-13。

表 2-13　RGB 三基色彩灯任务常见故障现象及排查思路

常见故障现象	排查思路
RGB 彩灯一直不亮	用万用表测量单片机电源与地之间是否有 5 V 左右电压，RGB 公共端对地是否有 5 V 左右电压
RGB 彩灯亮度异常（很暗）	用万用表测量 RGB 公共端对地是否有 5 V 左右电压
RGB 彩灯一直亮红灯（第一个状态）	检查延时子程序是否书写正确，是否漏掉子程序返回 RET
RGB 彩灯亮的颜色不对	检查表格里的状态

四、总结归纳

在本任务中，我们讲解了 RGB 三基色彩灯的内部结构及管脚测试方法，RGB 三基色彩灯七彩变色的原理、控制方法、编程思路及调试方法等。接下来，我们通过知识树的形式来归纳总结本任务所学的知识点、技能点及综合能力（见图 2-50）。

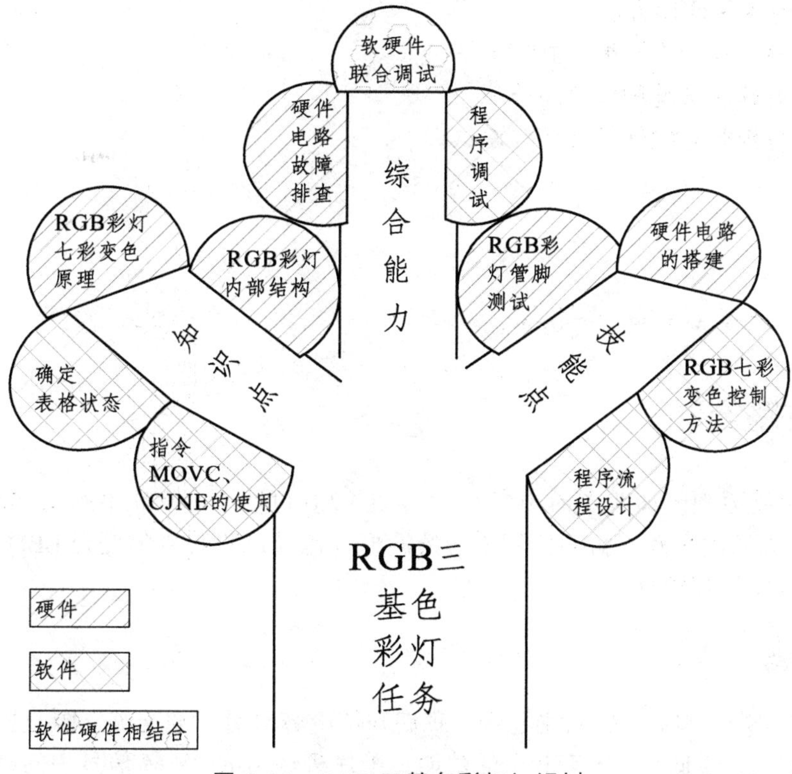

图 2-50　RGB 三基色彩灯知识树

五、学习评价

学习任务评价表参见本书配套的电子版工作页。

子任务六　会“呼吸”的 LED 灯

在日常生活中我们看到过这样的灯光效果——灯逐渐变亮又逐渐变灭，好像在呼吸一样。这就是传说中的“呼吸灯”了。在这一节的内容里我们就一起来揭秘呼吸灯的制作过程。我们可以使用任意颜色的 LED 灯或者 RGB 三基色彩灯来实现呼吸灯的效果，在本节内容中我们使用的是普通 LED 灯，采用简单的硬件电路通过编程来实现呼吸灯的效果。

任务目标

- ● 能叙述 *LC* 滤波电路的作用。
- ◎ 能用 Proteus 软件测量 I/O 口输出电压。
- ● 能叙述单片机 I/O 口输出 PWM 信号的方法。
- ○ 会计算占空比。
- ● 能叙述中断的概念。

- ● 能描述定时器的使用步骤。
- ○ 了解 CJNE 的 4 种使用方法。
- ◎ 能使用定时器中断的方法编写 PWM 程序。
- ● 能排除呼吸灯控制系统硬件电路故障。
- ◎ 能进行呼吸灯控制系统软硬件联合调试。

说 明

○——了解；◎——重点；●——难点。

一、硬件电路设计

该任务的硬件电路原理图如图 2-51 所示。单片机 P3.0 口输出占空比不断变化的 PWM（脉冲宽度调制）信号，通过 *LC* 滤波电路，得到比较平滑的波形，再经过限流电阻接到 LED 灯上。

该电路设计涉及以下知识点：

1. *LC* 滤波电路

在本电路中，L_1 与 C_4 构成 *LC* 滤波电路。我们知道电容具有“通交流，阻直流”的作用，而电感具有“通直流，阻交流，通低频，阻高频”的功能，单片机输出的 PWM 信号中的高频交流分量大部分将被电感阻止吸收变成磁感和热能，而剩余的一部分被电容旁路到地，这样在输出端就可以得到较为平滑的波形，加到 LED 灯上。该电路能有效防止 PWM 波在占空比过小时 LED 灯的频闪现象，得到较好的“呼吸”效果。在电路要求不高的场合可以省掉 *LC* 滤波电路，单片机 I/O 口的输出直接通过限流电阻接到 LED 灯上。

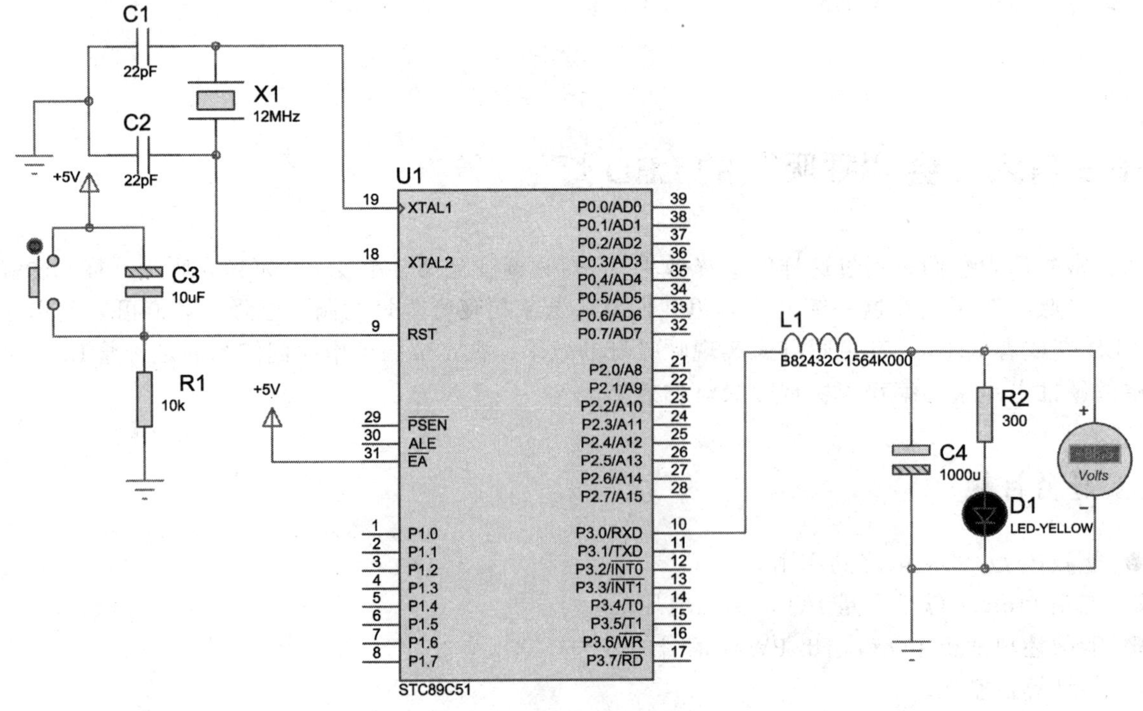

图 2-51 呼吸灯硬件电路图

2. 在 Proteus 仿真中测量电压值

Proteus 软件中有许多虚拟仪表，可以对电压、电流、波形频率等进行测量。本任务中需要监测单片机输出信号经 *LC* 滤波后的电压值。在虚拟仪表模式下，选择直流电压表，如图 2-52 所示，将电压表的正极接在要测量的点上，负极接地，按下仿真开始按钮后即可测得该点电压值。

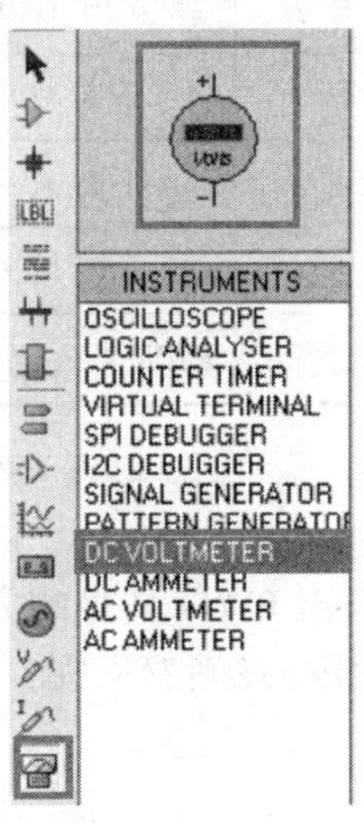

图 2-52　Proteus 软件中的直流电压表

二、软件程序设计

硬件电路设计好了，下面开始编写程序了。本程序采用 PWM 技术，通过编程控制单片机的 I/O 口输出不断变化的高低电平来实现 PWM 信号输出，控制与该 I/O 口相连的 LED 灯的电压不断变化，继而控制灯的亮度变化。本程序涉及主程序、定时器中断服务程序以及延时子程序，其中主程序流程图、中断服务程序流程图以及完整程序可以扫描以下二维码查看。

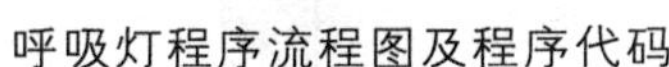

呼吸灯程序流程图及程序代码

该程序设计涉及以下知识点：

1. 单片机 I/O 口输出 PWM 信号的方法

从生活中我们知道，正常人的呼吸频率是 16~20 次/min，即 1.5~1.875 s 完成一次呼或吸的过程。在本程序中选取 1.8 s 为一次呼/吸的时间，那么可以编写一个 200 ms 的延时函数 DELAY，调用 9 次该函数来实现 1.8 s 的呼/吸。

程序中首先进行“呼气”过程：30 H 单元的内容每 200 ms 自加，从 2 到 10 共 1.8 s。定时器每 200 μs 的溢出中断使累加器 A 不断自加，当 A 的内容和 30 H 单元的内容相等后 P3.0 口一直输出高电平直到 A 值为 10 后，A 的值从 0 重新开始自加，若 A 的内容和 30 H 单元的内容从未相等则输出低电平。由于 30 H 单元的值开始小，所以刚开始 A 的值很快能够追上 30 H 单元的值（在 A 未追上 30 H 的值时 P3.0 口输出低电平，一旦 A 值等于或大于 30H 单元的值时 P3.0 口输出高电平），P3.0 口输出低电平持续时间短而高电平持续时间长。而随着 30H 单元的数值逐渐变大，A 值追上 30 H 单元的值的时间变长，P3.0 口输出的低电平时间逐渐增大，高电平持续时间不断减小，通过仿真会看到 LED 灯逐渐变灭了。而在“吸气”过程时 30H 单元的内容从 10 自减到 2，A 值追上 30 H 单元数值的时间不断减小，即 P3.0 口输出低电平信号持续时间不断减小，而高电平持续时间不断增大，我们看到 LED 灯逐渐变亮了。表 2-14 为本程序中关键值的变化关系。

表 2-14 本程序中关键值的变化关系

关键值	"呼气"过程	"吸气"过程	变化规律
30H 单元的内容	从 2 到 10 自加	从 10 到 2 自减	每 200 ms 加 1 或减 1
累加器 A 的值	从 0 到 10 自加	从 0 到 10 自加	每 200 μs 加 1
A 值追上 30H 值所需的时间	不断增大	不断减小	
P3.0 口输出低电平持续的时间	不断增大	不断减小	
P3.0 口输出高电平持续的时间	不断减小	不断增大	
LED 灯亮度变化	LED 灯逐渐变灭	LED 灯逐渐变亮	1.8 s 完成一次"呼气"或"吸气"过程

结论：P3.0 口输出不断增大的低电平信号，LED 灯逐渐变灭，P3.0 口输出不断增大的高电平信号，LED 灯逐渐变亮。

其实上述过程就是单片机使用 I/O 口输出 PWM 信号的方法。那么什么是 PWM 信号呢？为什么高低电平变化的 PWM 信号能使 LED 灯逐渐变亮逐渐变灭呢？接下来我们一起来看 PWM 的概念吧。

2. PWM

PWM，即脉冲宽度调制（Pulse Width Modulation）信号是一种周期一定而高低电平可调的方波信号。它利用微处理器的数字输出来实现，是对模拟电路控制的一种非常有效的技术，广泛应用于测量、通信、功率控制与变化等许多领域。

为什么高低电平变化的 PWM 信号能使 LED 灯逐渐变亮逐渐变灭呢？原来 ·M 控制的基本原理是：冲量相等而形状不同的窄脉冲加在具有惯性的环节上时，其效果基本相同（见图 2-53）。冲量指窄脉冲的面积。效果基本相同，是指环节的输出响应波形基本相同。

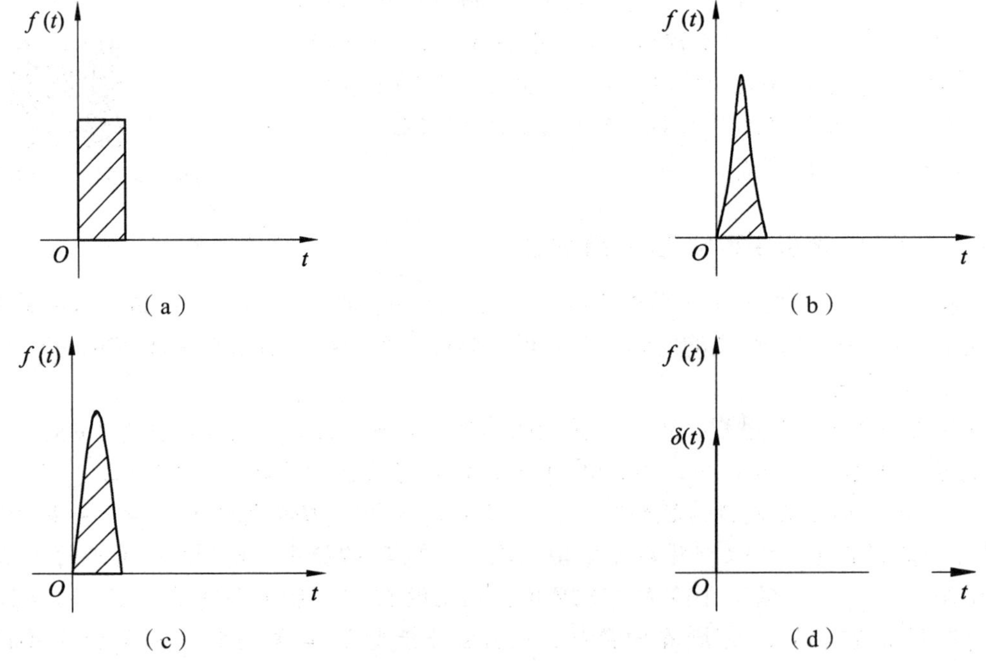

图 2-53 形状不同而冲量相同的各种窄脉冲图

以 SPWM 波形——脉冲宽度按正弦规律变化而和正弦波等效的 PWM 波形为例（见图 2-54），要改变等效输出正弦波幅值，按同一比例改变各脉冲宽度即可。

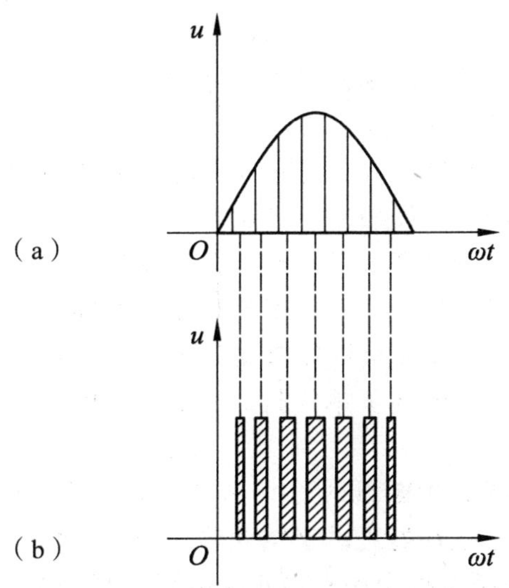

图 2-54　用 PWM 波代替正弦半波示意图

3. 占空比的概念

占空比是指高电平在一个周期之内所占的时间比率。在本程序中，以“呼气”过程为例，P3.0 口输出 PWM 信号的时序图如图 2-55 所示。在一个信号周期 T（本程序中设置 T=2 000 μs）内，低电平持续时间为 T_1，高电平持续时间为 T_2，高电平持续的时间和信号周期的比值，即为占空比。

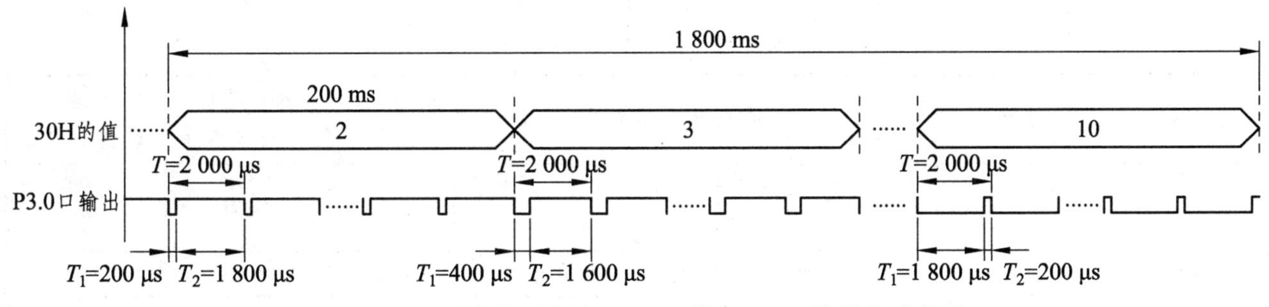

图 2-55　“呼气”过程中 P3.0 口输出 PWM 信号的时序图

当 30 H 单元的值为 2 时，P3.0 输出的 PWM 信号的占空比为 $\frac{T_2}{T}=\frac{1\,800\ \mu s}{2\,000\ \mu s}=\frac{9}{10}$；当 30 H 值为 3 时，PWM 信号占空比为 $\frac{T_2}{T}=\frac{1\,600\ \mu s}{2\,000\ \mu s}=\frac{8}{10}$；以此类推，当 30 H 值为 10 时 PWM 信号占空比为 $\frac{T_2}{T}=\frac{200\ \mu s}{2\,000\ \mu s}=\frac{1}{10}$。

通过对上述内容的理解，可以得出以下结论：可以用单片机输出占空比不断减小的脉冲信号来等效模拟电压量从 5 V 到 0 V 变化的过程，从而控制 LED 灯亮度逐渐变小；用单片机输出占空比不断增大的脉冲信号来等效模拟电压量从 0 V 到 5 V 变化的过程，从而控制 LED 灯亮度逐渐变大。

在本任务中，我们采用单片机的定时器中断的方式控制单片机 I/O 口输出 PWM 波形，在固定的周期下，通过不断改变 PWM 占空比的方式来实现 LED 亮度的变化，最终实现 LED 灯“呼吸”的效果。这涉及单片机中两个非常重要的资源：中断和定时器。接下来，我们需掌握这两个概念及其使用方法。

4. 中断的概念及使用方法

中断在单片机中是一个非常重要的功能，大家一定要学会使用单片机的各类中断。可以这样说，没学好中断就相当于没学过单片机。由此可见中断的重要性。

那么什么是中断呢？中断就是当中断请求信号发生并被允许后，单片机放下正在处理的事情转而响应中断，中断结束后再继续处理刚才的事情的过程。

举个生活中的例子：你正在教室上晚自习，这时候老师打电话叫你去办公室，此时你离开教室去办公室，处理完老师交代的事情后继续返回教室上晚自习，这个过程就完成了一次中断。在这个过程中，老师是否会打来电话以及什么时候打来电话是不确定的，随时都可能发生。而一旦发生就需要立即去处理它，这就是中断的特性。中断常用于实时性要求很高的场合，如危险报警等。中断的存在，很大程度上提高了单片机处理外部或内部事件的能力。

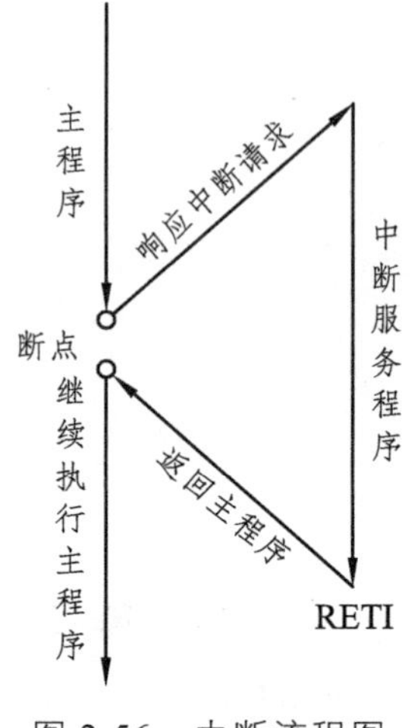

图 2-56　中断流程图

引起 CPU 中断的事件叫作中断源，中断源向 CPU 发出中断请求，当中断请求信号被允许后，CPU 放下正在处理的事情而转去响应中断（CPU 根据中断请求标志位的状态判断是哪个中断源正在申请中断，然后转去该中断源相应的入口地址去继续执行中断服务程序），处理完中断服务程序后再回到原来被打断的地方（即断点）继续执行原任务（即中断返回），这一过程就是中断执行的过程。中断的流程图如图 2-56 所示。

51 单片机内部一共有 5 个中断源，也就是说这 5 种情况发生时会使单片机去处理中断程序。它们的符号、名称、产生的条件、默认优先级别及入口地址见表 2-15。

表 2-15　51 单片机中断源

中断符号	名称	中断产生的条件	默认中断级别	入口地址（汇编语言）	序号（C 语言用）
INT0	外部中断 0	外部信号由 P3.2 端口线引入，低电平或下降沿触发中断	最高	0003H	0
T0	定时器/计数器 0 中断	由 T0 计数器计满回零触发中断	第二	000BH	1
INT1	外部中断 1	外部信号由 P3.3 端口线引入，低电平或下降沿触发中断	第三	0013H	2
T1	定时器/计数器 1 中断	由 T1 计数器计满回零触发中断	第四	001BH	3
TI/RI	串行口中断	串行口完成一帧数据发送/接收后触发中断	最低	0023H	4

在用汇编语言编写程序时，我们关注的是中断的入口地址，在用 C 语言编写程序时使用中断的序号。本程序中使用的是定时器 T0 中断，默认优先级别为次高，入口地址为 000BH。中断被响应后 CPU 识别为定时器 T0 中断后程序自动转到地址为 000BH 的存储空间中执行。从中断源所对应的向量地址中可以看出，一个中断向量入口地址到下一个中断向量入口地址之间只有 8 字节。也就是说，中断服务程序的长度如果超过了 8 字节，就会占用下一个中断的入口地址，导致出错。但一般情况下，很少有一段中断服务程序只占用少于 8 字节的情况，为此可以在中断入口处写一条“LJMP ××××”或“AJMP ××××”指令，这样可以把实际处理中断的程序放到 ROM 的任何一个位置。如程序中第 4、5 行所示，在中断入口处放置一条强制跳转 LJMP 指令（占 3 字节存储空间），跳转到真正的中断服务程序所在的位置 TIMER0 处。

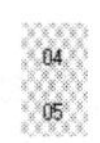

```
04        ORG 000BH          ;定时器0中断入口地址
05        LJMP TIMER0        ;跳转至定时器0中断服务程序
```

单片机在使用中断功能时通常需要设置两个与中断有关的特殊功能寄存器，即中断允许寄存器 IE 和中断优先级寄存器 IP。本程序中断使用默认优先级，并未对 IP 进行修改。

中断允许寄存器 IE（字节地址 A8H）：

位序号	D7	D6	D5	D4	D3	D2	D1	D0
位符号	EA	—	—	ES	ET1	EX1	ET0	EX0

EA：全局中断允许位（EA=1，打开总中断；EX0=0，关闭总中断，下同）

ES：串行口中断允许位；

ET1：定时器/计数器 1 中断允许位；

EX1：外部中断 1 中断允许位；

ET0：定时器/计数器 0 中断允许位；

EX0：外部中断 0 中断允许位。

中断允许寄存器用来设置各个中断源的打开或关闭，单片机若使能某个中断源则必须置位相应中断允许位，且同时要置位全局中断允许位 EA。

在本程序中使用到的是定时器 T0 中断，要使该中断能够被 CPU 响应，首先需要设置中断允许寄存器 IE 中的 EA 位为 1，ET0 位为 1，这样定时器 0 中断才被允许。如程序中第 13，14 行所示。

```
13          SETB EA          ;允许总中断
14          SETB ET0         ;允许定时器0中断
```

可以按位对 EA 和 ET0 分别置 1，也可以按字节直接对 IE 进行赋值，如 MOV IE，#82H 可以实现相同的功能。

中断结束时需要使用 RETI 指令返回断点处继续执行。

RETI：中断返回指令，不可省略，否则无法从中断服务程序中返回主程序。如程序中第 41 行所示。

```
41          RETI                    ;中断返回
```

5. 定时器的概念及使用方法

51 单片机内部共有两路 16 位可编程的定时器/计数器，即定时器 T0 和定时器 T1。它们归根结底就是一个计数器，可以通过设置特殊功能寄存器 TMOD 来选择是定时还是计数功能（详见 TMOD）。计数值存储在 T0 或者 T1 中，当计数值计满溢出时，硬件自动将该定时器/计数器溢出标志位置位并且申请中断。

笔者当年初学定时器时有一个疑惑，那就是为什么单片机在执行正常运行的程序时还能对脉冲进行计数呢？原来定时器系统是单片机内部一个独立的硬件，它与 CPU 和晶振通过控制线连接并相互作用，CPU 一旦设置开启定时功能后，定时器便在晶振的作用下自动开始计时，不影响程序的正常运行。当计数值计满溢出后，产生中断，通知 CPU 处理中断，如果中断被允许则 CPU 会立即放下正在处理的事情转去响应中断，进入该定时器入口地址去执行定时器中断服务程序。当然，我们也可以采用软件查询中断溢出标志位的方法处理定时器定时时间到的事件。

和定时器相关的特殊功能寄存器有定时器/计数器工作方式寄存器 TMOD、定时器/计数器控制寄存器 TCON 以及装载计数值的 T0（由高 8 位 TH0 和低 8 位 TL0 构成）和 T1（由高 8 位 TH1 和低 8 位 TL1 构成）。

定时器/计数器工作方式寄存器 TMOD 各位如表 2-16 所示。其中，TOMD 的高 4 位用于设置定时器 1，低 4 位用来设置定时器 0。各位的含义如下：

表 2-16　定时器/计数器工作方式寄存器 TMOD（字节地址 89H）

位序号	D7	D6	D5	D4	D3	D2	D1	D0
位符号	GATE	C/$\overline{T}$	M1	M0	GATE	C/$\overline{T}$	M1	M0

GATE：门控制位。

C/$\overline{T}$：定时器模式和计数器模式选择位。

C/$\overline{T}$=1 时，为计数器模式；C/$\overline{T}$=0 时，为定时器模式。

当选择定时功能时，计数脉冲来自单片机内部机器周期，每过一个机器周期计数值加 1，所以计数器中存储的数值能代表确定的时间，故可作为定时器。而当选择计数功能时是对 T0 或 T1 引脚上的外部脉冲进行计数，由于外部脉冲和时间没有确定的关系，所以该数据只代表脉冲次数。

M1、M0：工作方式选择位。

每个定时器/计数器都有 4 种工作方式，由 M1、M0 两位共同设置，对应关系如表 2-17 所示。

表 2-17　定时器/计数器的 4 种工作方式

M1	M0	工作方式
0	0	方式 0，为 13 位定时器/计数器
0	1	方式 1，为 16 位定时器/计数器
1	0	方式 2，为 8 位自动重装初值的定时器/计数器
1	1	方式 3，仅适用于 T0，分成两个 8 位计数器，T1 停止计数

定时器在不同的工作方式下计数器的位数不同，其中：方式 0 是 13 位的计数器，以定时器 T0 为例，计数值装载在 TL0 的低 5 位和 TH0 中，TL0 的高 3 位未用，每来一个脉冲计数值加 1，溢出时计数值为 8192；方式 1 是 16 位计数器，计数值装载在 TH0 和 TL0 中，溢出时计数值为 65536；方式 2 是 8 位计数器，计数值装载在低 8 位 TL0 中，溢出时计数值为 256，溢出后自动将 TH0 中的初值重新装载到 TL0 中。

本程序使用定时器 T0，选择定时器模式，工作在方式 1。设置方式如程序第 10 行所示。

```
10        MOV TMOD,#01H  ;定时器0工作在方式1
```

TCON 寄存器用来控制定时器的启动、停止以及标志定时器溢出和中断的情况，各位如表 2-18 所示。各位功能如下：

表 2-18　定时器/计数器控制寄存器 TCON（字节地址 88 H）

位序号	D7	D6	D5	D4	D3	D2	D1	D0
位符号	TF1	TR1	TF0	TR0	IE1	IT1	IE0	IT0

TF1：定时器 1 溢出标志位。当定时器 1 计满溢出时，由硬件自动置 1 并申请中断。进入中断服务程序后由硬件自动清 0。若使用软件查询方式时，需要手动清 0。

TR1：定时器 1 运行控制位。TR1=0，关闭定时器 1；TR1=1，启动定时器 1。

TF0：定时器 0 溢出标志位，其功能与使用方法同 TF1。

TR0：定时器 0 运行控制位，其功能与使用方法同 TR1。

IE1：外部中断 1 请求标志位。

IT1：外部中断 1 触发方式选择位。IT1=0，为电平触发方式，引脚 INT1 上低电平申请中断；IT1=1，为下降沿触发方式，引脚 INT1 上电平从高到低的负跳变申请中断。

IE0：外部中断 0 请求标志位，其功能与使用方法同 IE1。

IT0：外部中断 0 触发方式选择位，其功能与使用方法同 IT1。

本程序使用定时器中断的方式，在中断允许的情况下定时器计满溢出后自动申请中断。置位 TR0 来开始定时。如程序第 15 行所示。

```
15          SETB TR0          ;开始定时
```

在定时器的使用过程中另一个重要的问题就是初值的计算。在讲解初值计算之前先复习下单片机的几个周期。

（1）时钟周期：也称振荡周期，定义为时钟频率的倒数。如单片机外接晶振为 12 MHz，它的时钟周期 $T = 1/f_{osc} = 1/12\ \mu s$。

（2）机器周期：单片机的基本操作周期，在一个操作周期内，单片机完成一项基本操作，如取指令、存储器读/写等。它由 12 个时钟周期组成，即 $T_{cy} = 12T = 1\ \mu s$。

（3）指令周期：指 CPU 执行一条指令所需要的时间。一般一个指令周期含有 1~4 个机器周期。如 DJNZ 指令是一个双周期指令，执行该指令需要 2 个机器周期即 2 μs 的时间。

有了单片机机器周期的概念，接下来了解初值的计算方法，还是以定时器 T0 为例，定时器 T1 的计算方法是相同的。

由于 TH0 和 TL0 的复位值为 0，当定时器开始定时时，每经过一个机器周期计数值加 1，所以计数个数能代表相应的时间。以外接 12 MHz 晶振为例，机器周期为 $1\ \mu s$，定时器方式 0 时最大定时时间为 8.192 ms；方式 1 时最大定时时间为 65.536 ms；方式 2 时最大定时时间为 0.256 ms。我们的定时时间不可能刚好是上面这些数值，所以需要先给计数器 T0 装载一个初值，在这个值的基础上每过一个机器周期（$1\ \mu s$）加 1，直到计满溢出。

本程序我们需要定时 $200\ \mu s$，以上几种工作方式都可以满足。在这里我们选择的是工作方式 1。

那这个初值该如何计算呢？首先我们根据需要的定时时间计算出计数次数，即 $n = \dfrac{200\ \mu s}{1\ \mu s}$=200 次。接下来根据定时方式的最大计数值计算出初值 $N = 65\,536 - n = 65\,536 - 200 = 65\,336$。使用时将该数的高 8 位即 $\dfrac{65\,336}{256} = 255 = \text{FFH}$ 装入 TH0 中，将该数的低 8 位即 65 336%256=56=38H 装入 TL0 中。以上就是初值的计算方法。

本程序中第 11、12 行所示就是为定时器 T0 装载初值。在方式 1 时，当定时器计满溢出后需要重新装载初值，否则 T0 又从 0 开始计数，下一次计满溢出的时间就不再是 200 μs 了。所以，需要在中断服务程序的一开始对定时器重装初值，如程序第 27、28 行所示。

```
11          MOV TH0,#0FFH   ;12MHz晶振下定时200us初值高8位
12          MOV TL0,#38H    ;12MHz晶振下定时200us初值低8位
```

```
27 TIMER0:  MOV TH0,#0FFH         ;定时器0中断服务程序
28          MOV TL0,#38H          ;定时器重赋初值
```

总结得出定时器初值的计算步骤如下：

（1）根据晶振频率计算出机器周期 T_{cy}，$T_{cy} = 12 \times 1/f_{osc}$。

（2）根据需要的定时时间 t 计算出所需的计数次数 n，$n = t/T_{cy}$。

（3）根据定时器工作方式得出最大计数值 N_{max}，将该值减去所需计数次数 n 即为初值 N，$N = N_{max} - n$。

（4）将初值 N 分为高 8 位和低 8 位装载到 TH0 和 TL0 中，若使用定时器 T1 则装载到 TH1 和 TL1 中，即 THX=N/256，TLX=N%256。

定时器设置好初值之后就可以置位 TR0 来开始定时了。定时时间到，即计数计满溢出后可以使用中断法或者查询法来进行处理。本任务采用的是定时器中断的方法。在写单片机定时器程序时，在程序开始处需要对定时器及中断寄存器做初始化设置，通常定时器中断初始化过程如下：

（1）通过对 TMOD 赋值，确定定时器用于定时还是计数，并确定它的工作方式。

（2）计算初值，并将初值写入 THX 和 TLX 中，X=0 或 1。

（3）通过对 IE 赋值，允许定时器 X 中断，允许总中断。

（4）使 TR0 或 TR1 置位，启动相应定时器/计数器开始定时或计数。

本程序中定时器中断的过程为：在主程序里设置好了 200 μs 的定时器 T0 中断后，主程序顺序向下执行。假设执行到某一指令时（断点），200 μs 定时时间到了，则定时器 T0 溢出自动申请中断。由于中断被允许了，所以 CPU 能响应该中断，CPU 发现是定时器 T0 在申请中断（通过中断标志位），于是到 T0 中断入口地址 000BH 处执行，然后跳转到中断服务程序 TIMER0 处执行程序，直至遇到 RETI 时中断返回，返回刚才的主程序断点处继续执行。下一次 200 μs 到来后继续此过程。

需要注意的是：在中断过程中断点会自动入栈保存，在中断返回时从堆栈区中弹出，CPU 返回该断点位置继续执行。另外，如果主程序中使用的寄存器在中断服务程序中也被用到并且其值在中断程序中发生改变，则需要在进入中断后手动入栈保存相关寄存器的值，这个过程被称作“保护现场”；中断返回之前再将其值恢复到寄存器中，称作“恢复现场”。本程序中并未进行该过程，在本章综合任务中会详细讲解此部分内容。

6. CJNE 的使用方法

在本程序中为什么要将 30 H 的内容暂存至 R2 和 R3 中呢？表 2-19 展示了 CJNE 指令的 4 种使用方法。

表 2-19　CJNE 指令的使用方法

指令	指令讲解
CJNE A，direct，rel	累加器 A 中内容与地址 direct 中内容比较
CJNE A，#data，rel	累加器 A 中内容与立即数#data 比较
CJNE Rn，#data，rel	工作寄存器 R*n*（*n*=0~7）中内容与立即数#data 比较
CJNE @Rn，#data，rel	工作寄存器 R*n*（*n*=0~7）中的是地址，地址里面内容与数字#data 比较

从表 2-19 中看到，在使用 CJNE 指令时不能将 30 H 的内容与立即数直接比较，所以先将 30 H 里的内容存到工作寄存器 R2、R3 中，再使用 R2、R3 分别与立即数 10、1 相比较。如程序第 19、21、23、25 行所示。

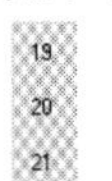

```
19    MOV    R2,30H    ;30H内容暂存R2，为比较"呼气时间是否到"做准备
20    LCALL DELAY          ;延时200ms
21    CJNE R2,#0AH,HERE   ;"呼气"过程是否结束，是则继续向下执行，否则跳转至HERE

23    MOV  R3,30H          ;30H内容暂存R3
24    LCALL DELAY          ;
25    CJNE R3,#01H,DECHE ;"吸气"过程是否结束，是则继续向下执行，否则跳转至DECHE
```

通过对以上知识的学习我们可以更好地理解本程序，然后在 Keil 软件中编写并编译此程序。将生成的 hex 文件添加到 Proteus 仿真图中，按下“开始”按钮观察仿真结果。可以发现，LED 灯逐渐熄灭又逐渐变亮，像正在呼吸一样。并且通过观察数字电压表的输出发现，P3.0 口输出的经过 *LC* 滤波后的电压信号逐渐减小又逐渐增大，能够平滑变化，LED 无闪烁现象。根据相同的方法可以修改 LED 的频率来模仿心跳的频率做成心跳灯。

三、任务实施

完成了硬件电路图设计和程序编写后，就可以完成呼吸灯控制任务了。

（1）在 Proteus 仿真软件中验证设计的电路和程序。

首先列出元器件清单，见表 2-20。

表 2-20 呼吸灯元器件清单

品名	型号	数量/个	Proteus 元件库关键字
单片机	STC89C51	1	AT89C51（代替）
晶振	12 MHz	1	CRYSTAL
瓷片电容	22 pF	2	CAP
电解电容	10 μF	1	CAP-ELEC
电阻	10 kΩ	1	RES
按键	不带锁	4	BUTTON
发光二极管	LED	1	LED-YELLOW
电阻	300 Ω	1	RES
电感	B82432C1564K000	1	INDUCTOR
电解电容	1000 μF	1	CAP-ELEC

根据元器件清单中所示的关键字，在 Proteus 仿真软件的元件库中找到所有元件，并按照原理图接线。按下仿真开始按钮后，LED 灯逐渐变灭又逐渐变亮并不断循环。仿真结果可以扫描以下二维码查看。

呼吸灯仿真结果

（2）根据电路图搭接电路。

根据元器件清单，找到制作电路所需的所有材料后按照电路原理图接线。搭建硬件电路前需要测试 LED 灯的管脚正负极并判断灯的好坏，判断电解电容的正负。搭建硬件电路后需要使用万用表测试系统的电源、地之间是否连通。在上电之前一定要确保系统电源、地没有短路，这是一个调试的好习惯。

（3）下载程序至单片机。

将程序下载至单片机中观察结果。如果程序及电路都没有错误，那么我们就会看到 LED 灯逐渐变亮逐渐变灭，像正在呼吸一样，LED 无闪烁现象。

（4）故障调试。

若 LED 灯未按要求动作就需要检查，此过程是软硬件联合调试的过程，在实际单片机系统制作过程中非常重要，我们需要借助万用表来完成此过程。本项目常见的调试故障及排查思路见表 2-21。

表 2-21 呼吸灯常见故障现象及排查思路

常见故障现象	排查思路
上电后 LED 灯一直处于熄灭状态	上电后用万用表测量电源、地之间是否有+5 V 电压，否则检查电源、地两条线路的硬件连接，是否漏接、错接，是则检查 LED 灯有无接反，无则检查 P3.0 口电压是否正常输出
LED 灯呼气或吸气过程异常	首先检查定时器有没有启动，其次看 30 H 内容有没有变化，最后看延时函数是否写错

四、总结归纳

在本任务中用 LED 灯实现了“呼吸”的效果，涉及的知识有 *LC* 滤波电路、定时器的使用、中断的概念、使用定时器中断输出 PWM 信号的原理及编程方法、占空比的概念等，接下来我们通过知识树的形式来归纳总结本任务所学的知识点、技能点及综合能力（见图 2-57）。

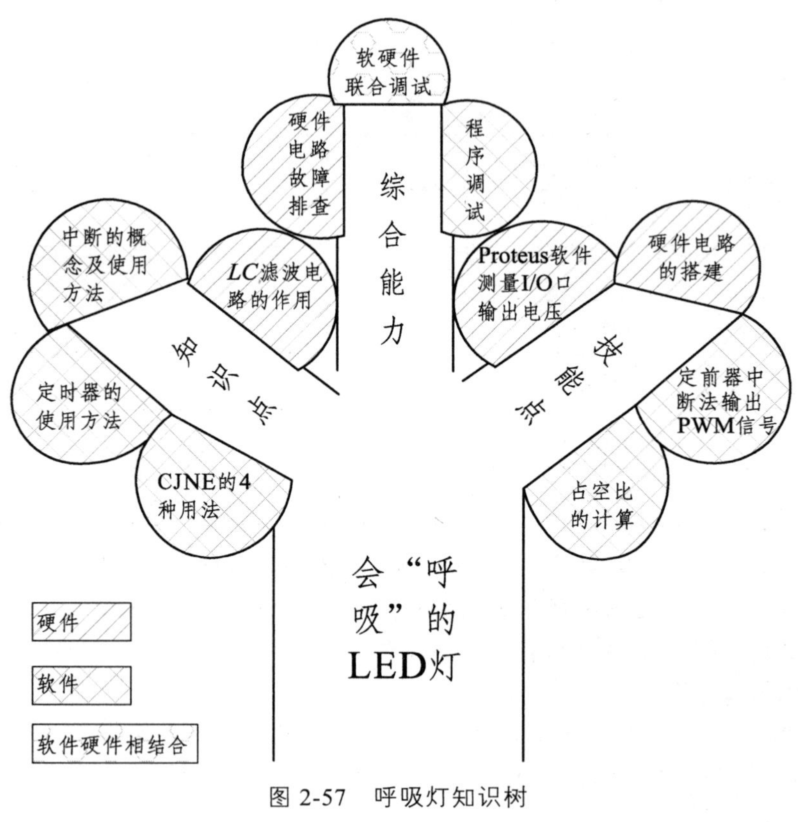

图 2-57　呼吸灯知识树

五、学习评价

学习任务评价表参见本书配套的电子版工作页。

子任务七　综合设计——智能小屋彩灯控制系统制作与调试

在前面我们已经学习了用单片机点亮 1 盏 LED 灯、控制 1 盏灯闪烁、控制 8 盏灯顺序闪烁、控制 8 盏灯霓虹闪烁，并且还学习了控制 RGB 三基色彩灯七彩变色以及控制单盏 LED 灯产生“呼吸”的效果。接下来，我们要利用前面所学的知识来制作第一个小产品——智能小屋的彩灯控制系统。

任务目标

● 能叙述单片机控制系统设计制作的流程。
○ 能进行元器件的选型。
○ 能在 Proteus 中使用标号绘制电路图。
● 能理解堆栈的概念并使用 PUSH、POP 指令正确编程。
◎ 能叙述保护断点和保护现场的概念。
○ 了解逻辑运算指令的使用方法。
◎ 能根据控制要求划分程序模块、书写子程序并在主程序中调用子程序。
◎ 能根据控制要求设计程序流程图并编程程序。
● 能排除智能小屋彩灯控制系统硬件电路故障。
◎ 能进行智能小屋彩灯控制系统软硬件联合调试。
○ 能团队合作完成任务。

说　明

○——了解；◎——重点；●——难点。

一、硬件电路设计

在单片机应用系统设计中首先要根据系统要求分析系统功能，明确工作任务。本次任务要求利用前面所学的知识来制作一个 LED 灯梦幻屋顶系统，该任务具有一定的开放性，需要我们自己设计 LED 的图案以及花样，在这个过程中我们可以积极地发挥自己的想象力，制作一个有创意的、与众不同的 LED 彩灯系统。在本任务中，我们设计了一个“吐泡泡的鱼”，大家通过学习本任务可以了解单片机控制系统设计制作的完整流程。硬件电路设计步骤通常有：

（1）确定（分析）系统功能。

首先可以找个白纸绘制自己喜欢的图案，然后尝试用 LED 灯来表达该图案。以“吐泡泡的鱼”为例，先勾画出该图案的大致轮廓，然后用 LED 灯替代关键位置来表达图案。有了图案之后可以设计图案的动作：先将鱼翅膀轮廓的 LED 灯以流水灯的形式从鱼嘴巴开始顺时针点亮一遍，然后再将鱼翅膀轮廓从左至右逐个点亮，接着从右到左逐个点亮，再从左至右逐个点亮不熄灭，之后轮廓一直亮起。然后眼睛亮起，之后眼睛的颜色以红、绿、蓝、黄、紫、青、白变化一次，最后亮红色。鱼骨及鱼尾流水形式点亮，继而鱼骨及鱼尾逐次点亮不熄灭直至全亮。全亮后轮廓、鱼骨及鱼尾闪烁三次后全亮，然后鱼眼睛以呼吸灯的形式亮灭一次呼吸变换一种颜色（颜色变化顺序同上），同时从下到上点亮泡泡（第一盏亮，两盏同时亮，三盏同时亮），眼睛颜色变化两轮后从头开始循环。以上所有的间隔时间都是 0.3 s。

（2）元器件选型。

为了得到更好的显示效果，可以使用不同颜色的 LED 灯，如图 2-58 所示。鱼的眼睛位置采用三基色 LED 灯可以得到七色变化的效果。普通发光二极管的限流电阻选用 220 Ω，RGB 三基色 LED 灯限流电阻选用 1 kΩ。

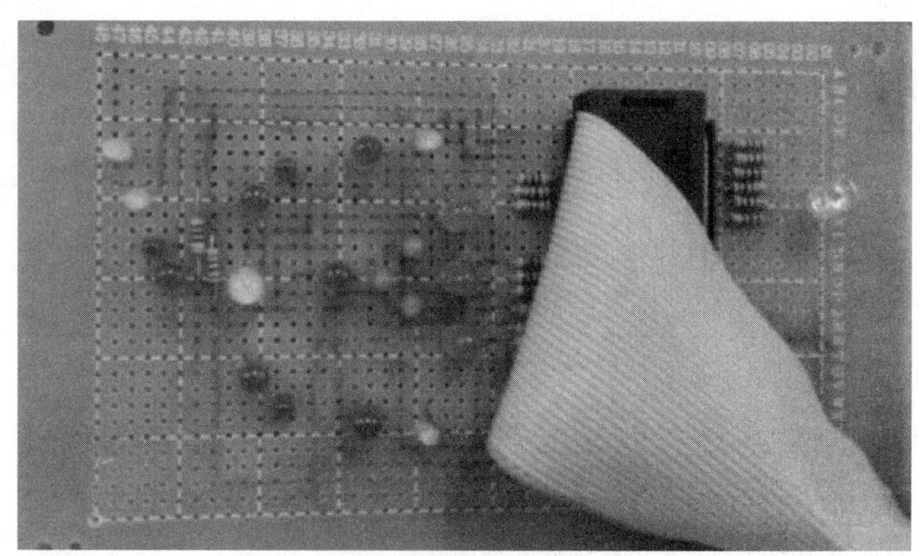

图 2-58　智能小屋彩灯控制系统彩灯布局图

根据器件的应用电路，列出元器件清单见表 2-22。

表 2-22　智能小屋彩灯控制系统元器件清单

品名	型号	数量/个	**Proteus** 元件库关键字
单片机	STC89C51	1	AT89C51（代替）
晶振	12MHz	1	CRYSTAL
瓷片电容	22pF	2	CAP
电解电容	10 μF	1	CAP-ELEC
电阻	10 kΩ	1	RES
按键	不带锁	4	BUTTON
发光二极管	LED（5mm）	9	LED-BLUE（6 个）、LED-GREEN（3 个）
发光二极管	LED（3mm）	10	LED-RED（3 个）、LED-GREEN（3 个）、LED-YELLOW（4 个）
电阻	220 Ω	19	RES
电阻	1 kΩ	3	RES
三基色 LED 灯	共阳极雾化	1	LED-RED/GREEN/BLUE 代替

（3）单片机 I/O 端口分配。

接下来，可以为 LED 灯分配单片机 I/O 端口，一个 I/O 口连接一盏 LED 可以得到更好的控制效果，但是硬件开销大，需要在每盏灯都能单独亮灭的情况下使用该连接。但是很多时候图案较复杂，使用的 LED 灯较多时，可以采用两盏 LED 串联起来连接一个 I/O 的形式，如本任务中 D8 与 D22、D9 与 D23、D6 与 D24、D5 与 D25 都是串联起来接在某个 I/O 上的。这样的好处是节约了 I/O 端口，但是带来的不便是它们只能同时亮灭。注意：I/O 分配时尽量以控制更容易实现为原则。如我们设计的动作中鱼的外部轮廓需要流水点亮，那么最好把它们按顺序接到同一个 8 位 I/O 口上，如 P2 口。I/O 分配见表 2-23。

表 2-23　智能小屋彩灯控制系统 I/O 分配

单片机引脚	连接 LED 灯	备注
P2.0~P2.4	鱼翅膀轮廓灯	顺时针方向
P2.5	RGB 灯红灯管脚	
P2.6	RGB 灯绿灯管脚	
P2.7	RGB 灯蓝灯管脚	
P3.0~P3.6	鱼骨及鱼尾灯	从左至右
P1.0~P1.2	泡泡灯	从下到上

（4）功能电路的设计及验证。

在本任务中需要设计单片机点亮 LED 灯的电路，该电路很简单，在前面已经反复使用过了，仅需要验证单片机 I/O 口驱动两个串联 LED 的发光亮度即可，可以先通过公式计算流过 LED 的电流：

$$I_{LED}=\frac{V_{CC}-1.7-1.7}{R_{限流}}$$

本任务中串联 LED 灯所使用的限流电阻是 220 Ω，V_{CC} 是电源电压 5 V，1.7 是一个 LED 灯的导通电压，代入值计算后得到 $I_{LED}\approx 7.3\text{ mA}$。我们任务中所用 LED 灯的工作电流为：5~20 mA，因此单片机的 I/O 口输出能带动两个发光二极管正常发光。

我们也可以用面包板搭建一个简单电路来试验单片机 I/O 口驱动两个串联 LED 的发光亮度，通过实验发现，可以用单片机 I/O 口驱动两个串联的 LED。如果需要单片机驱动更多的灯，还可以使用一个 I/O 口驱动多个 LED 灯并联的设计方法。图 2-59 所示为使用单片机 I/O 口不外加驱动控制 231 盏 LED 灯亮灭的炫彩音乐显示器电路图。

（5）设计并绘制硬件电路。

分配好 I/O 口后可以在 Proteus 仿真软件中绘制电路原理图，可以选择单片机输出低电平来点亮 LED 灯或单片机输出高电平来点亮 LED 灯。本设计选用了单片机输出低电平点亮 LED 灯的方法，即 LED 灯的阴极通过限流电阻接到单片机 I/O 口，LED 阳极全部接到电源 V_{CC} 上。在 Proteus 软件中我们用红、绿、蓝三盏 LED 灯来仿真 RGB 三基色 LED 灯，绘制好的硬件电路图如图 2-60 所示。

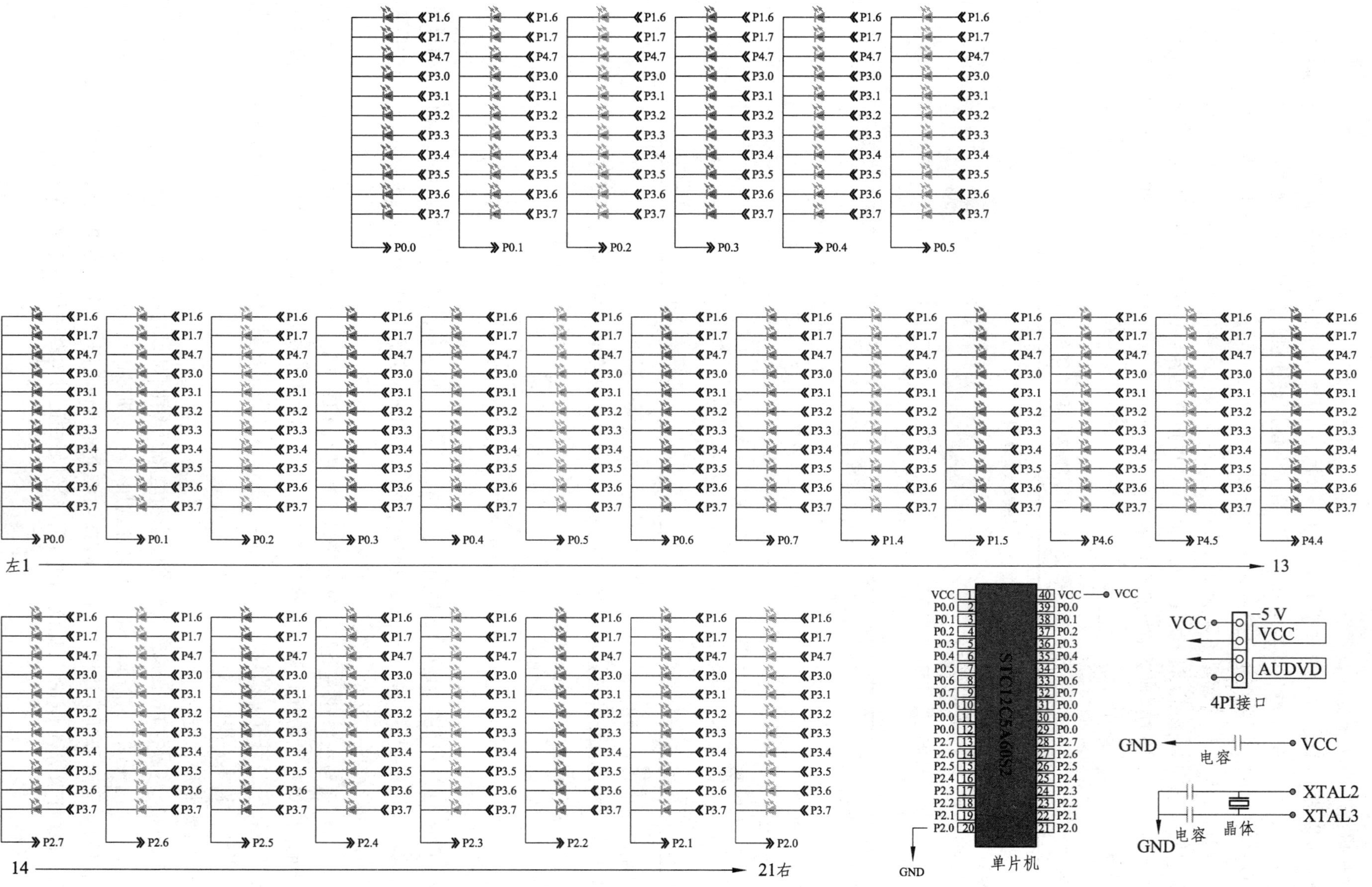

图 2-59 单片机 I/O 口不外加驱动控制多盏 LED 灯电路图

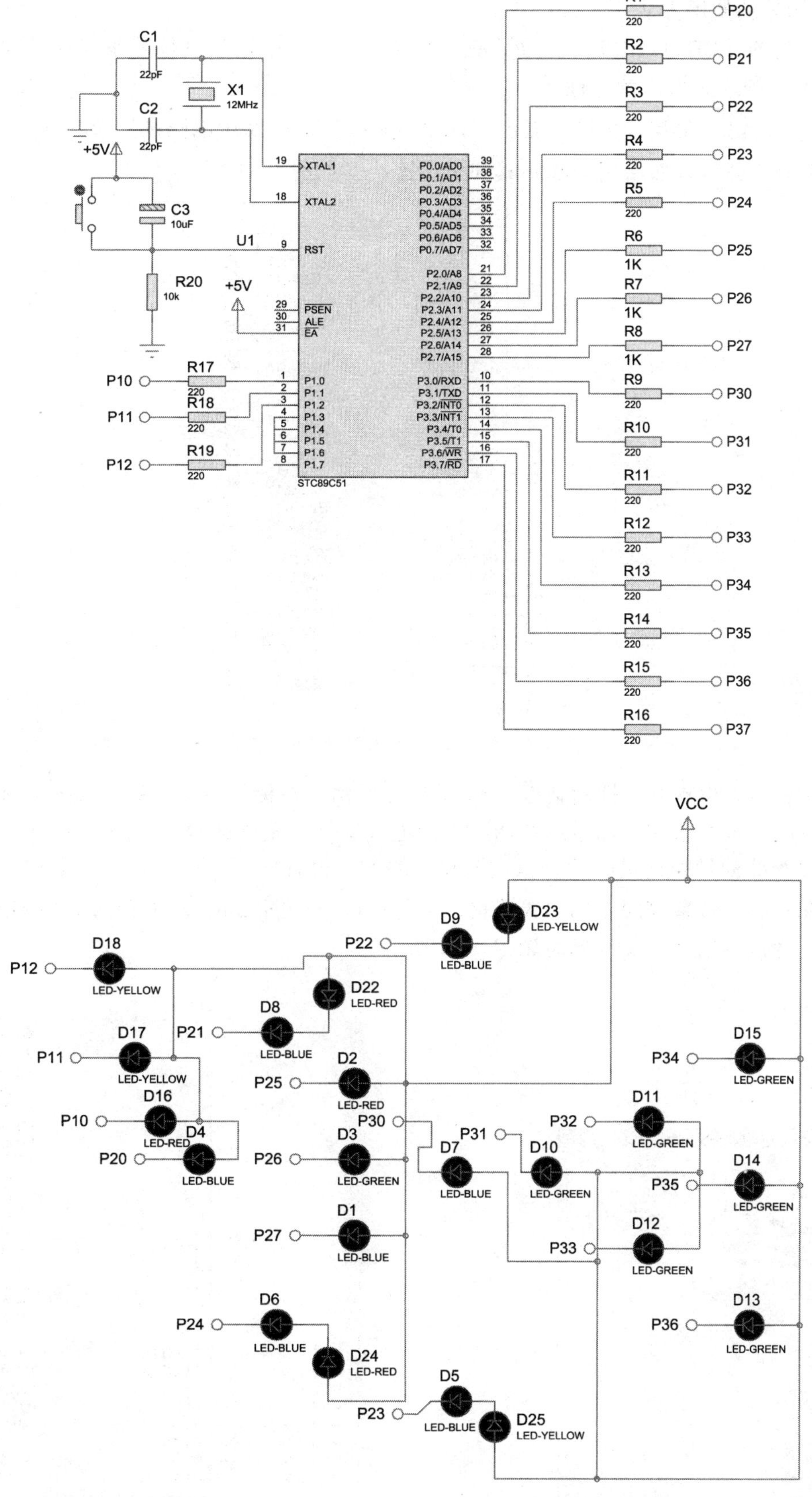

图 2-60　智能小屋彩灯控制系统硬件电路图

该电路设计涉及以下知识点：

Proteus 中标号的使用方法：

该电路中用到的 LED 灯比较多，为了使电路简洁美观，采用放置标号来代替导线连接的方法。Proteus 中有以下三种方法可以放置标号。

（1）点击 按钮，在其右侧选择点击“DEFAULT”，鼠标挪至电路图区会出现 图标，单击放至相应元件引脚旁即可，然后用导线将其和引脚连接，如图 2-61 所示。

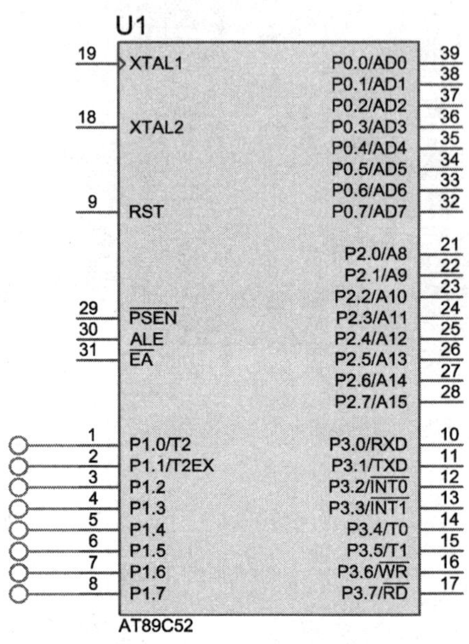

图 2-61　放置标号

双击某引脚标号，出现其属性对话框，如图 2-62 所示，在标号里添上相应标号名称，即可完成标号，若需调整方向，可右击相应标号选择调整方向进行调整。完成标号后如图 2-63 所示。

另一端需要与此标号相连接的地方也按照相同的方法设置标号，两个标号的名称相同则相当于标号所在处连接在一起，效果等同于用导线连接。另外可以点击图 2-62 左上角 Style 按钮设置标号名称的字体、大小及颜色等属性，属性界面如图 2-64 所示。

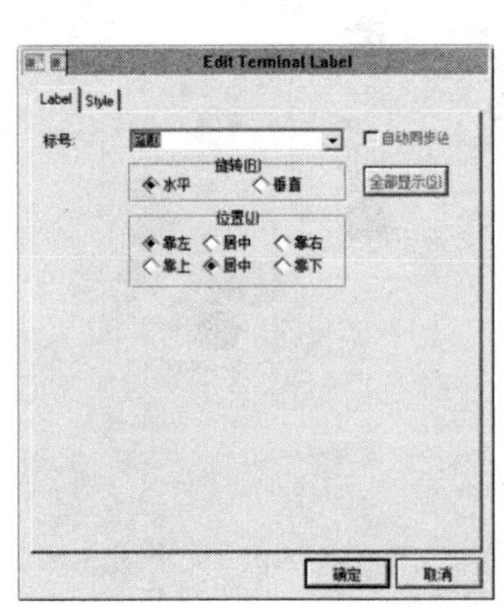

图 2-62　输入标号的名称

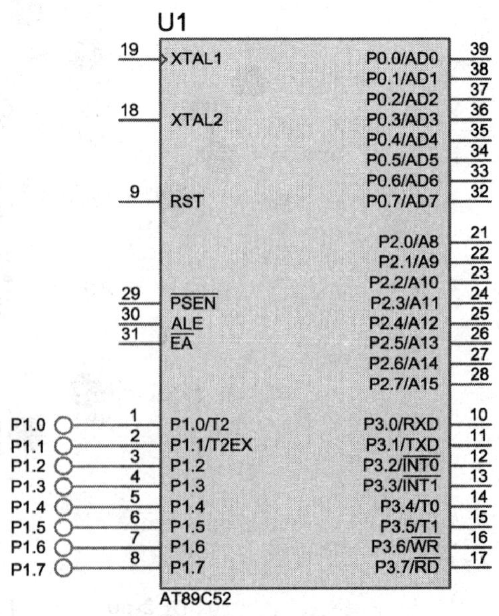

图 2-63　标号放置完成图

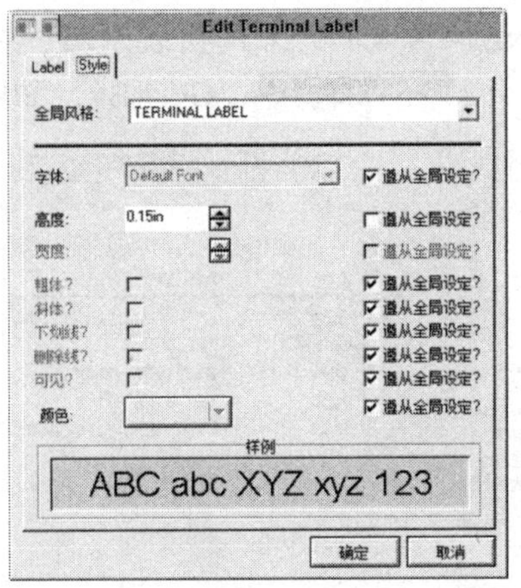

图 2-64　设置标号的属性界面

（2）右击需要放置网络标号的导线，出现如图 2-65 所示的界面，选择“放置网络标号”，同样出现如图 2-62 所示界面，输入标号名称，如图 2-66 所示。

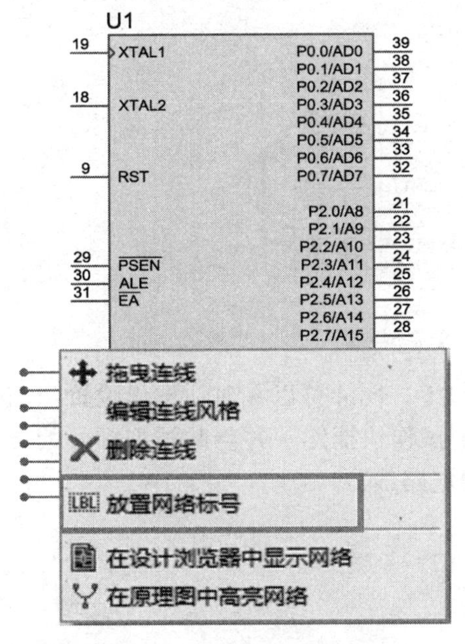

图 2-65　设置标号的属性界面

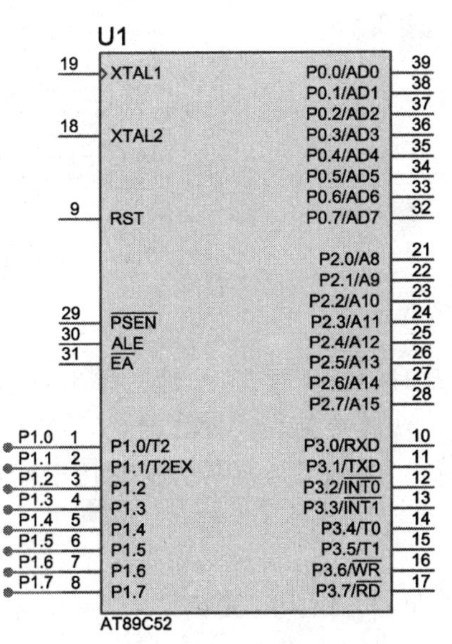

图 2-66　标号放置完成

（3）点击 LBL 按钮后，按下键盘上的 A 字母键，会弹出对话框，如图 2-67 所示。

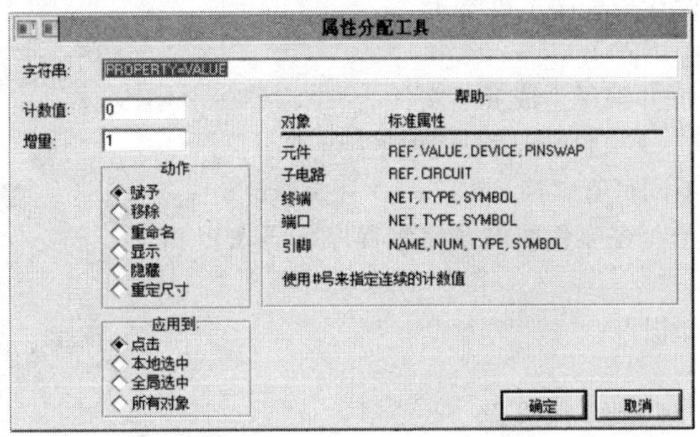

图 2-67　自动标号设定对话框

在字符串后输入命令格式为：NET=××#（NET 代表网络，在此使用为固定模式，××代表需要命名标号的名字，#代表从 0 开始的计数），如输入：NET=B#，如图 2-68 所示。

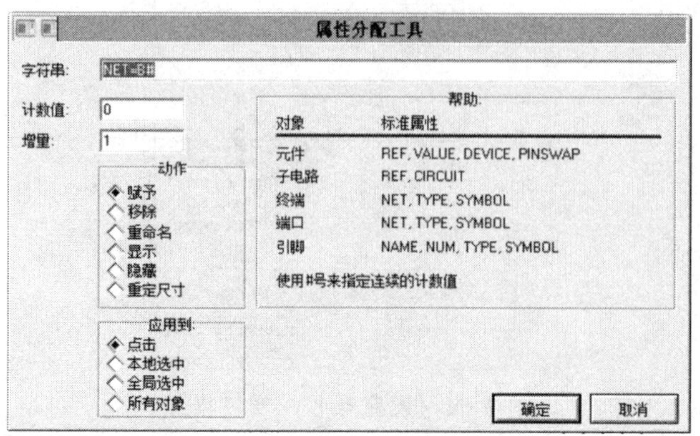

图 2-68　自动标号命令格式输入

在需要添加标号的电路线上合适位置单击，即可放置标号 B0，下个电路线同样操作，即可放置标号 B1。这样能够方便、快速放置多个标号，如图 2-69 所示。

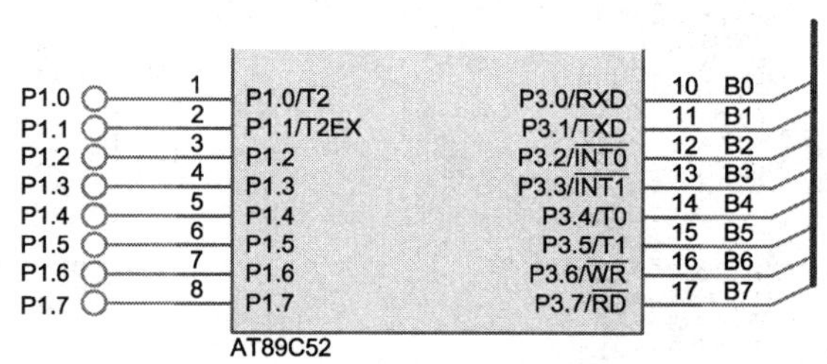

图 2-69　自动标号放置完成

在放置时，按下字母 A 键，弹出对话框，计数即可归零，同样可以在对话框里设置当前计数值及计数增量。在放置标号误操作时，可按下“Ctrl+Z”（撤销操作快捷键）并与此添加标号的方法配合进行快速调整。此种添加标号方法常用于标记与总线连接的电路线。

二、软件程序设计

程序设计过程可以分为如下步骤：

（1）分析系统功能，理清编程思路。

（2）划分功能模块，设计子程序（可省）。

（3）绘制程序流程图（可省）。

（4）在 Keil 中编写程序并编译生成 hex 文件。

（5）在 Proteus 中加载 hex 文件调试程序功能（可省）

根据程序的复杂程度不同可省略第（2）、（3）、（5）步。

本任务中的主程序和子程序流程图以及完整程序代码可以扫描右侧二维码查看。

智能小屋彩灯控制系统流程图及程序代码

该程序设计涉及以下知识点：

1. 分析系统功能，理清编程思路

接下来，根据控制要求将动作按时间顺序整理如下：

（1）鱼翅膀轮廓的 LED 灯以流水灯的形式从鱼嘴巴开始顺时针点亮一遍后全灭。

（2）鱼翅膀轮廓从左至右逐个点亮，然后从右到左逐个点亮再从左至右逐个点亮不熄灭，之后轮廓一直亮起。

（3）鱼眼睛亮起，之后眼睛的颜色以红、绿、蓝、黄、紫、青、白变化一次，最后亮红色。

（4）鱼骨及鱼尾流水形式点亮。

（5）鱼骨及鱼尾逐次点亮不熄灭，直至全亮。

（6）轮廓、鱼眼、鱼骨及鱼尾闪烁三次后全亮。

（7）鱼眼睛以呼吸灯的形式亮灭一次呼吸变换一种颜色，同时从下到上点亮泡泡，眼睛颜色变化两轮后（此时 P1 口灯全灭）从动作 1 再开始循环。

根据硬件 I/O 分配，第 1 个动作可以用 P2 口赋初值 0xFE 使 P2.0 输出低电平点亮鱼嘴第一盏灯，然后用循环左移指令使低电平向 P2.1 至 P2.4 口移位，然后 P2 口赋 0xFF 全灭。第 2 个动作将各个状态对应的 P2 口的输出编制在表格 TAB1 中，然后采用查表法逐个取出。第 3 个动作依然采用查表的方法，可以将鱼眼睛灯颜色变化的状态编制在 TAB1 中。第 4 个动作可以使用 P3 口循环左移的方法流水点亮。第 5 个动作将各个状态对应的 P3 口的输出编制在表格 TAB2 中，然后采用查表法逐个取出。第 6 个动作 P2、P3 口从 0x00 到 0xFF 变化三次。第 7 个动作三基色灯七彩变色同时带呼吸灯的效果，即将子任务五与子任务六的程序结合起来，眼睛颜色变化方式可以编制在表格 TAB3 中，然后查表取出各个状态。需要注意的是，本任务中使用共阳极的 RGB 彩灯而子任务六中的程序是输出高电平点亮普通发光二极管，所以使用子任务六的程序后，本任务与子任务六的呼吸过程会相反，与此同时，还需要同时控制 P1 口输出相应电平点亮泡泡，可以使用呼吸的频率来控制鱼吐泡泡的节奏，也就是每 1.8 s（详见子任务六）吐一个泡泡。

2. 划分功能模块，设计子程序

有了大概的程序思路就可以绘制程序流程图了，如果可以把以上所有动作都写在主程序中，程序会很长并且不便于理解，所以设置如下子程序：①鱼翅膀轮廓及眼睛变色子程序 FUNC1（包含动作 1、动作 2、动作 3）；②鱼骨及鱼尾子程序 FUNC2（动作 4、动作 5、动作 6）；③眼睛呼吸灯及吐泡泡子程序 FUNC3（动作 7）。主程序通过不断调用以上三个子程序来完成控制功能。

3. 子程序使用的优点

子程序的使用可以使程序模块化，便于理解，降低程序的复杂性，避免代码段重复，节省内存。

4. 堆栈的概念

在日常生活中，有这样的现象：家里洗的碗，一只一只摞起来，最晚放上去的放在最上面，而最早放上去的则放在最下面，在取的时候正好相反，先从最上面取。这种现象我们用一句话来概括："先进后出，后进先出"。请大家想想，还有什么地方有这种现象？其实该现象比比皆是，建筑工地上堆放的砖头、材料，仓库里放的货物，都是"先进后出，后进先出"，这实际是一种存取物品的规则，我们称之为"堆栈"。

在单片机中，我们也能在 RAM 中构造这样一个区域用来存放数据，这个区域存放数据的规则就是"先进后出，后进先出"，我们也称之为"堆栈"。为什么需要这样来存放数据呢？存储器本身不是能按地址来存放数据吗？对，知道了地址的确就能知道里面的内容，但如果我们需要存放的是一批数据，每一个数据都需要知道地址那不是很麻烦吗？而如果让数据一个接一个地放置，那么我们只要知道第一个数据所在地址单元就可以了。例如第一个数据在 27 H，那么第二、三个就在 28 H、29 H 了。由此可知，利用堆栈这种办法来放数据能简化操作。

那么 51 单片机中堆栈在什么地方呢？单片机中能存放数据的区域有限，不能专门分配一块地方做堆栈，所以就在内存（RAM）中开辟一块地方，用于堆栈，但是用内存的哪一块呢？还是不好确定下来，因为 51 单片机是一种通用的单片机，每个人的实际需求各不相同，有人需要多一些堆栈，而有人则不需要那么多，所以怎么分配都不合适。那么怎样来解决这个问题？分不好干脆就不分了，把分的权利给用户（编程者），让用户根据自己的需要去决定。所以，51 单片机中堆栈的位置是能变化的，而这种变化就体现在 SP 中值的变化。

SP 是堆栈指针，也就是专用于指出堆栈顶部数据的地址。若 SP 中的值等于 27H 不就相当于是一个指针指向 27H 单元吗？当然在真正的 51 单片机中，开始指针所指的位置并非就是数据存放的位置，而是数据存放的前一个位置，比如一开始指针是指向 27H 单元的，那么第一个数据的位置是 28H 单元，而不是 27H 单元。为什么是这样呢？后面在 PUSH 指令中会有讲解。SP 的上电复位值为 07H，使用到堆栈时我们一般在上电后子程序调用之前给 SP 重新赋值，通常赋 30H 及以后的内存，因为 20H~2FH 是可位寻址的区域，可以存一些程序流向标志位。

5. PUSH、POP 指令的使用

堆栈操作的两条指令为：

```
PUSH direct
POP    direct
```

PUSH 指令称之为入栈指令，就是将 direct 中的内容送入堆栈中，POP 指令称之为出栈指令，就是将堆栈中的内容送回到 direct 中。

PUSH 指令的执行过程是，首先将 SP 中的值加 1，然后把 SP 中的值当作地址，将 direct 中的值送进以 SP 中的值为地址的 RAM 单元中。51 单片机的堆栈是向上生成的，即有数据入栈后 SP 指向的栈顶地址向上变化。例：

```
MOV SP, #5FH
MOV A, #100
MOV B, #20
PUSH ACC
PUSH B
```

执行第一条 PUSH ACC 指令的过程是这样的：将 SP 中的值加 1，即变为 60H，然后将 A 中的值送到 60H 单元中，因此执行完本条指令后，内存 60H 单元的值就是 100，同样地，执行 PUSH B 时，是将 SP+1，即变为 61H，然后将 B 中的值送入 61H 单元中，即执行完本条指令后，61H 单元中的值变为 20。

POP 指令的执行是这样的，首先将 SP 中的值作为地址，并将此地址中的数送到 POP 指令后面的那个 direct 中，然后 SP 减 1。接上例：

```
POP B
POP ACC
```

则程序的执行过程是：将 SP 中的值（现在是 61H）作为地址，取 61H 单元中的数值（现在是 20）送到 B 中，所以执行完本条指令后 B 中的值是 20，然后将 SP 减 1。因此，本条指令执行完后，SP 的值变为 60H。然后，执行 POP ACC，将 SP 中的值（60H）作为地址，从该地址中取数（现在是 100）并送到 ACC 中，所以执行完本条指令后，ACC 中的值是 100。

有同学问：“这样操作有什么意义呢？ACC 中的值本来就是 100，B 中的值本来就是 20。”是的，在本例中，的确没有意义，但在实际工作中，在 PUSH B 后往往要执行其他指令，而且这些指令会把 A

中的值、B 中的值改掉，所以在程序的结束，如果我们要把 A 和 B 中的值恢复原值，那么这些指令就有意义了。在中断程序中常用 PUSH、POP 指令来保护及恢复现场。

还有一个问题，如果不用堆栈，比如说在 PUSH ACC 指令处用 MOV 60H，A，在 PUSH B 处用指令 MOV 61H，B，然后用 MOV A，60H 与 MOV B，61 H 来替代两条 POP 指令，不是也一样吗？是的，从结果上看是一样的，但是从过程看是不一样的。PUSH 和 POP 指令都是单字节单周期指令，而 MOV 指令则是双字节双周期指令。更何况，堆栈的作用不止于此，所以一般的计算机上都设有堆栈，而在编写子程序，需要保存数据时，通常也不采用后面的方法，而是用堆栈的方法来实现。

例：写出以下程序的运行结果。

```
MOV 30H, #12
MOV 31H, #23
PUSH 30H
PUSH 31H
POP 30H
POP 31H
```

结果是 30H 中的值变为 23，而 31H 中的值则变为 12。也就是两者进行了数据交换。从这个例子可以看出：使用堆栈时，入栈的书写顺序和出栈的书写顺序必须相反，才能保证数据被送回原位，否则就要出错了。

6. 保护断点和保护现场

单片机的堆栈主要是为子程序调用和中断操作而设立的，因此对应有两项功能：保护断点和保护现场。在单片机去执行子程序或者中断服务程序时，如何确保程序能够正确地返回到主程序中并且继续正确执行后面的内容呢？在执行子函数或者中断服务函数时，很有可能会破坏原来寄存器单元的内容，但这些寄存器单元在子函数又必须要用到，如何解决这个问题呢？这个时候就要用到保护断点和保护现场了。

保护断点：在调用子程序或响应中断时，将返回地址［执行完子程序或者中断后要执行的下一个指令的地址（PC 寄存器值）］自动送入堆栈，程序返回时，这个值自动弹回 PC。这种方式是自动使用堆栈的，程序中一般无需理会。由于 51 单片机的堆栈是向上生成的，若 SP=60 H，CPU 执行调用指令或者响应中断后，PC 自动进栈，PCL（PC 低 8 位）保护到 61 H，PCH（PC 高 8 位）保护到 62H，SP=62H。在这个过程中，地址送入堆栈后，堆栈指针变为 SP+2，再查看 RAM 中堆栈单元就可以发现这个时候已经变成了 PC 的值。子程序返回时遇到 RET 指令或者中断服务程序完成后的 RETI 指令，执行这条指令后，CPU 将会把堆栈中保存的地址取出，送回 PC（此时堆栈指针变为 SP-2），程序就会从主程序的断点处继续往下执行了。

保护现场：指的是进入中断服务程序或子程序后，由于寄存器有限，主程序和中断服务程序或子程序中用到相同的寄存器，所以为防止冲突，在中断服务程序前或在子程序前用入栈指令保护那些可能受到冲突的寄存器，然后在返回前恢复。在本程序中子程序 FUNC3 中使用了累加器 A，而同时中断服务程序也使用到了累加器 A，由于中断发生是不可预测的，一旦进入中断，累加器 A 的值就被改变了。所以为了不影响 FUNC3 的正确运行，在进入中断之后需要对累加器 A 的内容先入栈保护，在中断服务程序结束前将 A 的内容弹出，如程序 104、120 行所示。

```
104 TIMER0:  PUSH ACC        ;累加器A入栈保护
120          POP ACC         ;堆栈中A的内容出栈恢复
```

三、任务实施

完成了硬件电路图设计和程序编写后，就可以完成智能小屋彩灯控制系统综合任务了。在任务实施阶段主要涉及单片机控制系统设计制作的步骤如下：

（1）在 Proteus 仿真软件中验证设计的电路和程序。

首先列出仿真时元器件对应的 Proteus 元件库关键字。

按下仿真开始按钮，我们就可以看到这样的图案：

① 鱼翅膀轮廓的 LED 灯以流水灯的形式从鱼嘴巴开始顺时针点亮一遍后全灭。

② 鱼翅膀轮廓从左至右逐个点亮，然后从右到左逐个点亮再从左至右逐个点亮不熄灭，之后轮廓一直亮起。

③ 鱼眼睛亮起，之后眼睛的颜色以红、绿、蓝、黄、紫、青、白变化一次最后亮红色。

④ 鱼骨及鱼尾流水形式点亮。

⑤ 鱼骨及鱼尾逐次点亮不熄灭，直至全亮。

⑥ 轮廓、鱼眼、鱼骨及鱼尾闪烁三次后全亮。

⑦ 鱼眼睛以呼吸灯的形式亮灭一次呼吸变换一种颜色，同时从下到上点亮泡泡，眼睛颜色变化两轮后（此时 P1 口灯全灭）从动作 1 再开始循环。仿真结果可以扫描以下二维码查看。

智能小屋彩灯控制系统仿真结果

（2）根据电路图焊接硬件电路。

①根据元器件清单，找到制作电路所需的所有材料。

②测试 LED 灯、RGB 三基色彩灯的管脚正负极并判断灯的好坏。

③焊接硬件电路。

按照电路原理图焊接完成硬件电路后，需要使用万用表测试系统的电源、地之间是否没有连通。在上电之前一定要确保系统电源、地没有短路，这是一个调试的好习惯。

（3）下载程序至单片机。

将程序下载至单片机中观察任务现象。如果程序及电路都没有错误，那么我们就会看到仿真成功的现象了。

（4）软硬件联合调试。

若最终的实验现象和任务要求不符，则需要进行软硬件联合调试。本项目常见的调试故障及排查思路见表 2-24。

表 2-24　智能小屋彩灯控制系统常见故障现象及排查思路

常见故障现象	排查思路
上电后 LED 灯一直处于熄灭状态	上电后用万用表测量电源、地之间是否有+5 V 电压，否则检查电源、地两条线路的硬件连接，是否漏接、错接
LED 灯呼气或吸气过程异常	首先检查定时器有没有启动，其次看 30 H 内容有没有变化，再次看延时函数是否写错
RGB 彩灯亮度异常（很暗）	用万用表测量 RGB 公共端对地是否有 5 V 左右电压
RGB 彩灯亮的颜色不对	检查表格里的状态

四、总结归纳

本任务中用各种 LED 灯制作了智能小屋彩灯系统，该系统具有 LED 灯跑马、花样闪烁、RGB 三基色灯七色变化和呼吸灯的效果。接下来，我们通过知识树的形式来归纳总结本任务所学的知识点、技能点及综合能力（见图 2-70）。

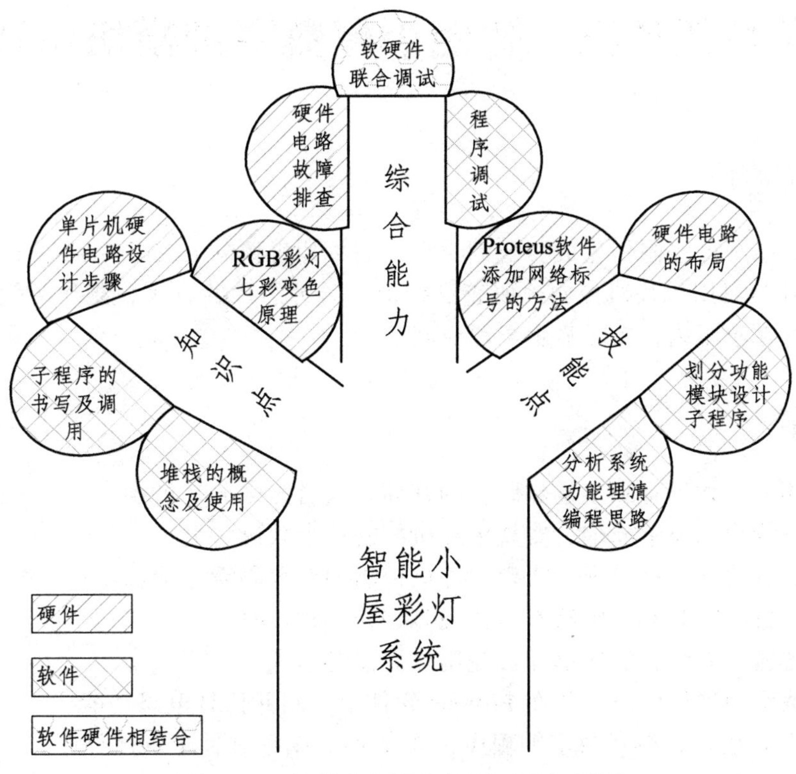

图 2-70　智能小屋彩灯控制系统知识树

五、学习评价

学习任务评价表参见本书配套的电子版工作页。

学习任务三　智能小屋数字钟模块设计

【学习任务描述】

智能小屋的彩灯系统已经制作完成。我们学会了用单片机控制 LED 灯以不同的方式显示，在这个任务中，我们将继续学习用单片机控制数码管、按键、时钟芯片的方法，制作一款实现时、分、秒计时的钟表，用以装饰在小屋内，实时显示当前时间。

【学习目标】

（1）能正确检测一位数码管和多位数码管的好坏，同时能区分其极性。
（2）能理解数码管静态显示原理，实现单片机控制单个数码管显示。
（3）能理解数码管动态显示原理，实现单片机控制多个数码管显示。
（4）能利用单片机的定时器、中断资源实现时、分、秒计时。
（5）能掌握按键输入方法，实现单片机控制独立按键输入。
（6）能够设计数字钟硬件电路，并在 Proteus 软件中绘制并仿真电路功能。
（7）能灵活使用 C 语言，编写数字钟程序，并在 Keil 编程软件中调试程序。
（8）能在面包板或万用板上搭建并调试硬件电路。
（9）能将程序下载到芯片中对数字钟系统进行软硬件联合调试。

【学习工作任务】

数字钟是一种小型的综合性系统，包含显示、按键输入、计时等多种功能。若依据系统功能划分，该学习任务可以分为以下四个任务模块：显示模块、时钟模块、按键输入模块和综合设计模块。每个任务模块又通过若干子任务来完成。该学习工作任务的结构如图 3-1 所示。

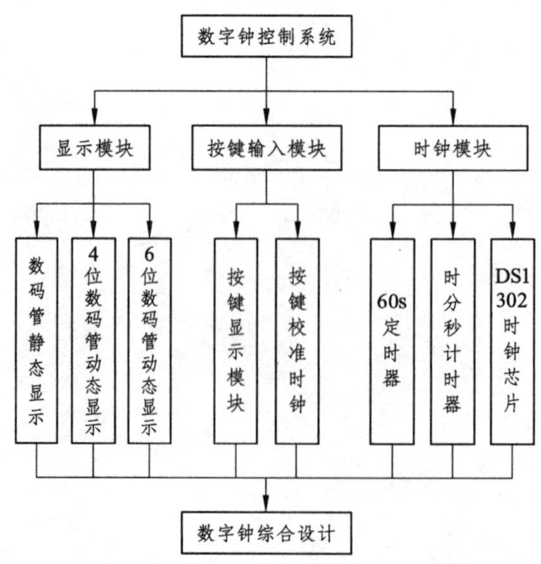

图 3-1　智能小屋数字钟系统学习工作任务结构

子任务一　显示模块设计——数码管静态显示

数字钟多用数码管作为显示部件，所以首先要学习怎样用单片机控制数码管显示。有了前面 LED 彩灯制作的经验，会发现这个任务一点都不难，因为一个数码管就是由 8 个 LED 灯构成的。

任务目标

- ○ 能检测单个数码管的好坏并区分其极性。
- ○ 能叙述数码管静态显示原理。
- ● 能用 C 语言编写数码管静态显示程序。
- ◎ 能用 Proteus 软件绘制单片机控制单个数码管的电路。
- ◎ 能用 Keil 软件编译数码管静态显示的程序。
- ● 能排除数码管静态显示系统硬件电路故障。
- ● 能进行数码管静态显示系统软硬件联合调试。

说　明

○——了解；◎——重点；●——难点。

一、硬件电路设计

在这个硬件电路设计中，关键是设计单片机与一个数码管的电路连接。电路图如图 3-2 所示。

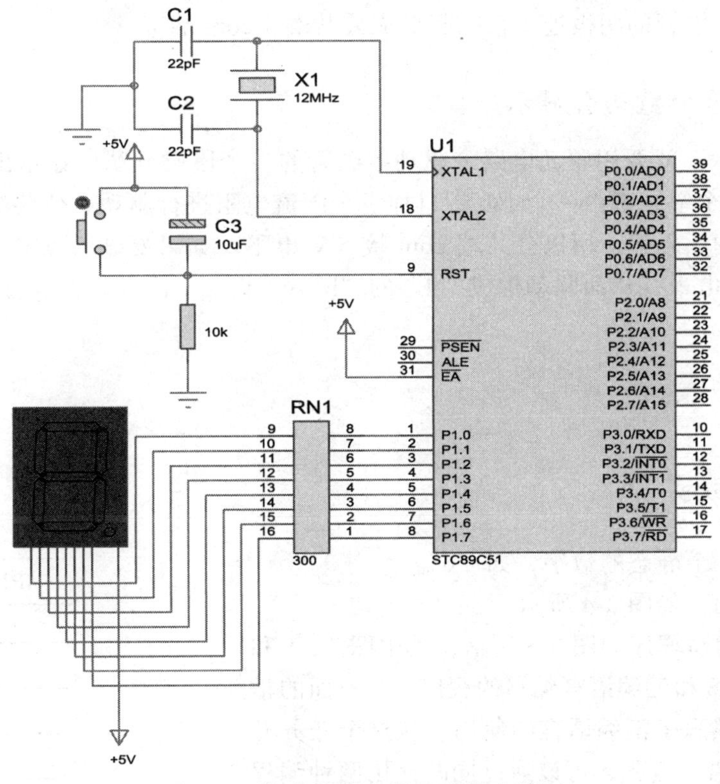

图 3-2　数码管静态显示硬件电路图

该电路设计涉及以下知识点：

1. 数码管的结构

LED 数码管（LED Segment Displays）是一个由 8 个发光二极管封装在一起组成“8”字形的器件，引线已在内部连接完成，只需引出它们的各个笔画和公共电极，分别由字母 a、b、c、d、e、f、g、dp 和 com 来表示，如图 3-3 所示。

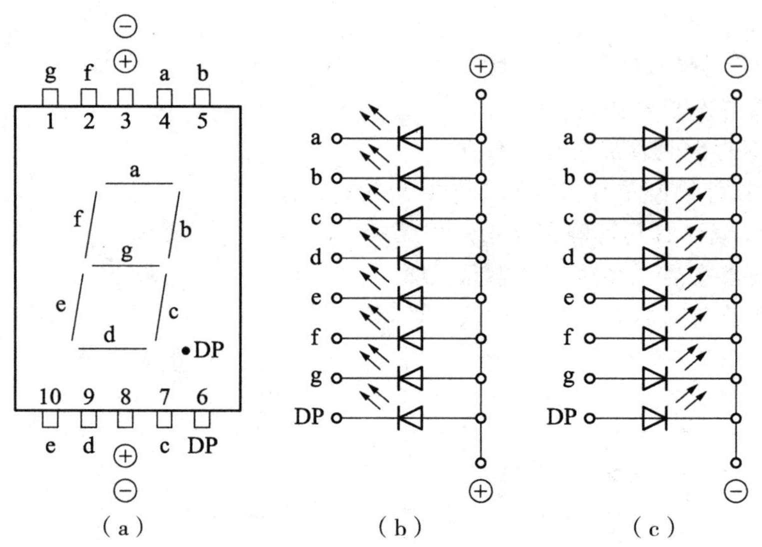

图 3-3　数码管的结构

从图 3-3 看出，数码管分为两种类型：共阳极和共阴极。图 3-3（b）中所示是共阳极数码管的结构，即 8 个发光二极管的阳极连接在一起形成公共端（com 端），而图 3-3（c）中所示是共阴极数码管的结构，即 8 个发光二极管的阴极连接在一起形成公共端（com 端）。

2. 单片机驱动单个数码管显示

数码管要正常显示，就要用驱动电路来驱动数码管的各个段码，从而显示出我们要的数字。如图 3-2 中，数码管的每一个笔画都由一个 I/O 端口加一个限流电阻进行驱动，公共端 com 接相应的电平。图中使用的是共阳极的数码管，所以公共端 com 接 5 V 电平。如果要显示数字“4”，只要通过相应的 I/O 端口输出高或低的电平，从而驱动构成“4”的“b、c、f、g”段发光二极管发光即可。

二、软件程序设计

（一）显示静态数字“6”

先让数码管显示一个静态的数字，如“6”。

先设计程序流程图，如图 3-4 所示。

根据该流程图，编写程序如图 3-5 所示，其中图（a）和图（b）是分别用 C 语言和汇编语言编写的程序。在前面的学习任务中，我们已经熟悉了汇编语言的使用，从这个任务开始，我们需学习用 C 语言编程，可以通过同时使用两种编程语言编写程序来比较两种语言各自的特点。

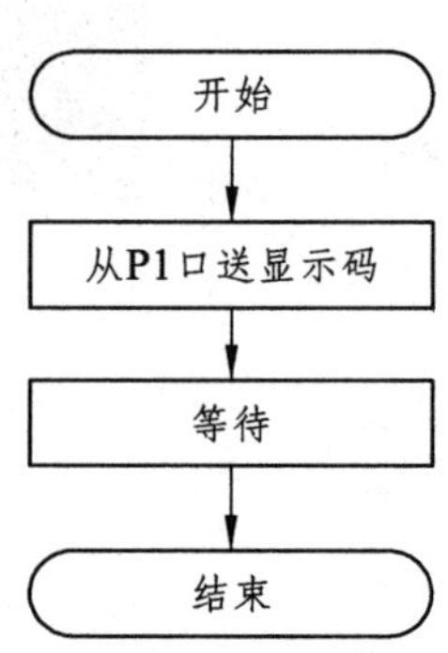

图 3-4　数码管静态显示程序流程图

```
#include   <reg51.h>

void main (void)
{
      P1=0x82;         //从 P1 口送数字 6 的段码
      while (1) ;
}
```

图（a）C 语言程序

```
ORG 0000H
MOV P1, #82H   ；从 P1 口送数字 6 的段码
SJMP $
END
```

图（b）汇编语言程序

图 3-5　数码管静态显示程序

该程序设计涉及以下知识点：

1. 初识 C 语言

（1）C 语言是一种高级语言，但它并没有完全脱离机器。它是把高级语言的基本结构和语句与低级语言的实用性结合起来的一种计算机语言。它能够像汇编语言一样对位、字节和地址进行操作，因此生成的代码质量高，程序执行效率较高，一般只比汇编程序生成的目标代码效率低 10%～20%。

（2）C 语言简洁紧凑、灵活方便，具有丰富的运算符和数据结构，结构式语言的显著特点使程序层次清晰，便于使用、维护及调试。因为 C 语言既有高级语言的优越性，又有低级语言的功能，所以成为了很多单片机系统开发者的首选编程语言。

2. C51——单片机的 C 语言

单片机的 C 语言称为 C51 程序。C51 的语法规定、程序结构及程序设计方法都与标准 C 语言相同，但由于单片机的内部资源有限、单片机的特点（如可以位操作等），C51 与标准 C 语言相比在以下方面有不同：

（1）C 语言编写单片机应用程序时，需要根据单片机存储器结构及内部资源定义相应的数据类型和变量，而标准 C 语言程序则不需要考虑这些问题。

（2）C51 中定义的库函数和标准 C 语言定义的库函数不同。标准 C 语言定义的库函数是按照微型计算机来定义的，而 C51 中的库函数是按照 51 单片机来定义的。

（3）C51 中的数据类型与标准 C 语言的数据类型也有一定的区别，在 C51 中增加了几种针对 51 单片机特有的数据类型，如 bit、sbit。

（4）C51 变量的存储模式与标准 C 中变量的存储模式不同，C51 中变量的存储模式是与 51 单片机的存储器密切相关的。

（5）C51 与标准 C 语言的输入输出处理不一样。

（6）C51 与标准 C 语言在函数使用方面也有一定的区别，C51 中有专门的中断函数。

可以说，单片机 C 语言是对标准 C 语言的扩展。若无特殊所指，本书中后续提到的 C 语言皆为单片机的 C 语言，即 C51。

3. C 语言程序的基本结构

一个 C 语言源程序是由一个或若干个函数组成的，每一个函数完成相对独立的功能。每个 C 程序都必须有（且仅有）一个主函数 main()，也可以包含一个 main()函数和若干个其他的功能函数。程序的

执行总是从主函数开始，再调用其他函数后返回主函数 main()，不管函数的排列顺序如何，最后在主函数中结束整个程序。因此，函数是 C 程序的基本单位。主程序通过直接书写语句和调用其他函数来实现有关功能。其他函数之间可以相互调用，但 main()函数只能调用其他的功能函数，而不能被其他函数所调用。如图 3-5（a）中，第 3 至 7 行就是该程序的主函数 main()。

C 语言书写格式自由，可在一行写多个语句，也可以把一个语句写在多行，书写的缩进没有要求。但建议大家按一定的规范来写，可以给自己带来方便。如在 Keil 软件中可以使用 Tab 键进行缩进，使用起来非常方便。

另外，可以用/*……*/的形式为 C 程序的任何一部分做注释，在“/*”开始后，一直到“*/”为止中间的任何内容都被认为是注释。Keil 下也可使用“//”对单行进行注释。

4. 标识符和关键字

1）标识符

标识符是用来标识源程序中某个对象的名字的，这些对象可以是语句、数据类型、函数、变量、数组等。标识符的命名应符合以下规则：

（1）有效字符：只能由字母、数字或下划线组成，且以字母或下划线开头。

（2）有效长度：在 C51 编译器中，支持 32 个字符，如果超长则超长部分会被舍弃。

（3）C51 的关键字不能用作变量名。

需要注意的是，标识符在命名时应当简单、含义清晰，尽量为每个标识符取一个有意义的名字，这样有助于理解程序。另外，C51 区分大小写，例如 Delay 与 DELAY 是两个不同的标识符。

2）关键字

关键字是 C51 编译器已定义保留的特殊标识符，它们具有固定的名称和含义。在程序编写中不允许标识符与关键字相同。C51 规定了 32 个关键字。如：

```
void 无类型数据
for 构成 for 循环结构
while 构成 while 和 do while 循环
char 数据类型说明（字符型数据）
```

C51 还根据 51 单片机的特点扩展了 13 个关键字，如 bit、sbit 等。

5. C 语言中的文件包含

文件包含是 C 提供的三种预处理功能的其中一种，格式如：#include <文件名>或#include“文件名”。如程序的第 1 行所示。所谓“文件包含”是指在一个文件内将另外一个文件的内容全部包含进来。因为被包含的文件中的一些定义和命令使用的频率很高，几乎每个程序中都可能要用到，为了提高编程效率，减少编程人员的重复劳动，将这些定义和命令单独组成一个文件，如 reg51.h，然后用 #include<reg51.h>包含进来就可以了。这个就相当于工业上的标准零件，拿来直接用就可以了。reg51.h 里面主要是 51 单片机的一些特殊功能寄存器的地址声明，还包括一些位地址的声明，如下：

```
sfr P0 = 0x80;          //P0 口地址定义
sfr P1 = 0x90;          //P1 口地址定义
sfr P2 = 0xA0;          //P2 口地址定义
sfr P3 = 0xB0;          //P3 口地址定义
sfr PSW = 0xD0;         //程序状态字，具体位意义见位定义
sfr ACC = 0xE0;         //累加器，程序员最常用的
sfr B = 0xF0;           //寄存器，主要用于乘除
```

```
sfr SP = 0x81;          //堆栈指针，初始化为 07；先加 1 后压栈，先出栈再减 1
sfr DPL = 0x82;         //DPTR 寄存器的低八位
sfr DPH = 0x83;         //DPTR 寄存器的高八位
sfr PCON = 0x87;        //电源控制寄存器，最高位为 SMOD 位
sfr TCON = 0x88;        //Timer/Counter 控制寄存器
sfr TMOD = 0x89;        //Timer/Counter 方式控制寄存器
sfr TL0 = 0x8A;         //定时器 0 低 8 位
sfr TL1 = 0x8B;         //定时器 1 低 8 位
sfr TH0 = 0x8C;         //定时器 0 高 8 位
sfr TH1 = 0x8D;         //定时器 1 高 8 位
sfr IE = 0xA8;          //中断控制寄存器
sfr IP = 0xB8;          //中断优先级控制寄存器
sfr SCON = 0x98;   //串口控制寄存器
sfr SBUF = 0x99;   //串口缓冲寄存器
sbit CY = 0xD7;     //进位或借位，有就是 1，没有就是 0
sbit AC = 0xD6;     //辅助进借位
sbit F0 = 0xD5;     //没有具体用途，可以由用户决定它的意义
sbit RS1 = 0xD4;   //工作寄存器选择位
sbit RS0 = 0xD3;   //工作寄存器选择位
sbit OV = 0xD2;     //溢出标志，有是 1，没有是 0
sbit P = 0xD0;      //奇偶校验，奇数个 1 是 1
/* TCON */
sbit TF1 = 0x8F;   //T1 溢出中断申请标志
sbit TR1 = 0x8E;   //Timer 1 running
sbit TF0 = 0x8D;   //T0 溢出中断申请标志
sbit TR0 = 0x8C;   //Timer 0 running
sbit IE1 = 0x8B;   //外中断 1 请求标志
sbit IT1 = 0x8A;   //外中断 1 触发方式
sbit IE0 = 0x89;   //外中断 0 请求标志
sbit IT0 = 0x88;   //外中断 0 触发方式
/* IE */
sbit EA = 0xAF;     //使能全部中断
sbit ES = 0xAC;     //串口中断使能位
sbit ET1 = 0xAB;   //定时器 1 使能位
sbit EX1 = 0xAA;   //外中断 1 使能位
sbit ET0 = 0xA9;   //定时器 0 使能位
sbit EX0 = 0xA8;   //外中断 1 使能位
/* IP */
sbit PS = 0xBC;     //串行中断优先级
sbit PT1 = 0xBB;   //T1 优先级
sbit PX1 = 0xBA;   //外部中断 1 优先级
sbit PT0 = 0xB9;   //T0 优先级
sbit PX0 = 0xB8;   //外部中断 0 优先级
/* P3 */           //控制寄存器
```

```
sbit RD = 0xB7;        //读
sbit WR = 0xB6;        //写
sbit T1 = 0xB5;        //T/C1
sbit T0 = 0xB4;        //T/C0
sbit INT1 = 0xB3;   //外中断 1
sbit INT0 = 0xB2;   //外中断 0
sbit TXD = 0xB1;   //串行发送
sbit RXD = 0xB0;   //串行接收    /* SCON */
sbit SM0 = 0x9F;       //
sbit SM1 = 0x9E;       //串口工作方式
sbit SM2 = 0x9D;       //
sbit REN = 0x9C;       //串行接收允许
sbit TB8 = 0x9B;       //收到的第九位
sbit RB8 = 0x9A;       //要发的第九位
sbit TI = 0x99;        //发送完成中断标志
sbit RI = 0x98;        //接收完成中断标志
```

6. 显示码的传送

如图 3-5（a）所示 C 语言程序的第 5 行语句“P1=0x82”，实现了将数字 6 的显示码通过 P1 口送给数码管，从而显示“6”。0x82 的前缀“0x”是 C 语言中用来表示一个数是十六进制数，因此 0x82 化成二进制数为“10000010”。这个数通过 P1 口送至数码管，可以驱动数码管的“a、c、d、e、f、g”段发光，从而显示数字 6。

（二）轮流显示数字“0”～“9”

先设计程序流程图，如图 3-6 所示。

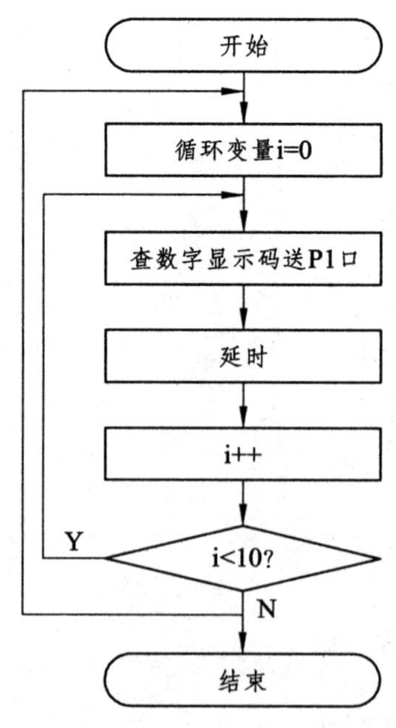

图 3-6　轮流显示数字程序流程图

根据该流程图，编写 C51 程序如下图 3-7 所示。

```
#include <reg51.h>
unsigned char SEG[10]={0xc0, 0xf9, 0xa4, 0xb0, 0x99, 0x92, 0x82, 0xf8, 0x80, 0x90}; //"0-9"的段码表

void delay (unsigned int t) ;              //延时子函数声明

void main (void)                           //主函数
{
    unsigned char   i;
    while (1)
    {
        for (i=0; i<10; i++)               //从 P1 口轮流送出"0-9"的段码
        {
            P1=SEG[i];
            delay (50000) ;                //调用延时子函数进行延时
        }
    }
}

void delay (unsigned int t)                //延时子函数定义
{
    while (t--) ;
}
```

图 3-7　轮流显示数字程序

汇编语言参考程序可扫描以下二维码查看。

该程序设计涉及以下知识点：

1. C 语言的函数

轮流显示数字汇编语言参考程序

这个程序要求实现 10 个数字轮流显示，因此每两个数字显示之间要有一定的时间间隔，即延时。汇编语言程序中，调用了延时子程序以实现延时。C 语言中也有函数，与汇编语言中的子程序具有相似的功能，用于将一段经常需要使用的代码封装起来，在需要使用时可以直接调用。下面以程序中的函数 delay()为例，介绍函数的用法。

1）函数的定义

C 语言中函数由函数首部和函数体组成，格式如下：

```
类型标识符函数名（参数列表）——→函数首部
{
                    ——→函数体
}
```

一个函数由两部分组成：首先，函数首部（即函数第一行），包括函数名、函数参数等，函数后面必须跟一对圆括号，即便没有任何参数也是如此；其次，函数体，即函数首部下面的大括号“{}”里

面的内容，如果一个函数有多个大括号，则最外层的一对{}为函数体的范围。

从 C51 程序的结构上划分，C51 函数分为主函数 main()和普通函数两种。而普通函数又分为两种：一种是标准库函数；一种是用户自定义函数。

标准库函数是由 C51 编译器提供的，供使用者在设计应用程序时使用。C51 具有丰富的功能强大的标准库函数，在进行程序设计时，应充分利用这些功能强大的标准库函数资源以提高效率，节省时间。

在调用库函数时，用户在源程序 include 命令中应该包含头文件名。例如，调用循环左移库函数 _crol_()时，要求程序在调用该函数前包含以下的 include 命令：

```
# include <intrins.h>
```

include 命令必须以#号开头，系统提供的头文件以“.h”作为文件的后缀，文件名用尖括号或双引号括起来。注意：include 命令不是 C51 语句，因此后面不能加分号。

用户自定义函数是用户根据自己需要编写的函数。程序第 20 行的 delay 函数，就是一个用户自定义的函数，它是按照函数的定义格式定义的。这个函数的功能，顾名思义就是用于延时一段时间。

从函数定义的形式上划分可以有三种形式：无参函数、有参函数和空函数。

2）无参函数

此函数在被调用时，无参数输入，一般用来执行指定的一组操作。其定义形式为

```
类型标识符函数名()
{
    类型说明
    函数体语句
}
```

类型标识符是指函数的返回值数据类型，若不写类型说明符，则默认为 int 类型。若类型标识符为 void，则表示不需要带回函数值。

在函数体中也有类型说明，这是对函数体内部所用到的变量的类型说明。

3）有参函数

在调用有参函数时，必须输入实际参数，以传递给函数内部的形式参数，在函数结束时返回结果，供调用它的函数使用。其定义方式为

```
类型标识符函数名(形式参数表)
{
    类型说明
    函数体语句
}
```

有参函数比无参函数多了形式参数表，各参数之间用逗号隔开。在进行函数调用时，主调函数将赋予这些形式参数实际的值。

在本程序中 delay 函数就是一个有参函数。

4）函数的参数

函数的一个明显特征就是使用时带括号()，必要的话，括号中还要包含数据或变量，称为参数（Parameter），参数是函数需要处理的数据。定义一个函数时，位于函数名后面圆括号中的变量名为形式参数（简称形参），而在调用函数时，函数名后面括号中的表达式为实际参数（简称实参）。

在函数进行调用时，主调用函数将实际参数的值传给被调用函数中的形式参数。为了完成正确的参数传递，实际参数的类型必须与形式参数的类型一致，如果两者不一致会发生“类型不匹配错误”。

如图 3-7 所示程序中的 void delay(unsigned int t)，函数括号内的 t 就是一个形式参数，其数据类型为 unsigned int。

5）函数的返回值

函数调用中数据传送是单向的，即只能把实参的值传给形参，而不能把形参的值反向传送给实参。如果被调函数需要有结果返回给主调函数，则需要用到 return 语句。用法如下：

```
return (表达式);
```

该语句的功能是计算表达式的值，并返回给主调函数，在函数中允许有多个 return 语句，但每次调用只能有一个 return 语句被执行，因此只能返回一个函数值。

所谓返回值，就是函数的执行结果。该程序中两个函数 main 和 delay 都是没有返回值的，所以在函数定义时，返回值的位置处用 void 关键字表示无返回值。

6）函数的调用

函数定义好了，就可以使用它完成一定的功能了。那么这个使用它的过程就称为调用。调用的一般格式为：函数名(实参)；如图程序中第 15 行：delay(50000)；就是实现对延时子函数的调用，用于实现轮流显示数字之间的时间间隔。当 delay 函数被调用时，主调函数 delay(50000)将实际参数 50000 传递给形式参数 t，从而达到延时的效果。通过改变这个参数的值，可以改变这个延时函数的时间长短。

7）函数的声明

C 语言代码由上到下依次执行，原则上函数定义要出现在函数调用之前，否则就会报错。但在实际开发中，经常会在函数定义之前使用它们，这个时候就需要提前声明。所谓声明（Declaration），就是告诉编译器要使用这个函数，现在没有找到它的定义不要紧，请不要报错，稍后会把定义补上。函数声明的格式非常简单，相当于去掉函数定义中的函数体再加上分号，如下所示：

```
类型标识符　函数名 (类型形参，类型形参……);
```

在图 3-7 所示程序中 void delay (unsigned int t)；就是延时子函数的声明。

2. C 语言的数据类型

数据类型定义用于告诉计算机要存储和运算的数据是什么类型的。计算机会根据数据的类型为其分配合适的存储空间，从而确定某种类型数据的取值范围。如图 3-7 所示程序中，“unsigned char”“unsigned int”等关键字就表示数据的类型。

C51 的数据类型可分为基本类型、构造类型、指针类型和空类型 4 类。

（1）char：字符型类型数据，数据长度占 1 字节，通常用于处理字符数据的变量或常量，分为无符号字符类型 unsigned char 和有符号字符类型 signed char，默认为 signed char 类型。unsigned char 用所有的位来表示数值，可表达的数的范围是 0~255。signed char 类型用字节最高位表示数据的符号，0 表示正数，1 表示负数，负数用补码表示。所能表示的数值范围是-128~+127。

（2）int：整型数据，数据长度占 2 字节，分为无符号整型 unsigned int 和有符号整型 signed int，默认为 signed int 类型。unsigned int 表示的数值范围是 0~65535，signed int 表示的数值范围是-32768~+32767，字节中最高位表示数据的符号，“0”表示正数，“1”表示负数，其中负数用补码表示。

（3）long：长整型数据，数据长度是 4 字节，分为 signed long 和 unsigned long。默认为 signed long。

（4）float：单精度浮点型数据，属于浮点数据的一种，用于表示包含小数点的数据类型，占 4 字节。51 单片机是 8 位机，编程时尽量少用浮点型数据，这样会降低程序的运行速度和增加程序的长度。

（5）bit 位类型：bit 位类型是 C51 编译器的一种扩充数据类型，利用它可以定义一个位变量。它的值是一个二进制位，不是 0 就是 1。例如 bit flag 定义了一个名叫 flag 的位变量。

（6）sfr 特殊功能寄存器：sfr 也是 C51 扩充的数据类型，占用一个内存单元，取值范围为 0~255。利用它可以访问 51 单片机内部所有特殊功能寄存器，如 sfr P1=0x90，这一句定义 P1 为 P1 端口在片内的寄存器。之后可实现对 P1 口的赋值，如 P1=0x7F。

（7）sbit 可寻址位：在 51 单片机应用系统中，经常需要访问特殊功能寄存器的某些位，C51 编译器为此提供了一个扩充关键字 sbit，利用它定义可位寻址的对象。有三种方法定义：

① sbit 位变量名=位地址（将位的绝对地址赋给位变量）。如 sbit P10=0x90；sbit P11=0x91；

② sbit 位变量名=特殊功能寄存器名^位置。当可寻址位位于特殊功能寄存器中可采用这种方法，位置是一个 0~7 的常数。如 sbit P10=P1^0；

③ sbit 位变量名=字节地址^位地址。如 sbit P10=0x90^0；

3. C 语言的常量和变量

C 语言中的数据可以分为常量和变量两种。

1）常量

常量是指在程序执行期间其值固定、不可改变的量。如程序中的数字段码表中的数据“0xc0,0xf9,0xa4,0xb0,0x99,0x92,0x82,0xf8,0x80,0x90”都是常量。常量的数据类型主要有整型（十进制、八进制、十六进制）、浮点型（十进制、指数）、字符型（单引号内的字符如‘a’）、字符串型（双引号内的字符如“HELLO”）等。

在 C51 中也可以用宏表示常数（宏可以代替常数、表达式和代码段）。宏的语法为

```
#define 宏名称  宏值
```

如#define PAI 3.1415926 则表示用宏名 PAI 代表浮点型常量 3.1415926（注意后面没有分号）。

2）变量

变量是一种在程序执行过程中其值能不断变化的量。一个变量由变量名（遵循标识符命名规则）和变量值组成，变量名是存储单元地址的符号表示，而变量的值就是该单元存放的内容。

变量必须先定义、后使用，其定义格式如下：

```
[存储种类]  数据类型[存储器类型]  变量名表;
```

其中[]为可选项。如 unsigned int a；是定义了一个无符号整型变量 a。为变量赋初值一般用“=”赋值。如 unsigned int a=0，b=1；定义一个无符号整型变量 a，初值为 0，定义一个无符号整型变量 b，初值为 1。

如图 3-7 程序中，语句“unsigned char i;”就是定义了一个名为 i 的变量。由于是用无符号字符型定义的，所以系统会为变量 i 分配一个字节的存储空间。可以看出，i 的值是会随着程序的执行发生变化的。

4. C 语言的运算符和表达式

程序中多次出现“<”“=”“++”“--”等符号，它们代表的意义是什么呢？我们有必要了解 C 语言中有哪些运算符和表达式。C 语言的运算非常灵活，功能十分丰富，运算种类远多于其他程序设计语言，在表达式方面较其他程序语言更为简洁。C51 规定了运算符的优先级和结合性，见表 3-1。

表 3-1　C 语言运算符的优先级和结合性

优先级	运算符	功　能	结合性
1（最高）	()、[]、->、.	圆括号、方括号、指针、成员	从左至右
2	++、--、*、&、~、!、+、-、sizeof、()	自加、自减、取内容、取地址、按位取反、逻辑非、取正数、取负数、取所占内存字节数、强制类型转换	从右至左
3	*、/、%	乘法、除法、取余数	从左至右
4	+、-	加法、减法	

续表

<table>
<tr><th>优先级</th><th>运算符</th><th>功　能</th><th>结合性</th></tr>
<tr><td>5</td><td><<、>></td><td>左移位、右移位</td><td rowspan="8">从左至右</td></tr>
<tr><td>6</td><td><、<= 、>、>=</td><td>小于、小于或等于、大于、大于或等于</td></tr>
<tr><td>7</td><td>== 、!=</td><td>等于、不等于</td></tr>
<tr><td>8</td><td>&</td><td>按位与</td></tr>
<tr><td>9</td><td>^</td><td>按位异或</td></tr>
<tr><td>10</td><td>|</td><td>按位或</td></tr>
<tr><td>11</td><td>&&</td><td>逻辑与</td></tr>
<tr><td>12</td><td>||</td><td>逻辑或</td></tr>
<tr><td>13</td><td>? :</td><td>条件运算符</td><td>从右至左</td></tr>
<tr><td>14</td><td>=、+=、-=、*=、/=、%=、&=、^=、|=、<<=、>>=</td><td>赋值运算符</td><td>从右至左</td></tr>
<tr><td>15</td><td>,</td><td>逗号运算符，顺序求值</td><td>从左至右</td></tr>
</table>

注：同一优先级的运算符运算顺序由结合方向确定。例如，*和/具有相同的优先级，此时运算顺序取决于结合方向即由左向右，因此 4/6*2 的运算顺序是先除后乘。

5. C 语言的循环语句

我们前面学习汇编语言时，知道程序有三种结构：顺序结构、选择结构和循环结构。C 语言程序也是由这三种基本结构组成的，因此也有相关的语句来表示不同的结构。

在 C 语言中，可以用下面三个语句来实现循环程序结构：while 语句、do-while 语句和 for 语句。如图 3-7 所示程序中，使用了 while 语句实现重复显示 10 个数字，for 语句实现“0”~“9”的轮流显示。

1）while 语句

while 语句用来实现“当型”循环结构，即当条件为“真”时，就执行循环体。while 语句的一般形式为

```
while (表达式)
{
    语句组; //循环体
}
```

其中，“表达式”通常是逻辑表达式或关系表达式，为循环条件，“语句组”是循环体，即被重复执行的程序段。该语句的执行过程是：首先计算“表达式”的值，当值为“真”（非 0）时，执行循环体“语句组”。

2）do-while 语句

前面所述的 while 语句是在执行循环体之前判断循环条件，如果条件不成立，则该循环不会被执行。实际情况往往需要先执行一次循环体后，再进行循环条件的判断，do-while 语句可以满足这种要求。

do-while 语句的一般格式如下：

```
do
{
    语句组; //循环体
} while (表达式) ;
```

该语句的执行过程是：先执行循环体“语句组”一次，再计算“表达式”的值，如果“表达式”的值为“真”（非 0），继续执行循环体“语句组”，直到表达式为“假”（0）时为止。

可以看到，同样一个问题，既可以用 while 语句，又可以用 do-while 语句来实现，二者的循环体“语句组”部分相同，运行结果也相同。区别在于：do-while 语句是先执行、后判断，而 while 语句是先判断、后执行。如果条件一开始就不满足，do-while 语句至少要执行一次循环体，而 while 语句的循环体则一次也不执行。

3）for 语句

在 C 语言中，当循环次数明确的时候，使用 for 语句比 while 和 do-while 语句更为方便。for 语句的一般格式如下：

```
for (循环变量赋初值; 循环条件; 修改循环变量)
{
    语句组;   //循环体
}
```

关键字 for 后面的圆括号内通常包括三个表达式：循环变量赋初值、循环条件、修改循环变量，三个表达式之间用“;”隔开。花括号内是循环体“语句组”。

for 语句的执行过程如下：

（1）先执行第一个表达式，给循环变量赋初值，通常这里是一个赋值表达式。

（2）再执行第二个表达式，判断循环条件是否满足，通常这里是关系表达式或逻辑表达式，若其值为“真”，则执行循环体“语句组”一次，再执行下面的第（3）步；若其值为“假”，则转到第（5）步循环结束。

（3）执行第三个表达式，修改循环控制变量，一般是自加、自减语句。

（4）跳到上面第（2）步继续执行。

（5）循环结束，执行 for 语句下面的一个语句。

6. C 语言的数组

图 3-7 所示程序中的第 3 行，是“0~9”10 个数字的段码表的定义，它的作用与汇编程序中的表格定义是一样的。在 C 语言中，这种数据结构称为数组。数组是在程序设计中，为了处理方便，把具有相同类型的若干变量按有序的形式组织起来的一种形式。在 C 语言中，数组属于构造数据类型。一个数组可以分解为多个数组元素，这些数组元素可以是基本数据类型或是构造类型。因此，按数组元素的类型不同，数组又可分为数值数组、字符数组、指针数组、结构数组等各种类别。

1）数组类型说明

在 C 语言中使用数组必须先进行类型说明。数组说明的一般形式为“类型说明符 数组名 [常量表达式];”。其中：类型说明符是任一种基本数据类型或构造数据类型；数组名是用户定义的数组标识符；方括号中的常量表达式表示数据元素的个数，也称为数组的长度。

2）数组举例

```
int a[10]; 定义整型数组 a, 有 10 个元素
float b[10], c[20]; 定义浮点型数组 b, 有 10 个元素，浮点型数组 c, 有 20 个元素
char ch[20]; 定义字符数组 ch, 有 20 个元素
```

3）数组特点

（1）数组是相同数据类型的元素的集合。

（2）数组中的各元素是有先后顺序的，它们在内存中按照这个先后顺序连续存放在一起。

（3）数组元素用整个数组的名字和它自己在数组中的顺序位置来表示。例如，a[0]表示名字为 a 的数组中的第一个元素，a[1]代表数组 a 的第二个元素，以此类推。

三、任务实施

完成了硬件电路图设计和程序编写后，就可以完成数码管静态显示任务了。

（1）在 Proteus 仿真软件中验证设计的电路和程序。

首先列出元器件清单，见表 3-2。

表 3-2　数码管静态显示元器件清单

品名	型号	数量/个	Proteus 元件库关键字
单片机	STC89C51	1	AT89C51（代替）
晶振	12 MHz	1	CRYSTAL
电阻	10 kΩ	1	RES
排阻	300 kΩ	1	RX8
按键	不带锁	1	BUTTON
瓷片电容	22 pF	2	CAP
电解电容	10 μF	1	CAP-ELEC
数码管	7 段红色共阳	1	7SEG-MPX1-CA

根据元器件清单中所示的关键字，在 Proteus 仿真软件的元件库中找到所有元件，并按照原理图接线。

仿真结果可以扫描右侧二维码查看。

数码管静态显示电路仿真结果

（2）根据电路图搭接电路。

根据元器件清单，找到制作电路所需的所有材料后按照电路原理图接线。注意搭建硬件电路后需要使用万用表测试下系统的电源、地之间是否连通。在上电之前一定要确保系统电源、地没有短路，这是一个调试的好习惯。

（3）下载程序至单片机。

将程序下载至单片机中观察结果。如果程序及电路都没有错误，那么我们就会看到数码管自动循环显示数字 0~9。

（4）故障调试。

若数码管不能按要求显示就需要检查，此过程是软硬件联合调试的过程，在实际单片机系统制作过程中非常重要，我们需要借助万用表来完成此过程。本项目常见的调试故障及排查思路见表 3-3。

表 3-3　数码管静态显示故障排查

常见故障现象	排查思路
数码管不显示	检查数码管的 COM 端电平是否正确；检查程序中数码管的显示码是否正确（根据数码管是共阳极还是共阴极判断）
数码管显示不正确	检查数码管的段选线与单片机的连接是否正确，a 接 P1.0，DP 接 P1.7，不要接反
不轮流显示，只显示数字“0”	检查延时子函数中参数是否错误，导致死循环

四、总结归纳

本任务刚开始学习用 C 语言编程，涉及较多的知识点，同时也是第一次用单片机控制数码管显示。下面将这个任务中的知识点、技能点总结归纳，如图 3-8 所示。

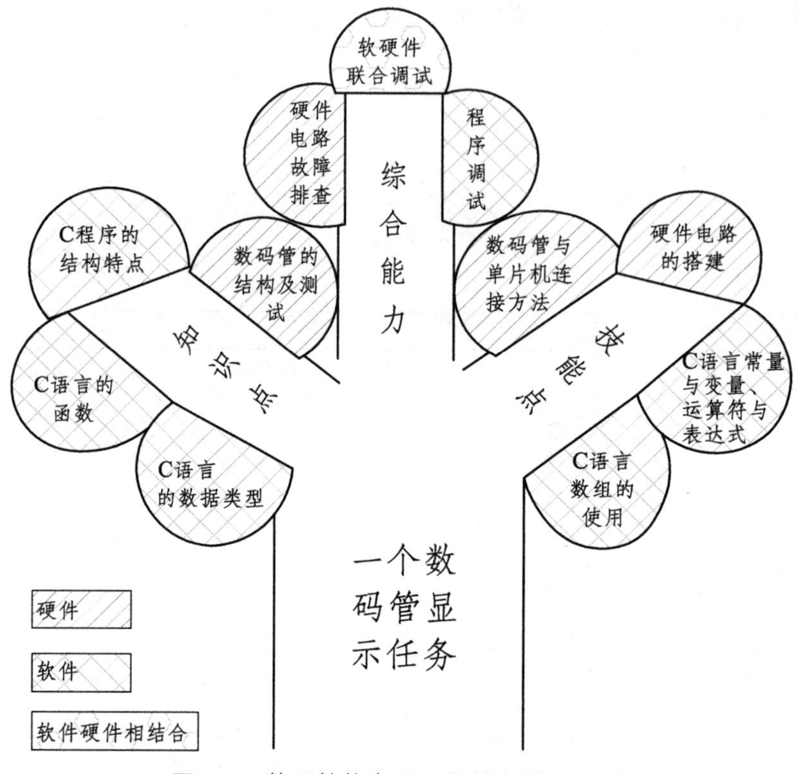

图 3-8　数码管静态显示总结归纳知识树

五、学习评价

学习任务评价表参见本书配套的电子版工作页。

子任务二　显示模块设计——四位数码管动态显示

用单片机控制一个数码管显示的方法我们已经学会了，如果要控制多个数码管显示，是否还可以用同样的方法呢？在本任务中，让我们来尝试用单片机控制 4 个数码管显示 4 个数字“1 2 3 4”。

任务目标

● 能在理解数码管动态显示原理的基础上设计电路和程序。

● 能用 C 语言编写数码管动态显示程序。

◎ 能用 Proteus 软件绘制单片机控制多个数码管的电路。

◎ 能用 Keil 软件编译数码管动态显示的程序。

● 能排除数码管动态显示系统硬件电路故障。

● 能进行数码管动态显示系统软硬件联合调试。

说　明

○——了解；◎——重点；●——难点。

一、硬件电路设计

在这个硬件电路设计中，关键是设计单片机与多个数码管的连接方式。电路图如图 3-9 所示。

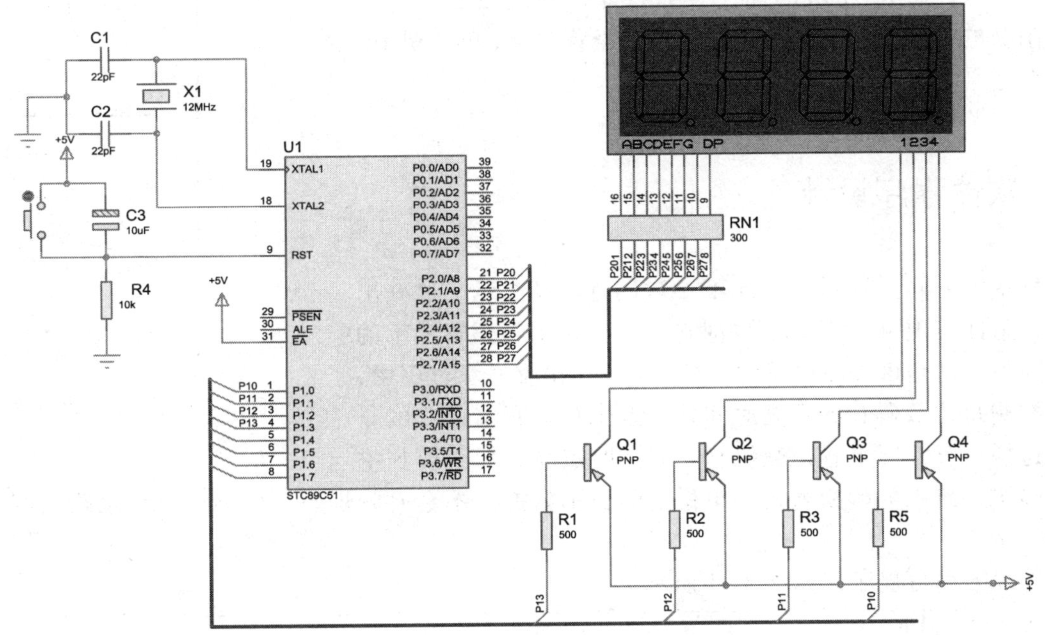

图 3-9　四位数码管显示硬件电路图

该电路设计涉及以下知识点：

1. 数码管动态显示驱动与静态显示驱动

图 3-9 中所用的是 4 位数码管一体的模块，其中：每个数码管的段选线 a、b、c、d、e、f、g、dp 分别短接在一起，形成这个模块的 8 根段选线；每个数码管的公共端（com 端）形成 4 根位选线。这个 4 位一体的数码管模块的 8 根段选线和 4 根位选线与单片机的连接方式如图 3-9 所示。8 根段选线分别与 P2 口的 8 根 I/O 线相连，4 根位选线分别与 P1 口的 P1.0、P1.1、P1.2、P1.3 相连。这种连接方式与单片机和一个数码管的电路连接的区别是：① 4 个数码管的段选线共用同一个 I/O 口，而不是每个数码管分别占用一个 I/O 口；② 4 个数码管的位选线分别与 4 个 I/O 引脚连接，而不是直接接至电源（VCC 或 GND）。这种连接方式是动态显示驱动的电路连接方法，由于多个数码管共用一个 I/O 口显示，所以不能同时驱动显示，必须分时轮流控制各个数码管的位选端（com 端），使各个数码管轮流受控显示，这就是动态驱动。而前一个子任务中，单片机与单个数码管的连接方式就是静态显示驱动，即每个数码管的段码都要占用一个 I/O 口，不同数码管的显示码用不同的 I/O 口输出。静态显示的优点是，显示过程中，每个数码管一直都是显示的，所以亮度高，但缺点是占用 I/O 资源太多，适用于数码管位数较少的系统。动态显示的优点是节约 I/O 资源，但缺点是亮度低，需要增加驱动电路，如图 3-9 所示的三极管驱动电路。

2. 三极管驱动电路

51 单片机芯片的输出电流一般在 20 mA 以内，一个数码管的驱动电流大概是 5 mA，电路中使用了 4 个数码管，需要 20 mA 的驱动电流，若直接用单片机驱动数码管，则会导致单片机输出电流或灌入电流过大。所以电路中每位数码管的位选端都连接了一个三极管进行扩流，单片机的 I/O 口只做电平输出，驱动三极管的电流只需微安（μA）级别，可以避免单片机功耗过大导致的发热等问题。值得注意的有两点：一是要根据数码管是共阳极还是共阴极，选择用 PNP 型三极管或 NPN 型三极管驱动；二是单片机 I/O 口输出何种电平能驱动数码管显示，要由数码管和三极管的极性共同决定。如图 3-9 中，使用的是共阳极的数码管，所以选择 PNP 型三极管驱动，单片机 I/O 口需输出低电平，才能使驱动数码管显示。

二、软件程序设计

动态显示中，同一时间只能有 1 个数码管驱动显示，这就出现了问题：怎样实现 4 个数码管同时显示，而每个数码管显示的内容又不同呢？这是该程序设计的关键之处。在轮流显示过程中，我们可以控制每位数码管的点亮时间处于人眼视觉暂留效应的时间之内，这样尽管实际上各位数码管并非同时点亮，但只要扫描的速度足够快，给人的印象就是一组稳定的显示数据，不会有闪烁感。根据该设计思路绘制流程图，如图 3-10 所示。

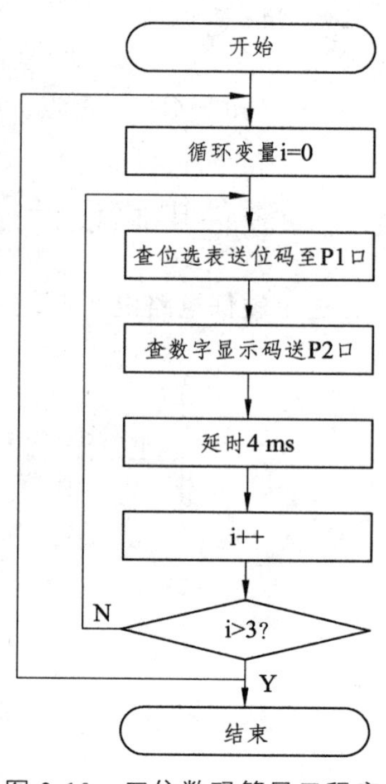

图 3-10　四位数码管显示程序流程图

根据流程图编写程序，如图 3-11 所示。

```
#include <reg51.h>

unsigned char   SEG[10]={0xc0, 0xf9, 0xa4, 0xb0, 0x99, 0x92, 0x82, 0xf8, 0x80, 0x90}; //"0-9"的段码表
unsigned char   COM[4]={0x01, 0x02, 0x04, 0x08};        //4 个数码管的位选表 (不带 PNP 驱动)
void delay4ms (unsigned int t) ;                    //延时子函数声明

void main (void)                                    //主函数
{
      unsigned char   i=0;
      while (1)
      {
       P1=~COM[i];                                  //位选信号送 P1, 使用 PNP 驱动时需加入按位取反操作~
       P2=SEG[i];                                   //段码送显示
       delay4ms (1000) ;                            //调用延时子函数进行延时
       i++;
       if (i>3)
       {
             i=0;
       }

      }
}

void delay4ms (unsigned int t)                      //延时子函数定义
{
      while (t--) ;
}
```

图 3-11　四位数码管显示程序

汇编语言参考程序可扫描以下二维码查看。

该程序设计涉及以下知识点：

四位数码管显示程序汇编语言参考程序

1. 视觉暂留效应在动态显示中的应用

这个程序用于实现动态显示，即数码管是轮流显示的，为了达到同时显示的效果，要利用到人眼的视觉暂留效应。人眼观看物体时，成像于视网膜上，并由视神经输入人脑，感觉到物体的像。但当物体移去时，视神经对物体的印象不会立即消失，而要延续 16 ms 的时间，人眼的这种性质被称为眼睛的视觉暂留。所以将视觉暂留效应运用于数码管显示中，若要人眼觉得一个数码管一直在显示，没有熄灭过，则只要使这个数码管"亮—灭—亮"的时间小于 16 ms 即可。这个任务中是 4 个数码管动态显示，要满足视觉暂留的时间要求，就必须保证每个数码管的显示时间不超过 4 ms，这个时间是根据公式 $\dfrac{16\ \text{ms}}{\text{数码管的个数}}$ 计算出来的。所以该程序最关键的就是驱动一个数码管显示的时间设置，如图 3-11 所示，程序第 15 行延时函数的延时时间就设置为 4 ms。

2. C 语言的选择语句

程序使用了选择性结构，如第 17 行的 if 语句。在 C 语言中，选择结构程序设计一般用 if 语句或 switch 语句来实现。if 语句又有 if、if…else 和嵌套的 if…else 三种不同的形式。

1）基本 if 语句

基本 if 语句的格式如下：

```
if (表达式)
{
    语句组;
}
```

if 语句的执行过程：当"表达式"的结果为"真"时，执行其后的"语句组"，否则跳过该语句组，继续执行下面的语句。

2）if…else 语句

If…else 语句的格式如下：

```
if (表达式)
{
    语句组 1;
}
else
{
    语句组 2;
}
```

If…else 语句的执行过程：当"表达式"的结果为"真"时，执行其后的"语句组 1"，否则执行"语句组 2"。

三、任务实施

完成了硬件电路图设计和程序编写后，就可以完成数码管动态显示任务了。

（1）在 Proteus 仿真软件中验证设计的电路和程序。注意：在仿真时我们不用三极管驱动，实际接线时再加入三极管驱动，后面的采用动态扫描数码管显示的项目都是如此。由于在仿真不使用三极管驱动，所以在程序中位选码的码表不需要进行按位取反操作。

首先列出元器件清单，见表 3-4。

表 3-4 四位数码管显示元器件清单

品名	型号	数量/个	proteus 元件库关键字
单片机	STC89C51	1	AT89C51（代替）
晶振	12 MHz	1	CRYSTAL
电阻	10 kΩ	1	RES
排阻	300 Ω	1	RX8
按键	不带锁	2	BUTTON
瓷片电容	22 pF	2	CAP
电解电容	10 μF	1	CAP-ELEC
三极管	PNP	1	PNP（仿真时省略）
4 位数码管	4 位 7 段蓝色	1	7SEG-MPX4-CA-BLUE

根据元器件清单中所示的关键字，在 Proteus 仿真软件的元件库中找到所有元件，并按照原理图接线。仿真结果可以扫描以下二维码查看。

四位数码管显示电路仿真结果

（2）根据电路图搭接电路。

根据元器件清单，找到制作电路所需的所有材料后按照电路原理图接线。注意搭建硬件电路后需要使用万用表测试下系统的电源、地之间是否连通。在上电之前一定要确保系统电源、地没有短路，这是一个调试的好习惯。

（3）下载程序至单片机。

将程序下载至单片机中观察结果。如果程序及电路都没有错误，那么我们就会看到四位数码管显示数字“1 2 3 4”。

（4）故障调试。

若数码管不能按要求显示就需要检查，此过程是软硬件联合调试的过程，在实际单片机系统制作过程中非常重要，我们需要借助万用表来完成此过程。本项目常见的调试故障及排查思路见表 3-5。

表 3-5 四位数码管显示故障排查

常见故障现象	排查思路
数码管不显示	检查三极管驱动电路是否接错；检查程序中数码管的 COM 驱动码是否有错
数码管显示不正确	检查数码管的段选线与单片机的连接是否正确
数码管显示闪烁	检查程序中动态扫描时间是否设置正确

四、总结归纳

这个任务中的知识点、技能点总结归纳如图 3-12 所示。

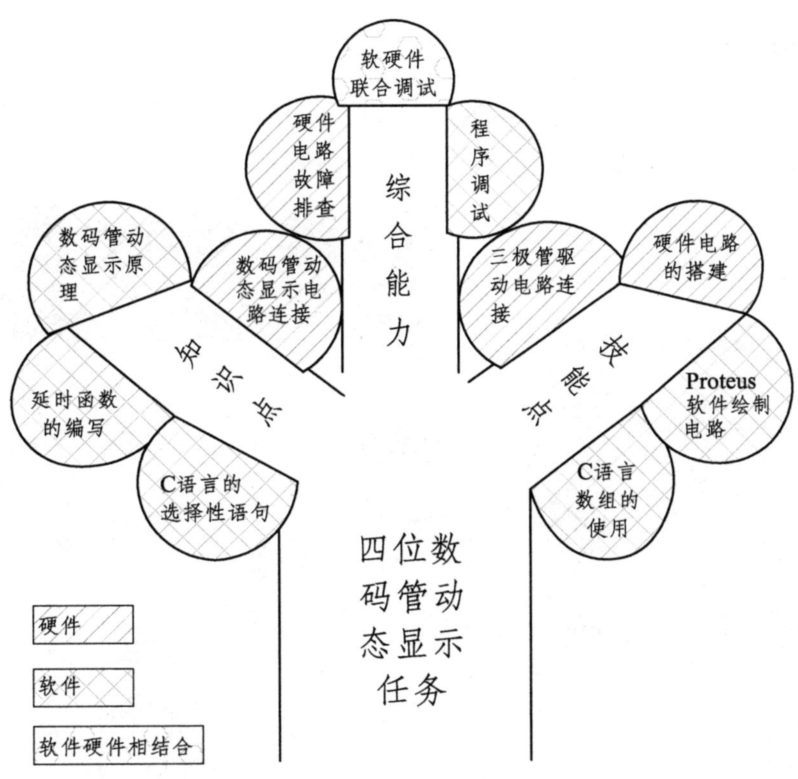

图 3-12　四位数码管显示总结归纳知识树

五、学习评价

学习任务评价表参见本书配套的电子版工作页。

子任务三　显示模块设计——六位数码管显示时分秒（固定时间）

如果我们要用数码管显示一个完整的时间，包括时、分、秒等信息，则至少需要六位数码管。在这个任务中，我们用六位数码管显示一个时间，如 12：30：45，时分秒之间的分隔符可以用发光二极管来模拟。这个任务完成，数码管显示模块就制作完成了。

任务目标

◎ 能理解显示缓冲的概念，学会建立显示缓冲区。
● 能灵活使用 C 语言的算术运算符进行多位数的拆分。
◎ 能用 Proteus 软件绘制数码管显示模块的电路。
◎ 能用 Keil 软件编译显示时间的程序。
◎ 能排除数码管显示模块硬件电路故障。
● 能进行数码管显示模块软硬件联合调试。

说　明

○——了解；◎——重点；●——难点。

一、硬件电路设计

在前面动态显示的子任务中单片机控制多位数码管的硬件电路已经设计好了，在这里只需要多加两个数码管和用于驱动的三极管即可，电路图如图 3-13 所示。

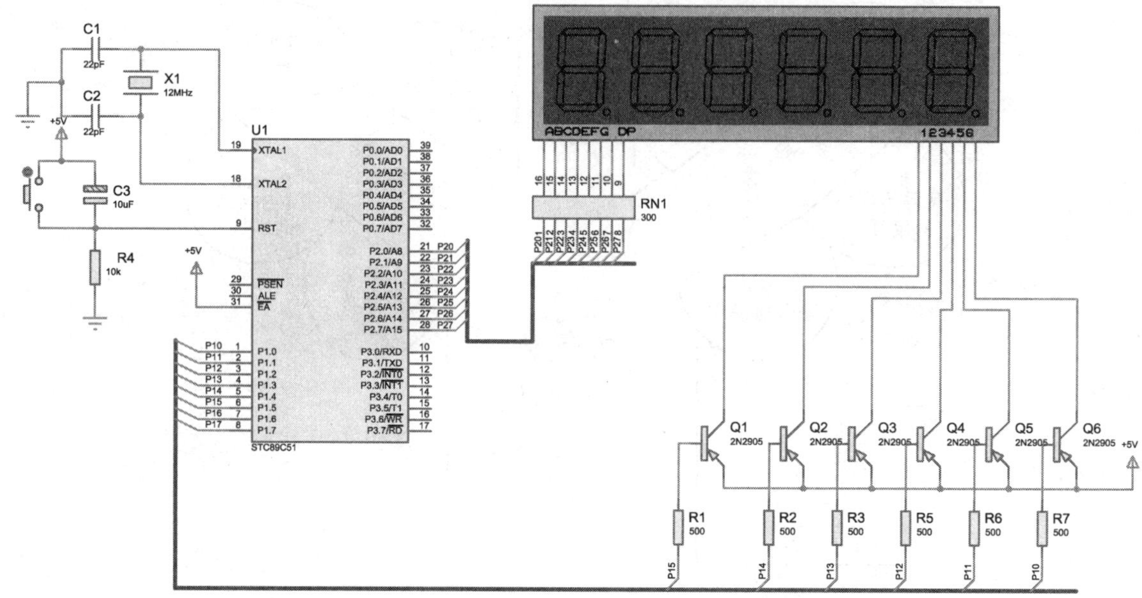

图 3-13　六位数码管显示硬件电路图

二、软件程序设计

在这个程序中仅考虑一个时间（如 12：30：45）如何显示在六位数码管上吗？这里要思考两个问题：一是时间作为参数如何在程序执行过程中传递；二是如何将两位数的时间（如 12）拆分成单个数，以便用数码管显示。第一个问题可以用建立显示缓冲区的方法来解决，即把要显示的内容存放在缓冲区中，显示函数不管显示内容的来源，只负责从显示缓冲区中取得数据送相应数码管显示。第二个问题需用到算术运算来解决。设计程序流程图如图 3-14 所示。

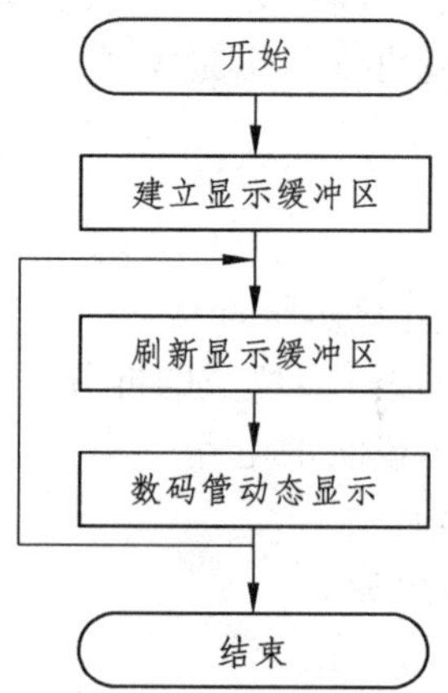

图 3-14　六位数码管显示程序流程图

根据流程图编写程序，如图 3-15 所示。

```
#include <reg51.h>

unsigned char   SEG[10]={0xc0, 0xf9, 0xa4, 0xb0, 0x99, 0x92, 0x82, 0xf8, 0x80, 0x90};   //"0-9"的段码表
unsigned char   COM[6]={0x01, 0x02, 0x04, 0x08, 0x10, 0x20};      //6个数码管的位选表

unsigned char dis_buf[6]={0, 0, 0, 0, 0, 0};        //6个数码管的显示缓冲区
unsigned char hour=12;                              //要显示的时、分、秒
unsigned char minute=30;
unsigned char second=45;

void delay4ms (unsigned int t) ;                    //延时子函数声明
void disrefresh (void) ;                            //显示刷新子函数声明
void display (void) ;                               //数码管动态显示子函数声明

void main (void)                                    //主函数
{
        while (1)
        {
              disrefresh () ;                       //显示内容刷新
              display () ;                          //数码管动态显示
        }
}

void delay4ms (unsigned int t)                      //延时子函数定义
{
       while (t--) ;
}
void disrefresh (void)              //显示刷新子函数，用于将要显示的时分秒数据按位拆分存入显示缓冲区
{
        dis_buf[0]=second%10;                       //秒个位
        dis_buf[1]=second/10;                       //秒十位
        dis_buf[2]=minute%10;                       //分个位
        dis_buf[3]=minute/10;                       //分十位
        dis_buf[4]=hour%10;                         //时个位
        dis_buf[5]=hour/10;                         //时十位
}
void display (void)                                 //动态显示子函数，用于实现6个数码管动态显示
{
        unsigned char   i=0;
        for (i=0; i<6; i++)
        {
              P1=~COM[i];                           //位选信号送P1，使用PNP驱动时需加入按位取反操作~
              P2=SEG[dis_buf[i]];                   //段码送显示
              delay4ms (1000) ;                     //调用延时子函数进行延时
        }
}
```

图 3-15　六位数码管显示程序

汇编语言参考程序可扫描以下二维码查看。

该程序设计涉及以下知识点：

六位数码管
显示程序汇编语言代码

1. 显示缓冲区

显示缓冲区就是一块存储区，用于保存需要显示出来的数据。这样做的意义是将数据计算部分和数码管显示部分的代码分开。数码管显示部分只负责从显示缓冲区中取数据送到数码管进行显示，而数据计算部分只负责计算要进行显示的数据，并将它们放入显示缓冲区中，即刷新缓冲区。如图 3-15 中，程序第 6 行就是用数组的形式建立的一个显示缓冲区，用于存放 6 个数码管要显示的内容。第 28 行的显示刷新子函数 disrefresh()，负责计算要显示的时间数据，并将它们存入显示缓冲区，这个过程就是刷新显示内容。第 38 行的数码管动态显示子函数 display()，负责从显示缓冲区中取显示内容，通过 I/O 口送到数码管进行动态显示。

2. 灵活使用 C 语言的运算符

在程序的显示刷新子函数 disrefresh()中，我们运用了算数运算符“%、/”实现将一个两位数的十位和个位拆开，以便分别用数码管显示。算数运算符“%”称为取模运算符，即两数相除时，取得余数。算数运算符“/”是除运算符，相当于数学里的除法。多次灵活使用算数运算符“%、/”还可以将任意一个多位数进行拆分。

3. 模块化程序设计

仔细分析这个程序，会发现它的子函数较多，有 3 个子函数。每个子函数都有一个特定的功能，分工明确而具体。在主函数中，我们通过调用子函数来完成所有的功能。这种程序设计方法就运用了模块化的思维，即将一个大的任务分解为若干个小任务，每个小任务就是一个子函数，实现一种功能。这种设计方法便于维护编写的程序。

4. 全局变量和局部变量

纵观整个程序，发现有的变量定义在所有函数之外，如程序的第 3 行至第 9 行的变量定义不在任何一个函数中，这些变量我们称之为全局变量。而 display()子函数中的变量 i 就被称为局部变量，因为它是定义在一个函数中的。从作用域角度看，全局变量在整个工程文件内部都有效，而局部变量只在定义它的函数内有效，但是函数返回后失效。这样就出现了一个问题：为什么有的变量被定义为全局变量，而有的变量被定义为局部变量呢？分析程序，可以看到被定义为全局变量的，如数组变量 dis_buf[6]，在函数 disrefresh()和 display()中都有用到，所以它必须被定义为全局变量，否则它就只在一个函数内有效。从某种意义上说，全局变量是各函数之间沟通的桥梁。

三、任务实施

完成了硬件电路图设计和程序编写后，就可以完成六位数码管动态显示任务了。

（1）在 Proteus 仿真软件中验证设计的电路和程序。

首先列出元器件清单，见表 3-6。

表 3-6 六位数码管显示元器件清单

品名	型号	数量/个	Proteus 元件库关键字
单片机	STC89C51	1	AT89C51（代替）
晶振	12MHz	1	CRYSTAL
电阻	10 kΩ	1	RES
排阻	300 Ω	1	RX8
按键	不带锁	2	BUTTON
瓷片电容	22pF	2	CAP
电解电容	10 μF	1	CAP-ELEC
三极管	PNP	1	PNP（仿真时省略）
6 位数码管	6 位 7 段蓝色	1	7SEG-MPX6-CA-BLUE

根据元器件清单中所示的关键字，在 Proteus 仿真软件的元件库中找到所有元件，并按照原理图接线。

仿真结果可以扫描以下二维码查看。

（2）根据电路图搭接电路。

根据元器件清单，找到制作电路所需的所有材料后按照电路原理图接线。注意搭建硬件电路后需要使用万用表测试下系统的电源、地之间是否连通。在上电之前一定要确保系统电源、地没有短路，这是一个调试的好习惯。

（3）下载程序至单片机。

将程序下载至单片机中观察结果。如果程序及电路都没有错误，那么我们就会看到六位数码管显示一个时间“12 30 45”。

六位数码管显示电路仿真结果

（4）故障调试。

若数码管不能按要求显示就需要检查，此过程是软硬件联合调试的过程，在实际单片机系统制作过程中非常重要，我们需要借助万用表来完成此过程。本项目常见的调试故障及排查思路见表 3-7。

表 3-7 六位数码管显示故障排查

常见故障现象	排查思路
数码管不显示	检查三极管驱动电路是否接错；检查程序中数码管的 COM 驱动码是否有错
数码管显示不正确	检查数码管的段选线与单片机的连接是否正确
数码管显示闪烁	检查程序中动态扫描时间是否设置正确

四、总结归纳

本任务中的知识点、技能点总结归纳如图 3-16 所示。

五、学习评价

学习任务评价表参见本书配套的电子版工作页。

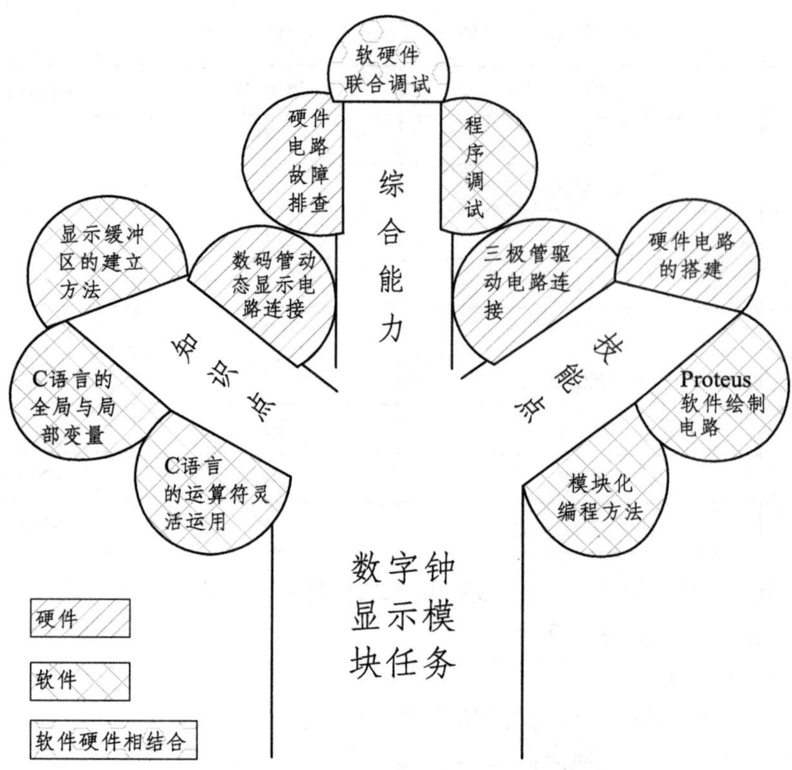

图 3-16 六位数码管显示总结归纳知识树

子任务四　时钟模块设计——60 秒计时器的制作

我们在之前的任务中显示的时间是直接给定的，在这个任务中我们需要让显示的数据动起来，即用单片机内部的定时器的定时功能制作一个 60 秒计时器。

任务目标

- ● 能掌握 C51 中断函数的书写方法。
- ● 能应用定时器中断法编写产生 1 秒定时的程序。
- ◎ 能描述中断的响应过程。
- ◎ 能完成 60 秒循环计时器程序的编写及调试。
- ◎ 能用 Proteus 软件绘制 60 秒循环计时器电路。
- ● 能排除 60 秒循环计时器系统硬件电路故障。
- ● 能进行 60 秒循环计时器系统软硬件联合调试。

说　明

○——了解；◎——重点；●——难点。

一、硬件电路设计

在这个硬件电路设计中，用动态显示的方式连接两位数码管。电路图如图 3-17 所示。

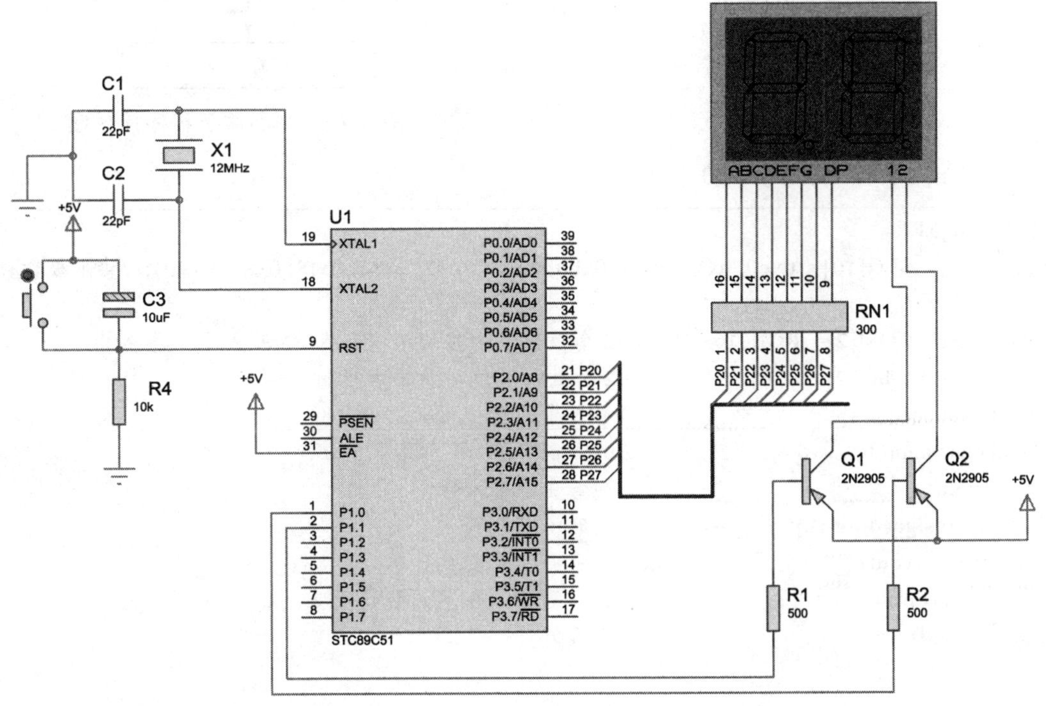

图 3-17　60 秒计时器硬件电路图

二、软件程序设计

在本程序设计中最重要的是用单片机产生 1 s 的定时，这该如何实现呢？在前面所学的知识中我们知道单片机内部有一个十分重要的硬件资源就是定时器，我们可以用定时器来做一个 1 s 的定时，每隔 1 s 使计数值加 1 然后将计数值显示在数码管上，计数值从 0 开始变化到 59 s 后再次归 0 循环往复，这就是 60 秒循环计时器的制作思路。分析可知实现 1 s 的定时是本程序的关键。设计程序流程图如图 3-18 和图 3-19 所示。

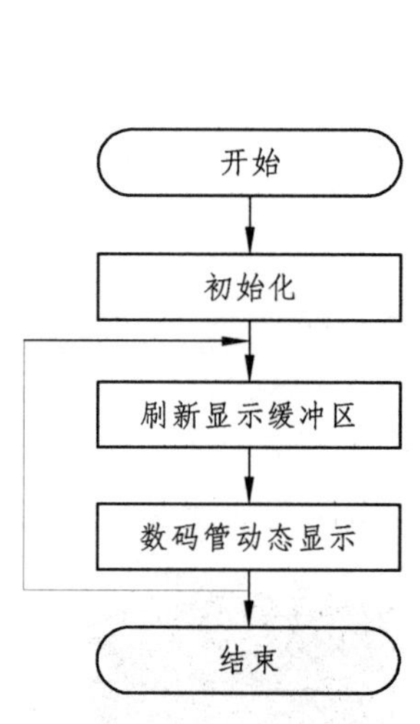

图 3-18　主程序流程图

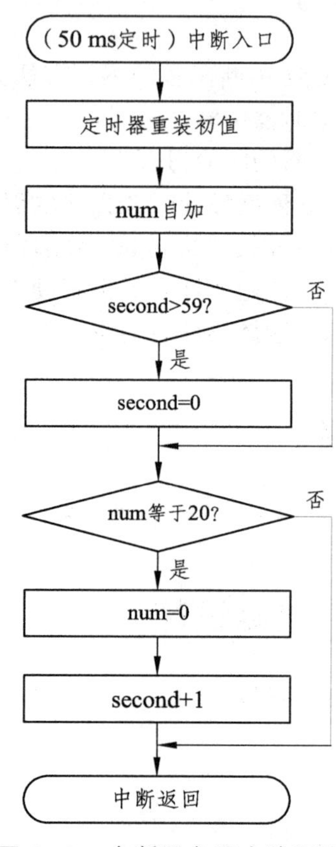

图 3-19　中断服务程序流程图

根据流程图编写程序，如图 3-20 所示。

```
#include <reg51.h>
unsigned char   SEG[10]={0xc0, 0xf9, 0xa4, 0xb0, 0x99, 0x92, 0x82, 0xf8, 0x80, 0x90}; //共阳极数码管"0-9"的段码表
unsigned char   COM[2]={0x01, 0x02};      //2 个数码管的位选表 (不带 PNP 驱动)
unsigned char dis_buf[2]={0, 0};           //2 个数码管的显示缓冲区
unsigned char second=0;                    //要显示的秒
unsigned char num=0;                       //num 值每 50ms 加 1
void init (void) ;                         //初始化函数声明
void delay (unsigned int t) ;              //延时子函数声明
void disrefresh (void) ;                   //显示刷新子函数声明
void display (void) ;                      //数码管动态显示子函数声明
void main (void)                           //主函数
{
    init () ;                              //初始化
    while (1)
```

```
        {
            disrefresh () ;                    //显示内容刷新
            display () ;                       //数码管动态显示
        }
}
void init (void)                               //初始化函数
{
        TMOD=0x01;                             //使用定时器 T0 工作在方式 1
        TH0= (65536-50000) /256;               //12MHz 晶振下定时器初值高八位
        TL0= (65536-50000) %256;               //12MHz 晶振下定时器初值低八位
        EA=1;                                  //允许总中断
        ET0=1;                                 //允许定时器 T0 中断
        TR0=1;                                 //开始定时
}
void delay (unsigned int t)                    //延时子函数定义
{
        while (t--) ;
}
void disrefresh (void)                         //显示刷新子函数，用于将要显示的秒数据拆分存入显示缓冲区
{
        dis_buf[0]=second%10;                  //个位
        dis_buf[1]=second/10;                  //十位
}
void display (void)                            //动态显示子函数，用于实现 2 个数码管动态显示
{
        unsigned char   i=0;
        for (i=0; i<2; i++)
        {
            P1=~COM[i];                        //位选信号送 P1，使用 PNP 驱动时需加入按位取反操作~
            P2=SEG[dis_buf[i]];                //段码送显示
            delay (100) ;                      //调用延时子函数进行延时
        }
}
void T0_Time () interrupt 1                    //T0 定时器 50ms 中断服务程序
{
        EA=0;                                  //关中断
        TH0= (65536-50000) /256;               //12MHz 晶振下定时器初值高八位
        TL0= (65536-50000) %256;               //12MHz 晶振下定时器初值低八位
        num++;                                 //num 每 50ms 加 1
        if (second>59)
        { second=0;     }                      //秒值大于 59 后继续从 0 开始
        if (num==20)                           //20 次 50ms 即 1s 时间到
        {   num=0;                             //num 重新从 0 开始为下一秒做准备
            second++;                          //秒值加 1
        }
        EA=1;                                  //开中断
}
```

图 3-20　60 秒计时器程序

汇编语言参考程序可扫描以下二维码查看。

该程序设计涉及以下知识点：

60 秒计时器程序汇编参考程序

1. C 程序中断函数的书写

C51 编译器支持在 C 源程序中直接以函数形式编写中断服务程序。中断函数的定义形式如下：

```
void 函数名 () interrupt   n    [using m]
```

注意中括号中的内容在书写时可以省略。在定义中 n 为中断序号，它与中断源一一对应，在书写程序时写错序号就会造成没有与实际中断对应的中断服务程序从而导致程序运行出错，大家编程时一定要注意。另外，中断程序在 C 语言编程时使用序号而在汇编编程时使用入口地址。51 单片机中断源与入口地址（序号）的对应关系见表 3-8。

表 3-8　51 单片机中断源与入口地址（序号）的对应关系

中断符号	名称	中断产生的条件	默认中断级别	入口地址（汇编语言）	序号（C 语言用）
INT0	外部中断 0	外部信号由 P3.2 端口线引入，低电平或下降沿触发中断	最高	0003H	0
T0	定时器/计数器 0 中断	由 T0 计数器计满回零触发中断	第二	000BH	1
INT1	外部中断 1	外部信号由 P3.3 端口线引入，低电平或下降沿触发中断	第三	0013H	2
T1	定时器/计数器 1 中断	由 T1 计数器计满回零触发中断	第四	001BH	3
TI/RI	串行口中断	串行口完成一帧数据发送/接收后触发中断	最低	0023H	4

如在本任务 C 语言程序中第 49 行使用了定时器 T0 溢出中断，中断序号为 1，该函数的中断函数结构如下：

```
void T0_Time () interrupt 1
{
}
```

其中，T0_Time 为函数名，只要符合命名规则可以取任意其他名称，但是最好能见名知意。

编写中断函数时应遵循以下规则：

（1）中断函数不能进行参数传递。若在中断函数首部的括号里声明参数，编译器将会报错。

（2）中断函数无返回值。

（3）中断函数不被任何其他函数所调用。中断只能由硬件触发，当中断发生并被允许后自动执行相应的中断函数。

（4）可以在中断函数定义中使用 using 指令指定当前使用的寄存器组。

51 单片机有 4 组工作寄存器 R0~R7，程序通过设定特殊功能寄存器 PSW 中的两位 RS1 和 RS0 来确定，省略 using m 的情况下默认使用第 0 组工作寄存器，可以通过 using m 改变 m 的值来更改使用的工作寄存器组，m 的取值范围为 0、1、2、3，对应 4 组工作寄存器组。不同的中断函数使用不同的工作寄存器组，可以避免中断嵌套调用时资源的冲突。

（5）在使用 C 语言编程时，保护现场的程序仍然是有的，只不过是编译系统帮我们写好了而已。用汇编编程的时候，就需要自己写保护现场程序了，如汇编程序第 21 行中书写的 PUSH ACC 就是保护现场程序。C51 的中断程序 interrupt 是专为 C51 扩展的关键字，标准 C 语言是不认识 interrupt 的。C51

编译 interrupt 程序时，会自动生成现场保护程序，如保存与恢复 PSW、ACC，虽然我们没有主动去写，但这部分软件代码确实是存在的。

2. 1 s 定时时间的产生

从上一学习任务中，我们知道 51 单片机内部有两个定时器 T0 和 T1，可以产生精确的时间。在本程序中使用定时器 0 用作定时模式工作在方式 1 的使用方法，设定 50 ms 的定时初值，每当 50 ms 时间到则定时器 0 溢出中断，在中断函数中对中断次数累加，当 20 次 50 ms 的定时器中断产生后即为 1 s 时间到。需要注意的是，使用方式 0 或方式 1 时在计数计满溢出后需要手动为计数器装入初值为下一次计数做准备。

定时器初值的计算步骤：

（1）根据晶振频率计算出机器周期 T_{cy}，$T_{cy}=12\times1/f_{osc}$。

（2）根据需要的定时时间 t 计算出所需的计数次数 n，$n=t/T_{cy}$。

（3）根据定时器工作方式得出最大计数值 N_{max}，将该值减去所需计数次数 n 即为初值 N，$N=N_{max}-n$。

（4）将初值 N 分为高 8 位和低 8 位装载到 TH0 和 TL0 中，若使用定时器 T1 则装载到 TH1 和 TL1 中，即 THX=N/256，TLX=N%256。

以外接 12 MHz 晶振为例，机器周期为 1 μs，50 ms 定时初值的计算公式如 C 程序第 24、25 行所示。

```
24    TH0=(65536-50000)/256; //12MHz晶振下定时器初值高八位
25    TL0=(65536-50000)%256; //12MHz晶振下定时器初值低八位
```

3. 中断的响应

中断响应就是单片机 CPU 对中断源提出的中断请求的接受。中断请求被响应后，再经过一系列的操作，而后转向中断服务程序，完成中断所要求的处理任务。下面简要说明 8051 的中断响应过程：

1）外中断采样和内中断置位

（1）外中断采样。

要想知道外中断是否有请求发生，需要对外中断进行采样。当通过软件将寄存器 TCON 的 IT0（或 IT1）位设置为 0 时，外部中断 $\overline{\text{INT0}}$（或 $\overline{\text{INT1}}$）为电平触发方式，CPU 在每个机器周期的 S5P2（第五个状态第 2 节拍）期间对 $\overline{\text{INT0}}$（或 $\overline{\text{INT1}}$）采样，一旦在 P3.2（或 P3.3）上检测到低电平时，则认为有外部中断申请，随即由硬件使 TCON 的 IE0（或 IE1）位置 1，向 CPU 申请中断。在中断响应完成后转向中断服务子程序，再由硬件自动对 IE0（或 IE1）位清 0。

当寄存器 TCON 的 IT0（或 IT1）位为 1，$\overline{\text{INT0}}$（或 $\overline{\text{INT1}}$）为脉冲触发方式，则 CPU 在每个机器周期的 S5P2 期间对 $\overline{\text{INT0}}$（或 $\overline{\text{INT1}}$）采样，当检测到前一周期为高电平、后一周期为低电平时，由硬件使 TCON 的 IE0（IE1）位置 1，向 CPU 申请中断，在中断响应完成后转向中断服务子程序时，再由硬件自动对 IE0（IE1）位清 0。在脉冲触发方式中，为保证 CPU 在两个机器周期内检测到由高到低的负跳变，高电平与低电平的持续时间不得少于一个机器周期的时间。

（2）内中断置位。

8051 把所有中断标志都集中到 TCON 和 SCON 寄存器中。其中，外中断是使用采样的方法把中断请求锁定在 TCON 寄存器的 IE0（IE1）标志位上，而定时中断和串行中断的中断请求由于都发生在芯片的内部，定时中断可以直接去置位 TCON 的 TF0（TF1），串行中断可以直接去置位 SCON 的 RI 和 TI，故而内中断不存在采样问题。

2）中断查询

所谓查询，就是由 CPU 测试 TCON 和 SCON 中各标志位的状态，以确定有没有中断请求发生以及是哪一个中断请求。单片机是在每一个机器周期的最后状态（S6），按优先级顺序对中断请求标志进行查询，即先查询高级中断后查询低级中断，同级中断按“外部中断 0→定时中断 0→外部中断 1→定时中断 1→串行中断”的顺序查询。如果查询到有标志位为“1”，则表明有中断请求发生，接着就从相邻的下一个机器周期的 S6 状态开始进行中断响应。

由于中断请求是随机发生的，CPU 无法预先得知，因此在程序执行过程中，中断查询要在指令执行的每个机器周期中不停地重复进行。换句话说，就相当于你在看书的时候，每一秒钟都会抬起头来听一听、看一看，判断是不是有人按门铃，是否有电话，烧的开水是否开了。

3）中断响应

当查询到有效的中断请求时，紧接着就进行中断响应。中断响应时，根据寄存器 TCON、SCON 中的中断标记，由硬件自动生成一条长调用指令 LCALL ××××，这里的××××就是程序存储器中断区中相应中断的入口地址。对于 8051 的 5 个独立中断源，这些入口地址已由系统设定。这样在产生了相应的中断以后，就可转到相应的位置去执行。

中断服务程序完成后，一定要执行一条 RETI 指令，执行这条指令后，CPU 将会把堆栈中保存的地址取出，送回 PC，那么程序就会从主程序的中断处继续往下执行了。

这说明 CPU 所做的保护工作是很有限的，只保护了一个地址（主程序中断处的地址），而其他的所有东西都不保护，所以如果在主程序中用到了 A、DPTR、PSW 等，在中断程序中也要用它们，还要保证回到主程序后这里面的数据还是没执行中断以前的数据，就得自己保护起来。

CPU 会在机器周期的 S5P2 阶段读入中断标志，并在下一个机器周期中检查，如果中断条件成立时，系统会自行产生一个 LCALL 到相对应的中断服务例程中。可是，如果有下面 3 种情况时，系统是不会对中断要求信号作出反应的。

（1）有相等或更高级的中断正在执行中。这与处理突发事件的状况相同，既然已经在处理突发情况，当然就不再接受其他中断条件，除非接下来的中断情形的优先权更高。由此得到一个观念：所有的中断程序都应该尽量简洁，处理完中断事项后立即返回主程序。这样才不会占用过多时间，进而影响系统的性能。

（2）目前的机器周期不是该指令的最后一个周期。由于 8051 在指令执行时，有 1 个、2 个和 4 个机器周期之分，也就是说，必须完全执行完此指令后，系统对中断信号才会有所反应。比方说，当系统正在执行 MUL AB 指令（需花 4 个机器周期）时，中断信号必须出现在第 4 个机器周期上才算有效。这也就意味着，中断信号必须持续足够长的时间，以便 8051 的 CPU 有时间去反应。

（3）若正在执行的指令为 RETI 或者是关于中断设置 IE、IP 的指令时，对正好出现的中断信号不反应。因为上述的情况刚好是某个中断服务程序的结束，或是允许/禁止某个中断的指令，当然要等到这些指令执行完毕后，才会对中断信号有所反应。这些指令最多占用两个机器周期的时间，所以这时的中断信号必须保持有两个机器周期以上的时间才能被 8051 接受。

4. 中断的撤除

中断响应后，TCON 或 SCON 中的中断请求标志应及时清除。否则就意味着中断请求仍然存在，弄不好就会造成中断的重复查询和响应，因此就存在一个中断请求的撤除问题。

1）定时器中断请求的撤除

定时中断响应后，硬件自动把标志位 TF0（或 TF1）清 0，因此定时中断的中断请求是自动撤除的，不需要用户干预。

2）串行中断软件撤除

对于串行中断，CPU 响应中断后，没有用硬件清除它们的中断标志 RI、TI，故必须在中断服务程序中用软件清除，以撤除其中断请求。

3）外部中断请求的撤除

外部中断的撤除包括中断标志位 IE0（或 IE1）的清 0 和外中断请求信号的撤除。其中，IE0（或 IE1）清“0”是在中断响应后由硬件电路自动完成的。剩下的只是外部中断引脚请求信号的撤除了。下面对脉冲和电平两种触发方式分别进行讨论。

（1）对于脉冲方式的中断请求，由于脉冲信号过后就消失了，也可以说中断请求信号是自动撤除的。

（2）对于电平方式的外部中断，中断标志的撤除是自动的，但中断请求信号的低电平可能继续存在，在以后机器周期采样时，又会把已清 0 的 IE0 或 IE1 标志位重新置 1。为此，要彻底解决电平方式外中断的撤除，除了标志位清 0 之外，必要时还需在中断响应后通过电路设计将中断请求信号引脚从低电平强制改变为高电平。电平方式外部中断请求信号的撤除是通过软、硬件相结合的方法实现的。

5. 中断服务程序中关中断的作用

在单级中断系统中，进入中断服务程序后通常使用 EA=0 来关闭中断，来保障本次中断的正确执行，在中断结束之前再打开中断，如程序第 51 行、61 行所示。

```
51      EA=0;                   //关中断
61      EA=1;                   //开中断
```

6. 定时器中断初始化步骤

在使用定时器之前需要对其进行初始化设置，一般的顺序为：

（1）设置定时器工作在定时/计数功能、定时器工作方式（0/1/2/3），可以使用字节赋值的方式，如程序第 23 行所示。

```
23      TMOD=0x01;              //使用定时器T0工作在方式1
```

（2）设置定时初值，如程序第 24、25 行所示。

```
24      TH0=(65536-50000)/256;  //12MHz晶振下定时器初值高八位
25      TL0=(65536-50000)%256;  //12MHz晶振下定时器初值低八位
```

（3）允许总中断，如程序第 26 行所示。

（4）允许定时器 T0 中断，如程序第 27 行所示。

（5）开始定时，如程序第 28 行所示。设置好定时器的工作方式、模式、定时初值并允许中断后就可以开始定时了，当定时时间到后自动溢出申请中断，单片机响应该中断后转至相应的中断服务程序处执行。

```
26      EA=1;                   //允许总中断
27      ET0=1;                  //允许定时器T0中断
28      TR0=1;                  //开始定时
```

三、任务实施

前面已经用 Proteus 仿真软件验证了设计的电路和程序，现在可以搭建实际的电路，完成 60 秒循环计时器任务了。

（1）在 Proteus 仿真软件中验证设计的电路和程序。

首先列出元器件清单，见表 3-9。

表 3-9 60 秒计时器元器件清单

品名	型号	数量/个	Proteus 元件库关键字
单片机	STC89C51	1	AT89C51（代替）
晶振	12 MHz	1	CRYSTAL
电阻	10 kΩ	1	RES
瓷片电容	22 pF	2	CAP
电解电容	10 μF	1	CAP-ELEC
按键	不带锁	1	BUTTON
排阻	300 Ω	1	RESPACK-8
2 位数码管	共阳极	1	7SEG-MPX2-CA
PNP	2N2905	2	PNP（仿真时省略）
电阻	500 Ω	2	RES（仿真时省略）

根据元器件清单中所示的关键字，在 Proteus 仿真软件的元件库中找到所有元件，并按照原理图接线。由于 PNP 在仿真时为低速器件，在用于数码管动态显示时会仿真异常，所以仿真时我们省略 PNP 驱动电路，在搭建实物电路时再加入驱动电路。

按下仿真开始按钮后数码管从 0 开始计时，到 59 s 后重新从 0 开始。仿真结果可以扫描以下二维码查看。

60 秒计时器仿真结果

（2）根据电路图搭接电路。

根据元器件清单，找到制作电路所需的所有材料后按照电路原理图接线。在搭建硬件电路前可以先测试数码管的好坏。搭建硬件电路后需要使用万用表测试下系统的电源、地之间是否没有连通。在上电之前一定要确保系统电源、地没有短路，这是一个调试的好习惯。

（3）下载程序至单片机。

将程序下载至单片机中观察结果。如果程序及电路都没有错误，那么我们就会看到数码管显示 0~59 s 循环计时了。

（4）故障调试。

若数码管不能按要求显示就需要检查，此过程是软硬件联合调试的过程，在实际单片机系统制作过程中非常重要，我们需要借助万用表来完成此过程。本项目常见的调试故障及排查思路见表 3-10。

表 3-10 60 秒计时器故障排查

常见故障现象	排查思路
程序运行后数码管一直不显示数据	用万用表测量单片机电源、地之间是否有 5 V 左右电压，数码管公共端是否接错（应该接+5 V）
程序运行后数码管一直显示 0	检查定时器中断服务程序、初始化程序
程序运行后数码管个位、十位显示颠倒	硬件上检查个位、十位位选线是否接反，程序上检查显示刷新程序个位、十位计算过程
数据显示乱码	检查 0~9 的段码表、P2 口与段选线是否接错

四、总结归纳

在本任务中，我们用 2 位数码管制作了一个 60 秒循环计时器，涉及的知识有 C51 中断函数的书写格式、定时器中断法编写产生 1 秒定时的程序的设计思路、中断的响应过程、中断的撤销、60 秒循环计时器程序的编写及调试、系统硬件电路故障的调试、系统软硬件联合调试等，接下来我们通过知识树的形式来归纳总结本任务所学的知识点、技能点及综合能力（见图 3-21）。

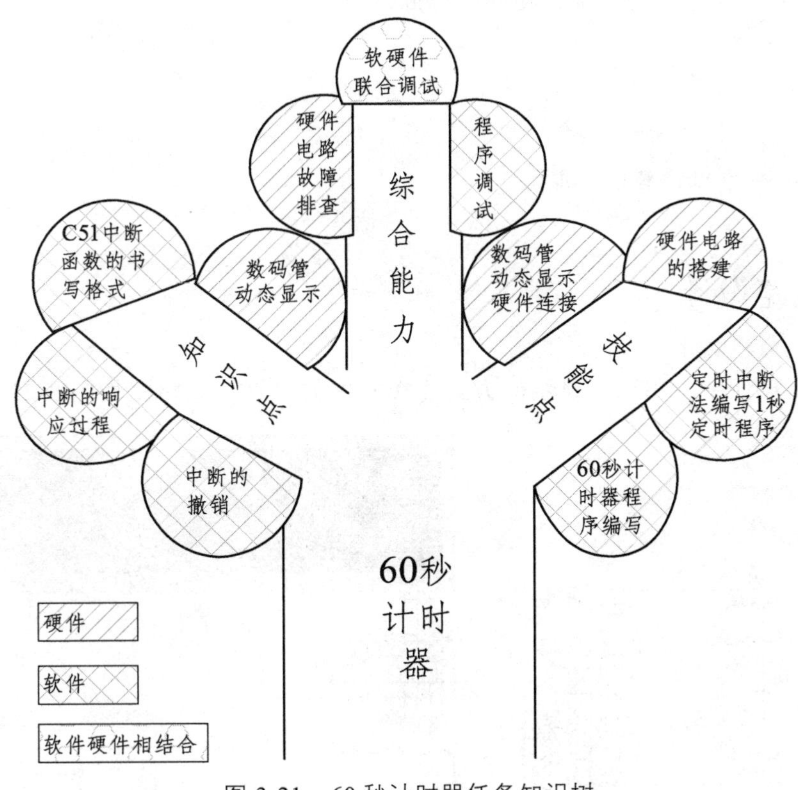

图 3-21　60 秒计时器任务知识树

五、学习评价

学习任务评价表参见本书配套的电子版工作页。

子任务五　时钟模块设计——时、分、秒计时器的制作

学会了 60 秒计时器的制作之后，就可以结合之前六位数码管动态显示的知识来制作一个包含时、分、秒的计时器了。在本任务中显示的时间依然是由自单片机的定时器产生，秒值每到 60 秒向分值进位，分值每到 60 分向时值进位，时值达到 24 后从 0 重新开始。

任务目标

○ 能理解定时器的结构。

◎ 能叙述定时器几种工作方式的区别。
◎ 能计算定时器的初值。
● 能应用定时器工作方式 2 编写产生 1 秒定时的程序。
◎ 能完成时、分、秒计时器程序的编写及调试。
◎ 能用 Proteus 软件绘制时、分、秒计时器电路。
● 能排除时、分、秒计时器系统硬件电路故障。
● 能进行时、分、秒计时器系统软硬件联合调试。

说 明

○——了解；◎——重点；●——难点。

一、硬件电路设计

在这个硬件电路设计中，用动态显示的方式连接六位数码管。电路图如图 3-22 所示。

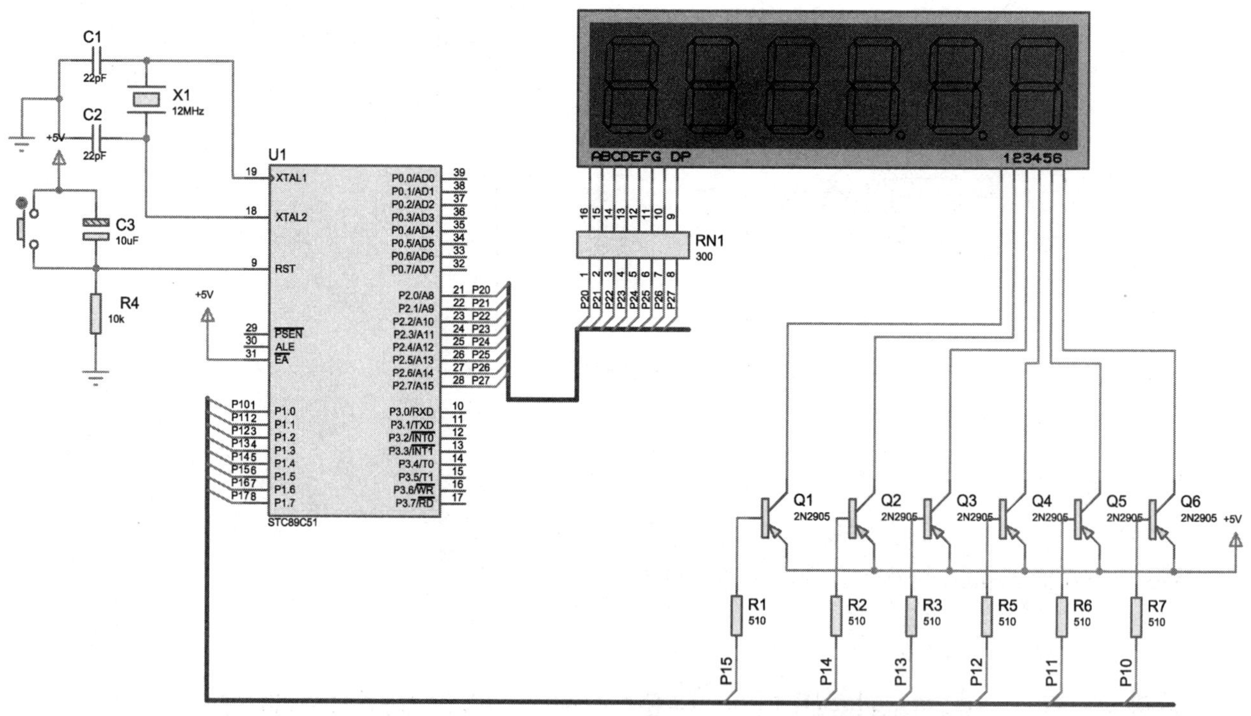

图 3-22 时、分、秒计时器硬件电路图

二、软件程序设计

在本程序设计中我们定义了 3 个变量来存储时、分、秒的数据，在上一个任务的基础上单片机产生 60 s 的计时后，向分值进位的同时秒值清零重新计时，分值达到 60 分后向时值进位的同时分值清零，时值达到 24 时清零，时间重新回到 00：00：00，如此就变成了时、分、秒计时器。在本任务中我们使用定时器 T1 工作在方式 2 来产生 250 μs 的定时中断，40 次中断即为 10 ms，100 个 10 ms 即为 1 s 时

间到。设计程序流程图如图 3-23 和图 3-24 所示。

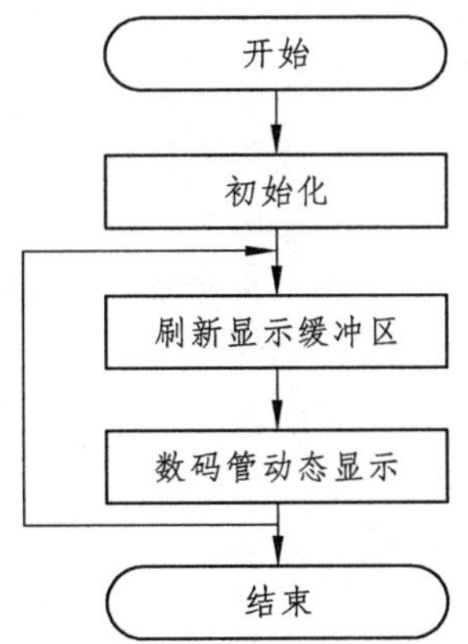

图 3-23　时、分、秒计时器主程序流程图

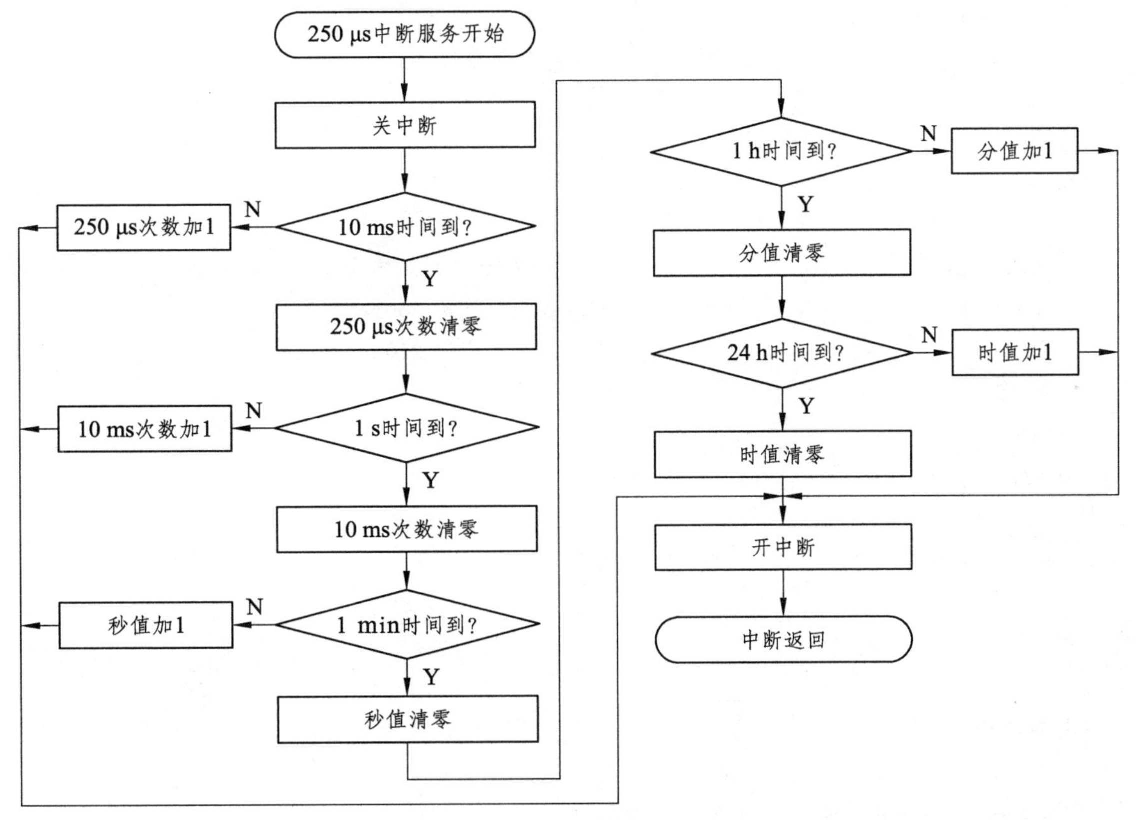

图 3-24　时、分、秒计时器定时器中断函数流程图

根据流程图编写程序，如图 3-25 所示。

```
#include <reg51.h>
unsigned char  SEG[10]={0xc0, 0xf9, 0xa4, 0xb0, 0x99, 0x92, 0x82, 0xf8, 0x80, 0x90};  //"0-9"的段码表
unsigned char  COM[6]={0x01, 0x02, 0x04, 0x08, 0x10, 0x20};      //6 个数码管的位选表（不带 PNP 驱动）
unsigned char dis_buf[6]={0, 0, 0, 0, 0, 0};         //6 个数码管的显示缓冲区
unsigned char hour=0;                                //要显示的时、分、秒
unsigned char minute=0;
unsigned char second=0;
```

```
unsigned int num1=0;                    //250 μs 中断次数   num=40 时为 10ms
unsigned int num2=0;                    //10ms 循环次数
void init (void) ;                      //初始化函数
void delay (unsigned int t) ;           //延时子函数声明
void disrefresh (void) ;                //显示刷新子函数声明
void display (void) ;                   //数码管动态显示子函数声明

void main (void)                        //主函数
{
    init () ;                           //初始化
    while (1)
    {
        disrefresh () ;                 //显示内容刷新
        display () ;                    //数码管动态显示
    }
}
void init (void)                        //初始化函数
{
    TMOD=0x02;                          //使用定时器 T0 工作在方式 2
    TH0=0x06;                           //12MHz 晶振下定时 250 μs 初值
    TL0=0x06;                           //12MHz 晶振下定时 250 μs 初值
    EA=1;                               //允许总中断
    ET0=1;                              //允许定时器 T0 中断
    TR0=1;                              //开始定时
}
void delay (unsigned int t)             //延时子函数定义
{
    while (t--) ;
}
void disrefresh (void)                  //显示刷新子函数，用于将要显示的秒数据拆分存入显示缓冲区
{
    dis_buf[0]=second%10;               //秒个位
    dis_buf[1]=second/10;               //秒十位
    dis_buf[2]=minute%10;
    dis_buf[3]=minute/10;
    dis_buf[4]=hour%10;
    dis_buf[5]=hour/10;
}
void display (void)                     //动态显示子函数，用于实现 6 个数码管动态显示
{
    unsigned char   i=0;
    for (i=0; i<6; i++)
    {
```

```
            P1=~COM[i];                       //位选信号送 P1，使用 PNP 驱动时需加入按位取反操作~
            P2=SEG[dis_buf[i]];               //段码送显示
            delay (10) ;                      //调用延时子函数进行延时
        }
    }
    void T0_Time () interrupt 1               //T0 定时器 250 μs 中断服务程序
    {
        EA=0;                                 //关中断
        if (num1!=40)         num1++;         //到 10ms 否，不到则 num1 加 1
        else
        {num1=0;
         if (num2!=100)    num2++;
         else
         { num2=0;
           if (second!=59) second++;          //到 1 分钟否，不到则 second 加 1
           else
           {
             second=0;
             if (minute!=59) minute++;
             else
             {
               minute=0;
               if (hour!=23) hour++;
               else hour=0;
             }
           }
         }
        }
        EA=1;                                 //开中断
    }
```

图 3-25　时、分、秒计时器定时器程序

汇编语言参考程序可扫描以下二维码查看。

该程序设计涉及以下知识点：

时、分、秒计时器汇编参考程序

1. 定时器的结构

51 单片机内部的定时/计数器的结构如图 3-26 所示。定时器 T0 由特殊功能寄存器 TL0（低 8 位）和 TH0（高 8 位）构成，定时器 T1 由特殊功能寄存器 TL1（低 8 位）和 TH1（高 8 位）构成。每个寄存器均可单独访问。

51 单片机的定时器/计数器是一种可编程部件，在定时器/计数器开始工作之前，CPU 必须将一些命令（控制字）写入定时/计数器，例如，选择哪一个定时器/计数器在何种工作方式下工作，是用作定时器定时功能还是用作计数功能，是否启动定时器/计数器的运行，等等，诸如此类。

这些设置的功能是通过对特殊功能寄存器 TMOD 和 TCON 的设置来实现。在初始化过程中，要将工作方式控制字写入方式寄存器（初始化工作的一部分），工作状态字写入控制寄存器，CPU 就会按设定的工作方式独立运行。

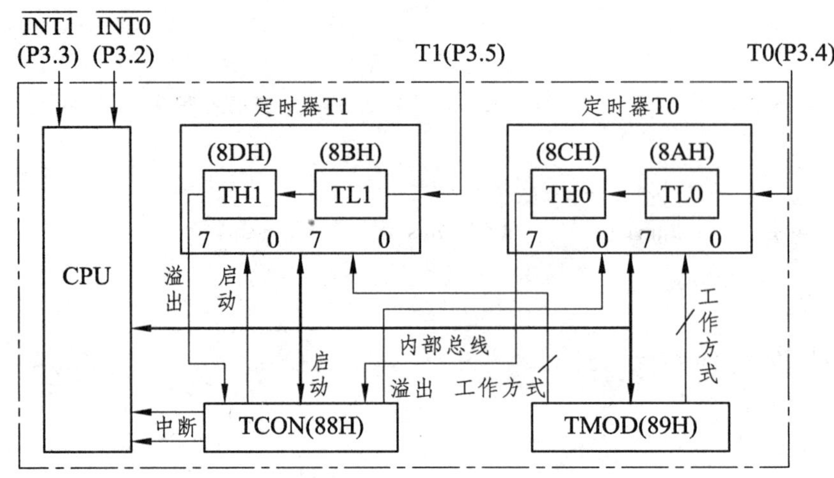

图 3-26　8051 单片机定时器/计数器结构原理

（1）定时器/计数器方式寄存器 TMOD。

定时器/计数器方式控制寄存器TMOD在特殊功能寄存器中，字节地址为 89 H。TMOD不能进行位寻址，只能用字节传送指令设置定时器工作方式，低半字节定义为定时器/计数器 0，高半字节定义为定时器/计数器 1。复位时，TMOD所有位均为 0。TMOD的格式如下：

位序号	D7	D6	D5	D4	D3	D2	D1	D0
位符号	GATE	$C/\overline{T}$	M1	M0	GATE	$C/\overline{T}$	M1	M0

M1、M0：工作方式选择位。用来定义定时器/计数器的四种工作方式，详见表 3-11。

$C/\overline{T}$：功能选择位：$C/\overline{T}$ 位为定时器方式或计数器方式选择位。$C/\overline{T}=1$ 时，为计数器方式；$C/\overline{T}=0$ 时，为定时器方式。

GATE：门控制位，确定定时器的开启与关闭。当 GATE=0 时，只要定时器控制寄存器 TCON 中的 TR0（或 TR1）被置 1 时，T0（或 T1）被允许开始计数（TCON 各位含义见后面叙述）。当 GATE=1 时，外部中断引脚 $\overline{INT0}$ 或 $\overline{INT1}$ 的输入电平与 TR_i 共同控制 T0 或 T1 的开启与关闭。

（2）定时器/计数器控制寄存器 TCON。

TCON 是 T0 和 T1 的控制寄存器，它同时也用来锁存 T0、T1 的溢出中断请求源和外部中断请求源。TCON 寄存器复位值为 00 H，可以进行位寻址。定时器/计数器控制寄存器 TCON 字节地址为 88 H。TCON 寄存器各位定义如下：

位序号	D7	D6	D5	D4	D3	D2	D1	D0
位符号	TF1	TR1	TF0	TR0	IE1	IT1	IE0	IT0

TCON 中各标志位的功能是：

TF1（D7）：定时器 1 溢出标志位。当 T1 计满溢出时，由硬件使 TF1 置 1，申请中断。进入中断服务程序后，由硬件自动清 0，在查询方式下用软件清 0。

TR1（D6）：定时器 1 运行控制位。TR1 置 1，启动定时器 1；TR1 置 0 则停止工作。TR1 由软件置 1 或清零。

TF0（D5）：定时器 0 溢出标志。其功能及操作情况同 TF1。

TR0（D4）：定时器 0 运行控制位。其功能及操作情况同 TR1。

IE1（D3）：外部中断 1 中断请求标志。IT1=1 时，外部中断 1 引脚 $\overline{INT1}$ 上的电平由 1 变 0 时，IE1 由硬件置位，外部中断 1 请求中断。当 CPU 响应中断并转向该中断服务程序执行时，由内部硬件自动清 0。

IT1（D2）：外部中断 1（$\overline{INT1}$）电平触发方式或者脉冲触发方式控制位。IT1=1 时，外部中断 1 为负边沿触发方式，引脚 $\overline{INT1}$ 上的电平从高到低负跳变有效。IT1=0 时，外部中断 1 为电平触发方式。$\overline{INT1}$ 上输入低电平有效。

IE0（D1）：外部中断 0 中断请求标志，其用法同 IE1。

IT0（D0）：外部中断 0 触发方式控制位，其含义同 IT1。

（3）TMOD 和 TCON 的控制功能可以通过一个具体的电路结构（见图 3-27）来加强理解。

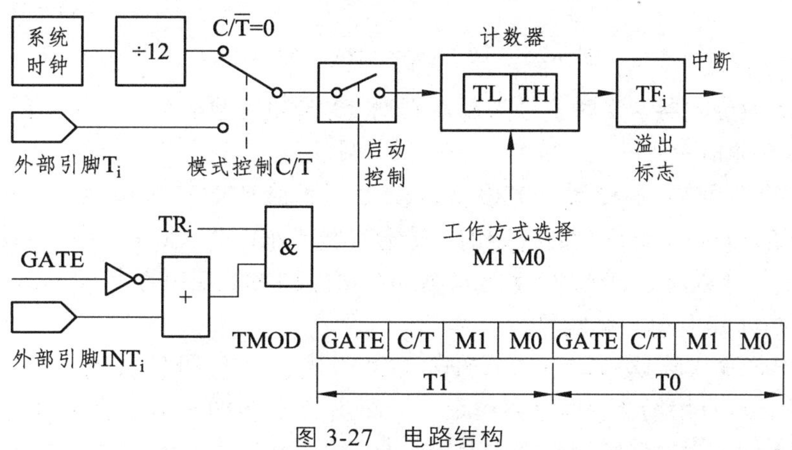

图 3-27 电路结构

图 3-27 中清楚地表示了 TMOD 和 TCON 中的控制位对工作方式、定时/计数模式、启动、溢出中断的控制的实现。

2. 定时器的工作方式

定时器的工作方式由定时器/计数器工作方式寄存器 TMOD 中的 M1、M0 共同设置。

每个定时器/计数器都有 4 种工作方式，对应关系见表 3-11。

表 3-11 定时器/计数器的 4 种工作方式

M1	M0	工作方式
0	0	方式 0，为 13 位定时器/计数器
0	1	方式 1，为 16 位定时器/计数器
1	0	方式 2，为 8 位自动重装初值的定时器/计数器
1	1	方式 3，仅适用于 T0，分成两个 8 位计数器，T1 停止计数

定时器在不同的工作方式下计时器的位数不同，其中：方式 0 是 13 位的计数器，以定时器 T0 为例，计数值装载在 TL0 的低 5 位和 TH0 中，每来一个脉冲计数值加 1，溢出时计数值为 8192；方式 1 是 16 位计数器，计数值装载在 TH0 和 TL0 中，溢出时计数值为 65536；方式 2 是 8 位计数器，计数值装载在低 8 位 TL0 中，溢出时计数值为 256，溢出后自动将 TH0 中的初值重新装载到 TL0 中。

定时器/计数器的 4 种工作方式：

T0 或 T1 无论用作定时器或计数器都有 4 种工作方式：方式 0、方式 1、方式 2 和方式 3。除方式 3 外，T0 和 T1 有完全相同的工作状态。下面以 T0 为例，分述各种工作方式的特点和用法。

（1）工作方式 0：13 位方式由 TL0 的低 5 位和 TH0 的 8 位构成 13 位计数器（TL0 的高 3 位无效）。工作方式 0 的结构如图 3-28 所示。

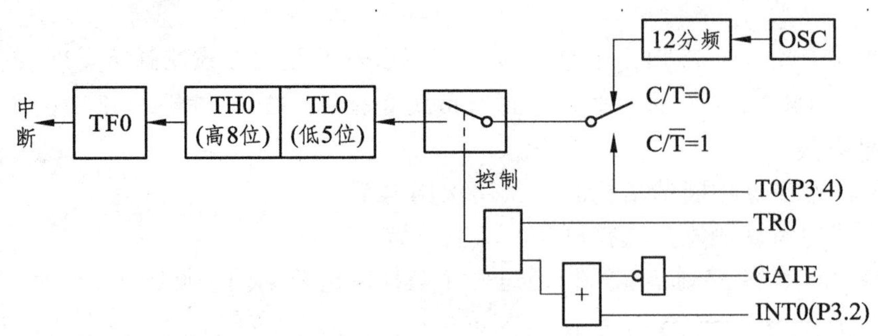

图 3-28　T0 方式 0 结构（T1 类似）

C/$\overline{T}$ = 0 时，T0 为定时器，定时信号为振荡周期 12 分频后的脉冲；C/$\overline{T}$ = 1，T0 为计数器，计数信号来自引脚 T0 的外部信号。

定时器 T0 能否启动工作，还受到了 TR0、GATE 和引脚信号 $\overline{INT0}$ 的控制。由图中的逻辑电路可知，当 GATE = 0 时，只要 TR0 = 1 就可打开控制门，使定时器工作；当 GATE = 1 时，只有 TR0 = 1 且 $\overline{INT0}$ = 1，才可打开控制门。GATE、TR0、C/$\overline{T}$ 的状态选择由定时器的控制寄存器 TMOD、TCON 中相应位状态确定，$\overline{INT0}$ 则是外部引脚上的信号。

在一般的应用中，通常使 GATE = 0，从而由 TR0 的状态控制 T0 的开闭：TR0 = 1，打开 T0；TR0 = 0，关闭 T0。在特殊的应用场合，例如利用定时器测量接于 $\overline{INT0}$ 引脚上的外部脉冲高电平的宽度时，可使 GATE = 1，TR0 = 1。当外部脉冲出现上升沿，即 INT0 由 0 变 1 电平时，启动 T0 定时，测量开始；一旦外部脉冲出现下降沿，即 $\overline{INT0}$ 由 1 变 0 时就关闭了 T0。

定时器启动后，定时或计数脉冲加到 TL0 的低 5 位，从预先设置的初值（时间常数）开始不断增 1。TL0 计满后，向 TH0 进位。当 TL0 和 TH0 都计满之后，置位 T0 的定时器溢出标志 TF0，以此表明定时时间或计数次数已到，以供查询或在打开中断的条件下，可向 CPU 请求中断。如需再一次定时/计数，需重新装载初值。

方式 0 是 13 位计数结构的工作方式，其计数器由 TH0 全部 8 位和 TL0 的低 5 位构成。当 TL0 的低 5 位计数溢出时，向 TH0 进位，而全部 13 位计数溢出时，则向计数溢出标志位 TF0 进位。在方式 0 下：当为计数工作方式时，计数值的范围是 1 ~ 8192；当为定时器工作模式时，在 12 MHz 晶振的情况下最大定时时间为 8.192 ms。

（2）工作方式 1：

方式 1 是 16 位计数结构的工作方式，计数器由 TH0 全部 8 位和 TL0 全部 8 位构成。与工作方式 0 基本相同，区别仅在于工作方式 1 的计数器 TL0 和 TH0 组成 16 位计数器，从而比工作方式 0 有更宽的定时/计数范围。当为计数工作方式时，计数值的范围是：1 ~ 65536；当为定时器工作模式时，在 12 MHz 晶振的情况下最大定时时间为 65.536 ms。

（3）工作方式 2：

方式 2 是 8 位自动装入初值的工作方式。由 TL0 构成 8 位计数器，TH0 仅用来存放初值。启动 T0 前，TL0 和 TH0 装入相同的初值，当 TL0 计满后，除定时器溢出标志 TF0 置位，具有向 CPU 请求中断的条件外，TH0 中的时间常数还会自动地装入 TL0，并重新开始定时或计数。所以，工作方式 2 是一种自动装入初值的 8 位计数器方式。由于这种方式不需要指令重装时间常数，因而操作方便，在允许的条件下，应尽量使用这种工作方式。当然，这种方式的定时/计数范围要小于方式 0 和方式 1。工作方式 2 的结构如图 3-29 所示。

当计数溢出后，不是像前两种工作方式那样通过软件方法重装初值，而是由预置寄存器 TH0 以硬件方法自动给计数器 TL0 重新加载。

初始化时，8 位计数初值同时装入 TL0 和 TH0 中。当 TL0 计数溢出时，置位 TF0，同时把保存在预置寄存器 TH0 中的计数初值自动加载到 TL0，然后 TL0 重新计数，如此重复不止。这不但省去了用户程序中的重装指令，而且也有利于提高定时精度。但这种工作方式下是 8 位计数结构，计数值有限，当为计数工作方式时，计数值的范围是 1～256；当为定时器工作模式时，在 12 MHz 晶振的情况下最大定时时间为 256 μs。

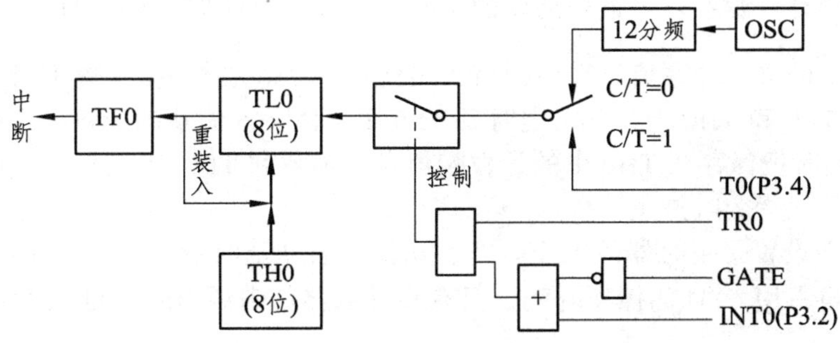

图 3-29　T0（或 T1）方式 2 结构

这种自动重新加载的工作方式非常适用于循环定时或循环计数应用，例如用于产生固定脉宽的脉冲，此外还可以作串行数据通信的波特率发送器使用。方式 2 具有自动重装载功能，因此计数初值只需设置一次，以后不再需要软件重置。

（4）工作方式 3：

工作方式 3 只适用于定时器 0。如果使定时器 1 为工作方式 3，则定时器 1 将处于关闭状态。

当 T0 为工作方式 3 时，TH0 和 TL0 分成 2 个独立的 8 位计数器。其中，TL0 既可用作定时器，又可用作计数器，并使用原 T0 的所有控制位及其定时器溢出标志和中断源。TH0 只能用作定时器，并使用 T1 的控制位 TR1、溢出标志 TF1 和中断源，如图 3-30 所示。

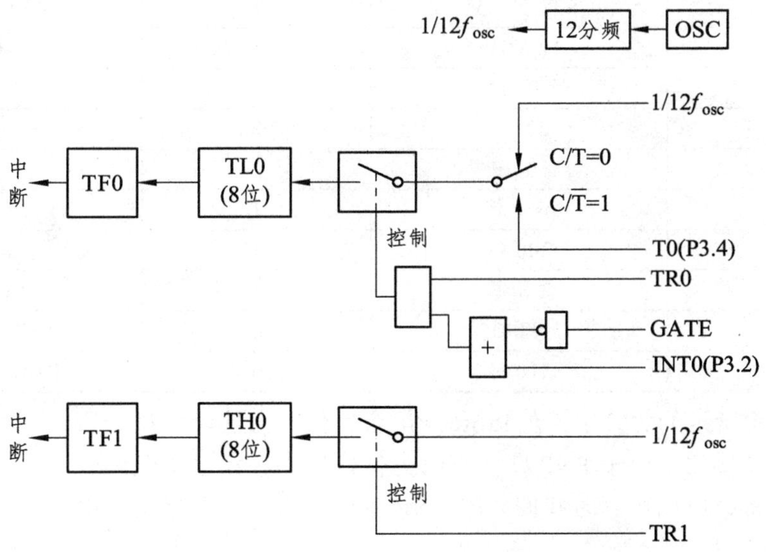

图 3-30　T0 方式 3 结构

通常情况下，T0 不运行于工作方式 3，只有在 T1 处于工作方式 2，并不要求中断的条件下才可能使用。这时，T1 往往用作串行口波特率发生器，TH0 用作定时器，TL0 作为定时器或计数器。所以，方式 3 是为了使单片机有 1 个独立的定时器/计数器、1 个定时器以及 1 个串行口波特率发生器的应用场合而特地提供的。这时，可把定时器 1 用于工作方式 2，把定时器 0 用于工作方式 3。

3. 定时器初值的计算

在计数器允许的计数范围内，计数器可以从任何值开始计数，当计到最大值时产生溢出。例如 8 位计数器，当计数值从 255 再加 1 时，计数值变为 0，同时产生溢出，溢出标志位被置位。在本任务中需要使用工作方式 2 定时 250 μs，而方式 2 的最大定时时间为 256 μs（12 MHz 晶振下），所以需要在 TH0 中先装载一个初值，在这个值的基础上再计数，当 250 μs 时间到后再溢出。

那这个初值该如何计算呢？首先根据需要的定时时间计算出计数次数，即 $n=\dfrac{250\ \mu s}{1\ \mu s}=250$（次）。接下来，根据定时方式的最大计数值计算出初值 $N=256-n=256-250=6$。以上就是初值的计算方法。使用时将该数装载到 TL0 和 TH0 中，开始定时后 TL0 中的值在 6 的基础上每一个机器周期加 1，计数溢出时，置位 TF0，同时把保存在 TH0 中的计数初值自动加载到 TL0 中，然后 TL0 重新计数，如此重复，直到遇到定时器停止指令时停止计数。

需要注意的是，在设置了定时器的工作方式、初值并启动定时器工作后，定时器就按被设定的工作方式独立工作，不再占用 CPU 的操作时间，只有在计数器计满溢出时才可能中断 CPU 当前的操作。

三、任务实施

前面已经用 Proteus 仿真软件验证了设计的电路和程序，现在可以搭建实际的电路完成时、分、秒计时器任务了。

（1）在 Proteus 仿真软件中验证设计的电路和程序。

首先列出元器件清单，见表 3-12。

表 3-12　时、分、秒计时器元器件清单

品名	型号	数量/个	Proteus 元件库关键字
单片机	STC89C51	1	AT89C51（代替）
晶振	12 MHz	1	CRYSTAL
电阻	10 kΩ	1	RES
瓷片电容	22 pF	2	CAP
电解电容	10 μF	1	CAP-ELEC
按键	不带锁	1	BUTTON
排阻	300 Ω	1	RESPACK-8
6 位数码管	共阳极	1	7SEG-MPX6-CA
PNP	2N2905	6	PNP（仿真时省略）
电阻	510 Ω	6	RES（仿真时省略）

根据元器件清单中所示的关键字，在 Proteus 仿真软件的元件库中找到所有元件，并按照原理图接线。由于 PNP 在仿真时为低速器件，在用于数码管动态显示时会仿真异常，所以仿真时我们省略 PNP 驱动电路，在搭建实物电路时再加入驱动电路。

按下仿真开始按钮后数码管从 0 开始计时，到 59 s 后向分进位，数码管从 000000 一直显示到 235959。仿真结果可以扫描右侧二维码查看。

时、分、秒计时器仿真结果

（2）根据电路图搭接电路。

根据元器件清单，找到制作电路所需的所有材料后按照电路原理图接线。在搭建硬件电路前可以先测试数码管的好坏。搭建硬件电路后需要使用万用表测试下系统的电源、地之间是否连通。在上电之前一定要确保系统电源、地没有短路，这是一个调试的好习惯。

（3）下载程序至单片机。

将程序下载至单片机中观察结果。如果程序及电路都没有错误那么我们就会看到数码管显示时、分、秒循环计时了。

（4）故障调试。

若数码管不能按要求显示就需要检查，此过程是软硬件联合调试的过程，在实际单片机系统制作过程中非常重要，我们需要借助万用表来完成此过程。本项目常见的调试故障及排查思路见表 3-13。

表 3-13　时、分、秒计时器故障排查

常见故障现象	排查思路
程序运行后数码管一直不显示数据	用万用表测量单片机电源、地之间是否有 5 V 左右电压，数码管公共端是否能得到+5 V 左右电压
程序运行后数码管一直显示 0	检查定时器中断服务程序、初始化程序
程序运行后数码管时、分、秒显示颠倒	硬件上检查时、分、秒位选线是否接反，程序上检查显示刷新程序计算过程
数据显示乱码	检查 0~9 的段码表、P2 口与段选线是否接错

四、总结归纳

本任务用 6 位数码管制作了一个时、分、秒计时器，涉及的知识有定时器的结构，定时器的工作方式，定时器初值的计算，时、分、秒计时器程序的编写及调试，系统硬件电路故障的调试，系统软硬件联合调试等。接下来我们通过知识树的形式来归纳总结本任务所学的知识点、技能点及综合能力（见图 3-31）。

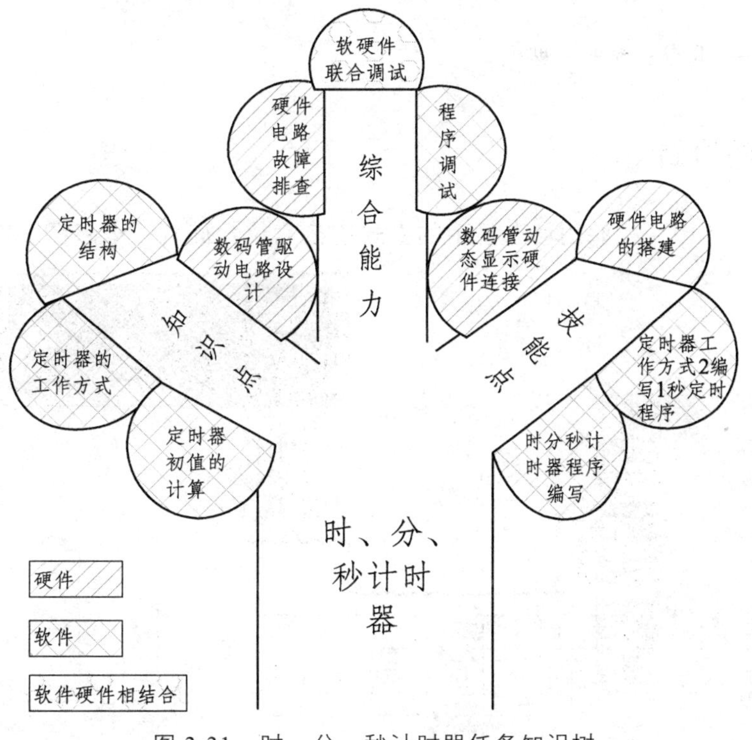

图 3-31　时、分、秒计时器任务知识树

五、学习评价

学习任务评价表参见本书配套的电子版工作页。

子任务六　时钟模块设计——DS1302 实时时钟的制作

由于应用系统对实时时钟的普遍要求，各大芯片生产厂家推出了具有年、月、日、时、分、秒计时功能的时钟芯片，其具有计时数据每秒自动更新一次、不需要程序干预、无须占用 CPU 时间、功能完善、精度高、编程简单等优点，DS1302 就是这样一款时钟芯片。在实时工业测控系统中多采用这一类专用芯片来实现计时。在本任务中我们使用 DS1302 来产生数字钟的时间，用 6 位共阳极数码管来显示时、分、秒的计时值。

任务目标

○ 能掌握 DS1302 的硬件连接方法。
◎ 能了解 DS1302 的基本功能。
◎ 能叙述 DS1302 各引脚的含义。
● 能理解 DS1302 的读写时序。
◎ 能应用 DS1302 完成实时时间的设定、读取等程序的编写及调试。
◎ 能用 Proteus 软件绘制 DS1302 实时时钟电路。
● 能排除 DS1302 实时时钟系统硬件电路故障。
● 能进行 DS1302 实时时钟系统软硬件联合调试。

说　明

○——了解；◎——重点；●——难点。

一、硬件电路设计

在这个硬件电路设计中，我们用动态显示的方式连接六位数码管。电路图如图 3-32 所示。

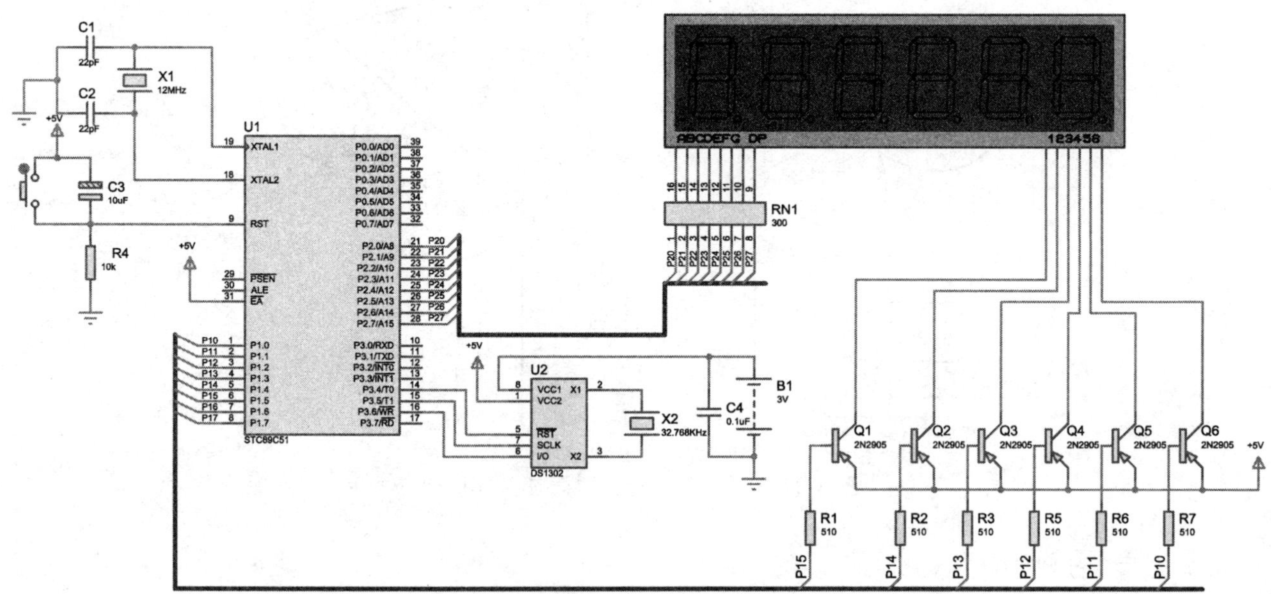

图 3-32　DS1302 实时时钟电路图

该电路设计涉及以下知识点：

1. DS1302 简介

DS1302是 DALLAS 公司推出的涓流充电时钟芯片，内含有一个实时时钟/日历和31字节静态 RAM，可通过简单的串行接口与单片机进行通信。它可提供以下功能：

（1）秒、分、时、日、月、星期、年的信息；

（2）每月的天数和闰年的天数，可自动调整；

（3）可通过 AM/PM 指示决定采用 24 h 或 12 h 格式；

（4）保持数据和时钟信息时功率小于 1 mW。

DS1302 与单片机之间能简单地采用同步串行的方式进行通信，仅需用到三个口线：RST 复位、I/O 数据线和 SCLK 串行时钟。时钟/RAM 的读/写数据以 1 字节或多达 31 字节的字符组方式通信。DS1302 是由 DS1202 改进而来的，增加了以下特性：双电源管脚用于主电源和备份电源供应，为可编程涓流充电电源附加 7 字节存储器。它广泛应用于电话、传真、便携式仪器以及电池供电的仪器仪表等产品领域。

2. DS1302 引脚

DS1302 引脚排列如图 3-33 所示。

引脚	名称	引脚	名称
1	V_{CC2}	8	V_{CC1}
2	X1	7	SCLK
3	X2	6	I/O
4	GND	5	CE

DS1302

DIP (300 mils)

图 3-33　DS1302 引脚

图中 X1、X2 为 32.768 kHz 晶振管脚，GND 为地，CE 为复位脚，I/O 为数据输入/输出引脚，SCLK 为串行时钟，V_{CC1}、V_{CC2} 为电源供电管脚。各引脚的功能为：

V_{CC1}：主电源。

V_{CC2}：备份电源。当 $V_{CC2}>V_{CC1}+0.2$ V 时，由 V_{CC2} 向 DS1302 供电；当 $V_{CC2}<Vcc1$ 时，由 Vcc1 向 DS1302 供电。

SCLK：串行时钟输入，控制数据的输入与输出。

I/O：三线接口时的双向数据线。

CE（RST）：输入信号，在读、写数据期间必须为高。该引脚有两个功能：第一，CE开始控制字访问移位寄存器的控制逻辑；第二，CE提供结束单字节或多字节数据传输的方法。

3. DS1302 应用电路

DS1302 的典型应用电路如图 3-34 所示。

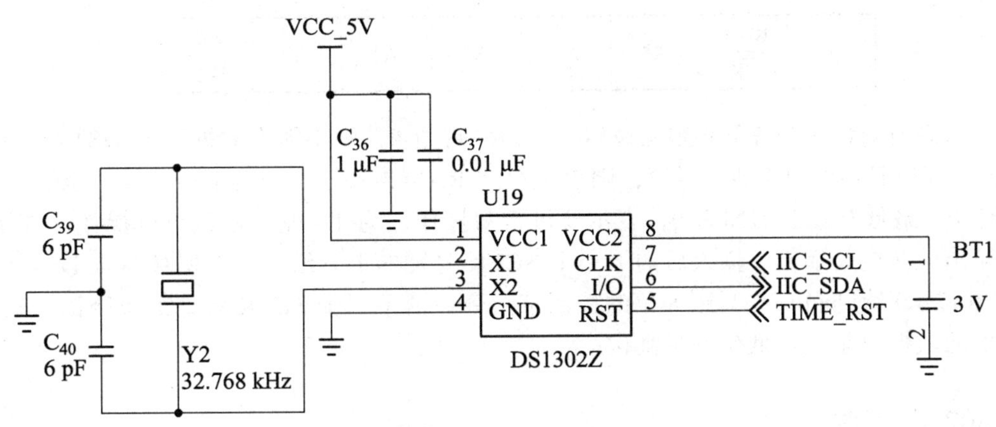

图 3-34　DS1302 的典型应用电路图

V_{CC1}为电路中的主电源；V_{CC2}也就是 BT1，为备份电源。当 $V_{CC2}>V_{CC1}+0.2$ V 时，由 V_{CC2}向 DS1302 供电；当 $V_{CC2}<V_{CC1}$时，由 V_{CC1}向 DS1302 供电。CLK 和 I/O 虽然和 IIC 总线接在一条引脚上，但 DS1302 其实并不是使用 IIC 总线，而是一种三线式总线。在使用此电路时可以省略 6 pF 的电容。

二、软件程序设计

本任务使用 DS1302 来产生数字钟的时间，用 6 位共阳极数码管来显示时、分、秒的计时值。在程序设计时重点在于 DS1302 初始时间的设定、DS1302 实时时钟的读取与时、分、秒数据的处理及显示。在对 DS1302 进行操作时尤其要注意 DS1302 的读写时序，否则会出现不能正常显示或一直显示 85 的错误。主程序流程图如图 3-35 所示。

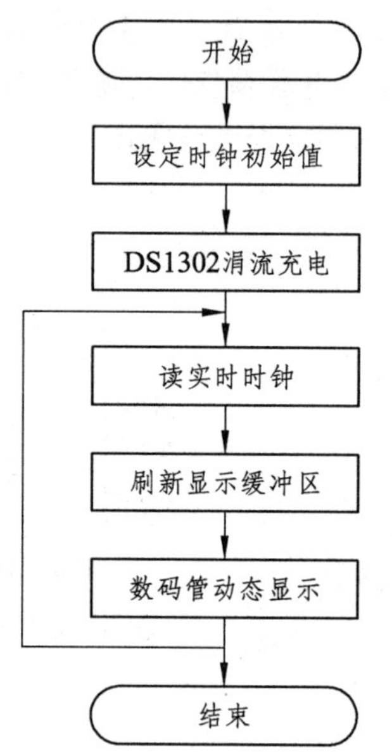

图 3-35　DS1302 实时时钟主程序流程图

DS1302 实时时钟参考程序

根据流程图编写的 C51 程序及汇编语言参考程序可扫上方二维码查看。

该程序设计涉及以下知识点：

1. DS1302 控制字

7	6	5	4	3	2	1	0
1	RAM / $\overline{CK}$	A4	A3	A2	A1	A0	RD / $\overline{WR}$

控制字的最高有效位（位 7）必须是逻辑 1，如果它为 0，则不能把数据写入 DS1302 中。位 6 如果为 0，则表示存取日历时钟数据，为 1，则表示存取 RAM 数据；位 5 至位 1（A4 ~ A0）指示操作单元的地址；位 0（最低有效位）如为 0，表示要进行写操作，为 1，则表示进行读操作。控制字总是从最低位开始输出。在控制字指令输入后的下一个 SCLK 时钟的上升沿时，数据被写入 DS1302，数据输入从最低位(0 位)开始。同样，在紧跟 8 位的控制字指令后的下一个 SCLK 脉冲的下降沿，读出 DS1302 的数据，读出的数据也是从最低位到最高位。

2. DS1302 读/写时序

CE 输入为高电平时启动所有的数据传输。CE 输入有两个功能：一是 CE 打开控制逻辑，允许访问移位寄存器的地址/命令序列；二是 CE 提供了一个终止单字节或多字节数据的传输方法。

对于数据传输而言，数据必须在有效的时钟的上升沿输入，在时钟的下降沿输出。如果 CE 为低，所有的 I/O 引脚变为高阻抗状态，数据传输终止。

数据输出（读操作）如图 3-36 所示。开始的 8 个 SCLK 周期，输入一个读命令字节，数据字节在后 8 个 SCLK 周期的下降沿输出。注意，第一个数据字节的第一个下降沿发生后，命令字的最后一位被写入。当 CE 仍为高时，如果还有额外的 SCLK 周期，DS1302 将重新发送数据字节，这使 DS1302 具有连续读取的能力。

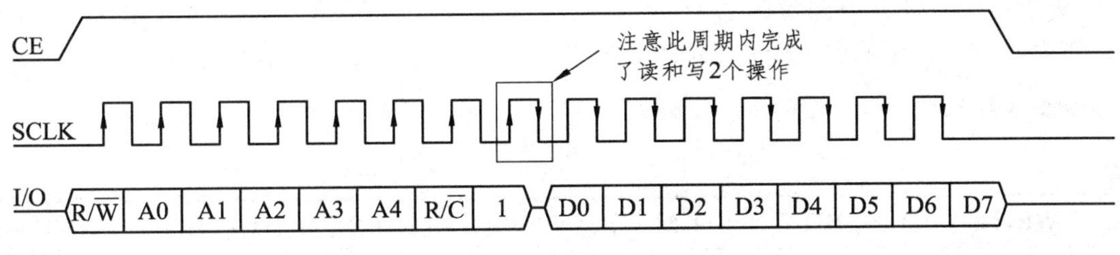

图 3-36　DS1302 单字节读操作时序

数据输入（写操作）如图 3-37 所示。开始的 8 个 SCLK 周期，输入写命令字节，数据字节在后 8 个 SCLK 周期的上升沿输入，数据输入位从第 0 位开始。

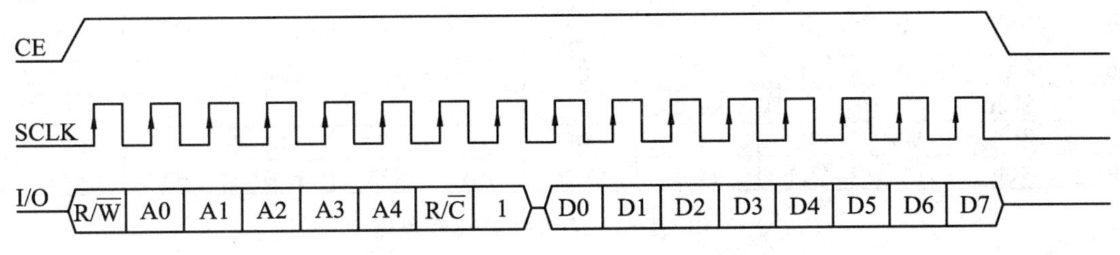

图 3-37　DS1302 单字节写操作时序

3. DS1302 驱动程序分析

DS1302 读写操作程序流程图如图 3-38 所示。

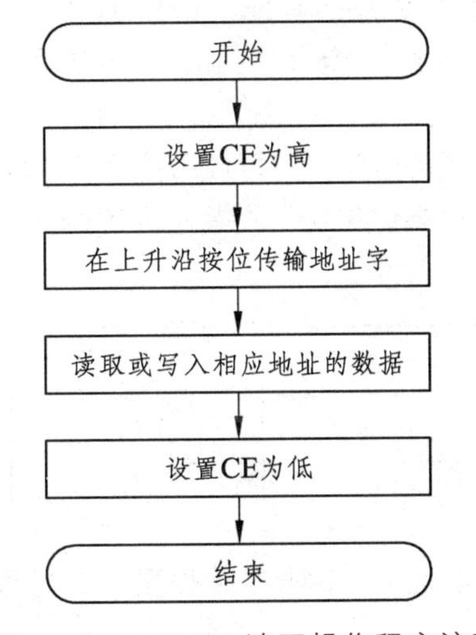

图 3-38　DS1302 读写操作程序流程图

DS1302 读写例程

根据 DS1302 读写操作时序图及程序流程图编写 DS1302 读写例程。扫上方二维码可查看该例程。

该例程提供了 DS1302 读写操作的基本方法，在编程时可以在此基础上灵活变化。

4. DS1302 寄存器和 RAM

对 DS1302 的操作就是对其内部寄存器的操作，DS1302 内部共有 12 个寄存器，其中有 7 个寄存器与日历、时钟相关，存放的数据位为 BCD 码形式。此外，DS1302 还有年份寄存器、控制寄存器、充电寄存器、时钟突发寄存器及与 RAM 相关的寄存器等。时钟突发寄存器可一次性顺序读写除充电寄存器以外的寄存器。

如图 3-39 所示，时钟日历包含在 7 个读/写寄存器内，读/写寄存器中的数据是二至十进制的 BCD 码。所以在使用时需要将读取的 BCD 数据转换为十进制数据，如程序第 160 行所示。

```
160 return((temp/16)*10+temp%16);
```

RTC

READ	WRITE	BIT 7	BIT 6	BIT 5	BIT 4	BIT 3	BIT 2	BIT 1	BIT 0	RANGE
81h	80h	CH	10 Seconds			Seconds				00-59
83h	82h		10 Minutes			Minutes				00-59
85h	84h	12/$\overline{24}$	0	10 AM/PM	Hour	Hour				1-12/0-23
87h	86h	0	0	10 Date		Date				1-31
89h	88h	0	0	0	10 Month	Month				1-12
8Bh	8Ah	0	0	0	0	0	Day			1-7
8Dh	8Ch	10 Year				Year				00-99
8Fh	8Eh	WP	0	0	0	0	0	0	0	—
91h	90h	TCS	TCS	TCS	TCS	DS	DS	RS	RS	—

图 3-39　DS1302 时钟读写寄存器

秒寄存器的 BIT7 定义为时间暂停位，当 BIT7 为 1 时，时钟振荡器停止工作，DS1302 进入低功耗模式，电源消耗小于 100 μA；当 BIT7 为 0 时，时钟振荡器启动，DS1302 正常工作。

小时寄存器的 BIT7 定义为 12 h 或 24 h 工作模式选择位。当 BIT7 为高时，为 12 h 工作模式，此时 BIT5 为 AM/PM 位，低电平表示 AM，高电平表示 PM。

写保护寄存器的 BIT7：WP 是写保护位，工作时，除 WP 外的其他位都置为 0。对时钟/日历寄存器或 RAM 进行写操作之前，WP 必须为 0，当 WP 为高电平时，不能对任何时钟/日历寄存器或 RAM 进行写操作。

突发模式（Burst Mode 或称多字节传输模式）：可以指定任何的时钟/日历或者 RAM 寄存器为突发模式，第 6 位指定时钟或 RAM，而 0 位指定读或写。突发模式的实质是指一次传送多个字节的时钟信号和 RAM 数据，如下：

工作模式寄存器		读寄存器	写寄存器
时钟突发模式寄存器	CLOCK BURST	BFh	BEh
RAM 突发模式寄存器	RAM BURST	FFH	FEH

在时钟/日历寄存器中的 9 至 31 和在 RAM 寄存器的地址 31 不能存储数据。突发模式的读取或写入从地址的位 0 开始。

91h	90h	TCS	TCS	TCS	TCS	DS	DS	RS	RS	–

此寄存器为 DS1302 涓流充电寄存器，结构如图 3-40 所示。

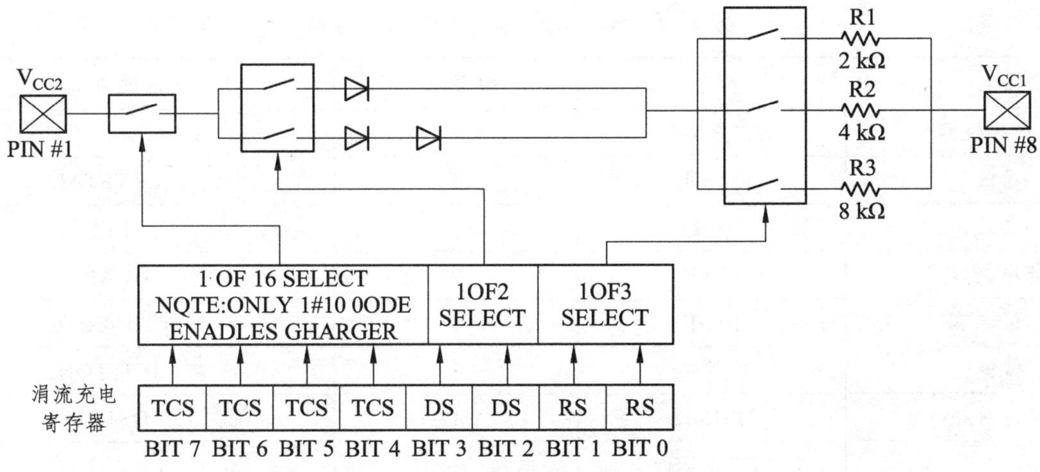

图 3-40　DS1302 充电模式控制结构

具体用法如下：

TCS 位：涓流充电选择位（BIT4 至 7）控制涓流充电器的选择。为防止偶然的因素使其工作，只有 1010 模式才能使涓流充电器工作。所有其他的模式将禁止涓流充电。在 DS1302 上电后，涓流充电将被禁止。

DS 位（BIT2 和 3）：选择一个二极管还是两个二极管在 Vcc2 和 Vcc1 之间连接。如果 DS 为 01，则选择一个二极管。如果 DS 为 10，则两个二极管被选中。如果 DS 为 00 或 11，充电器被禁止，与 TCS 无关。

RS 位（BIT0 和 1）：设置 Vcc2 和 Vcc1 之间的连接电阻。电阻的选择如下：

00	无	无
01	R1	2 kΩ
10	R2	4 kΩ
11	R3	8 kΩ

本程序启用了涓流充电功能，如程序第 112 行所示，向 0x90 地址写入 0xa6，即使能涓流充电并选择一个二极管和 4 kΩ 电阻在 V_{CC2} 和 V_{CC1} 之间。

三、任务实施

前面已经用 Proteus 仿真软件验证了设计的电路和程序，现在可以搭建实际的电路，完成 DS1302 实时时钟任务了。

（1）在 Proteus 仿真软件中验证设计的电路和程序。

首先列出元器件清单，见表 3-14。

根据元器件清单中所示的关键字，在 Proteus 仿真软件的元件库中找到所有元件，并按照原理图接线。由于 PNP 在仿真时为低速器件，在用于数码管动态显示时会仿真异常，所以仿真时我们省略 PNP 驱动电路，在搭建实物电路时再加入驱动电路。

按下仿真开始按钮后数码管显示当前时分秒值，仿真结果可以扫描右侧二维码查看。

DS1302 实时时钟仿真结果

表 3-14　DS1302 实时时钟元器件清单

品名	型号	数量/个	Proteus 元件库关键字
单片机	STC89C51	1	AT89C51（代替）
晶振	12 MHz	1	CRYSTAL
电阻	10 kΩ	1	RES
瓷片电容	22 pF	2	CAP
电解电容	10 μF	1	CAP-ELEC
按键	不带锁	1	BUTTON
实时时钟	DS1302	1	DS1302
晶振	32.768 kHz	1	CRYSTAL
瓷片电容	0.1 μF	1	CAP
纽扣电池	3 V	1	BATTERY
排阻	300 Ω	1	RESPACK-8
6 位数码管	共阳极	1	7SEG-MPX6-CA
PNP	2N2905	6	PNP（仿真时省略）
电阻	510 Ω	6	RES（仿真时省略）

（2）根据电路图搭接电路。

根据元器件清单，找到制作电路所需的所有材料后按照电路原理图接线。在搭建硬件电路前可以先测试数码管的好坏。搭建硬件电路后需要使用万用表测试下系统的电源、地之间是否连通。在上电之前一定要确保系统电源、地没有短路，这是一个调试的好习惯。

（3）下载程序至单片机。

将程序下载至单片机中观察结果。如果程序及电路都没有错误，那么我们就会看到数码管显示时、分、秒循环计时了。

（4）故障调试。

若数码管不能按要求显示就需要检查，此过程是软硬件联合调试的过程，在实际单片机系统制作过程中非常重要，我们需要借助万用表来完成此过程。本项目常见的调试故障及排查思路见表 3-15。

表 3-15　DS1302 实时时钟故障排查

常见故障现象	排查思路
上电后数码管一直处于熄灭状态	用万用表测量单片机电源、地之间是否有 5 V 左右电压，数码管公共端是否能测得 5 V 左右电压
数码管一直显示 85	DS1302 通信问题，检查 DS1302 读字节函数
数码管显示数据错误	DS1302 与单片机相连的三根线不要跳线，DS1302 要尽量靠近单片机
数码管显示数据乱码	硬件上检查数码管段选端与单片机的连接是否接错，软件上检查 0~9 段码表是否有误

四、总结归纳

本任务用 DS1302 和 6 位数码管制作了实时时钟，涉及的知识有 DS1302 的硬件连接方法、DS1302

的基本功能、DS1302各引脚的含义、DS1302的读写时序、DS1302实时时间的设定、读取程序的编写及调试、系统硬件电路故障的调试、系统软硬件联合调试等，接下来我们通过知识树的形式来归纳总结本任务所学的知识点、技能点及综合能力（见图3-41）。

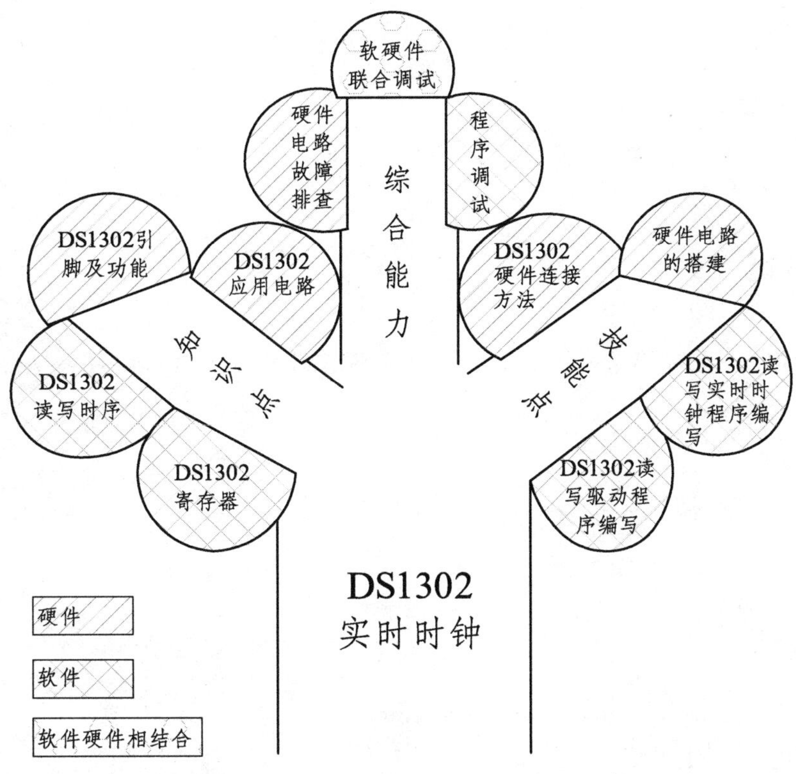

图3-41　DS1302实时时钟任务知识树

五、学习评价

学习任务评价表参见本书配套的电子版工作页。

子任务七　按键模块设计——按键控制数码管显示

数字钟的主要功能是显示时间，但它还有一个功能是必不可少的，就是校准时间，也就是说如果时间不准了，需要给数字钟输入一个正确的时间。单片机系统中，输入功能一般由按键来完成，所以在这个任务中我们将学习怎样进行按键输入。该任务要求，用一个按键控制一个数码管显示。

任务目标

○ 能检测独立按键的好坏。
○ 能设计单片机按键电路。
● 能用C语言编写按键扫描和按键消抖程序。
◎ 能用Proteus软件绘制按键控制的电路。

◎ 能用 Keil 软件编译按键控制显示的程序。
● 能排除按键控制显示系统硬件电路故障。
● 能进行按键控制显示系统软硬件联合调试。

说 明

○——了解；◎——重点；●——难点。

一、硬件电路设计

设计一个按键控制一个数码管显示的电路，主要考虑单片机与按键的连接电路。电路图设计如图 3-42 所示。

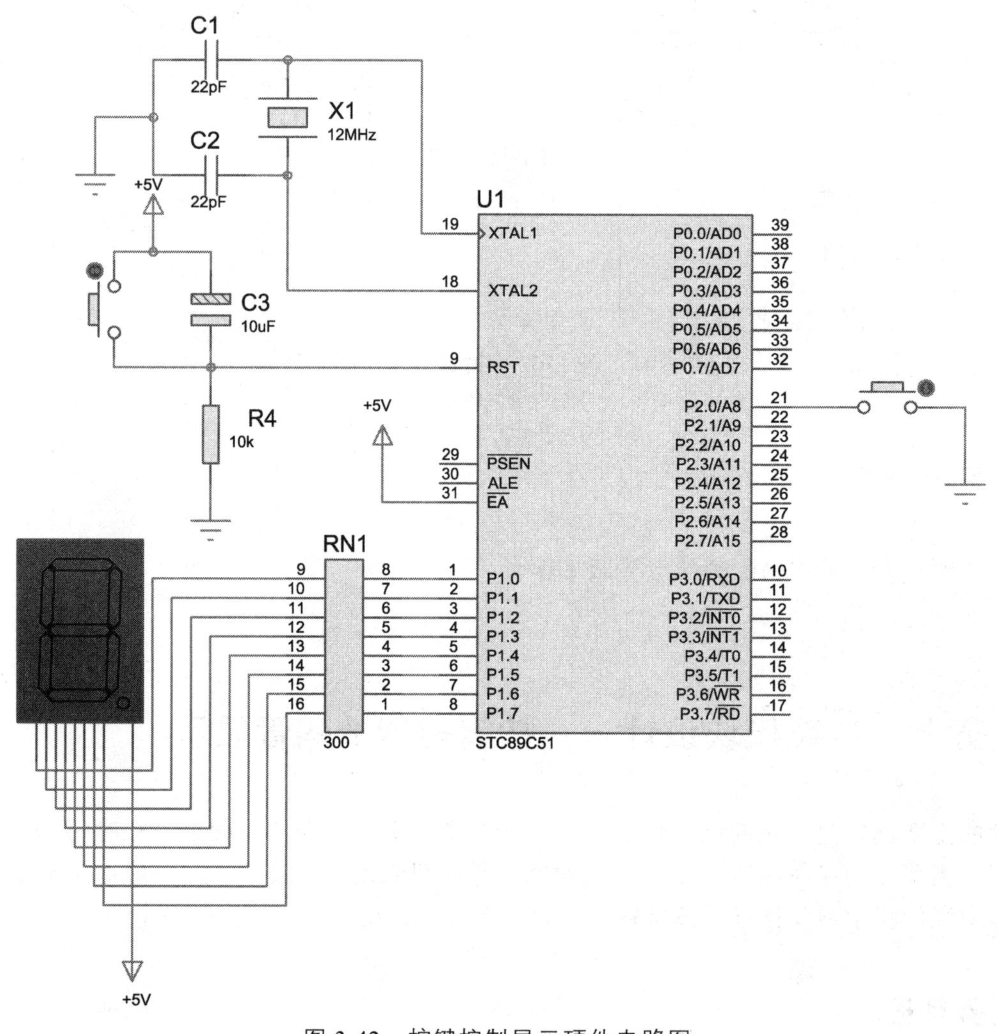

图 3-42 按键控制显示硬件电路图

该电路设计涉及以下知识点：

单片机与按键的连接电路：

按键对于单片机而言是输入设备，要通过按键输入信息给单片机，应该将按键连接在单片机的 I/O 口上。如图 3-42 中，一个独立按键的一端接在 P2.0 引脚上，一端接电源地。当按键没有按下时，由于 P2.0 引脚内部有上拉电阻接至电源 VCC（5 V），P2.0 引脚上的电位是一个近 5 V 的高电平，而当按键按下时，P2.0 引脚上的电位会近于 0 V。因此，按键是否按下，可以通过判断 P2.0 引脚的电平得知。

二、软件程序设计

该程序要求实现按键每按下一次，数码管显示的数字就加一。设计主要解决两个问题：一是如何扫描按键并判断键是否按下；二是根据按键状态进行何种处理。因此，程序流程图设计如图 3-43 所示。

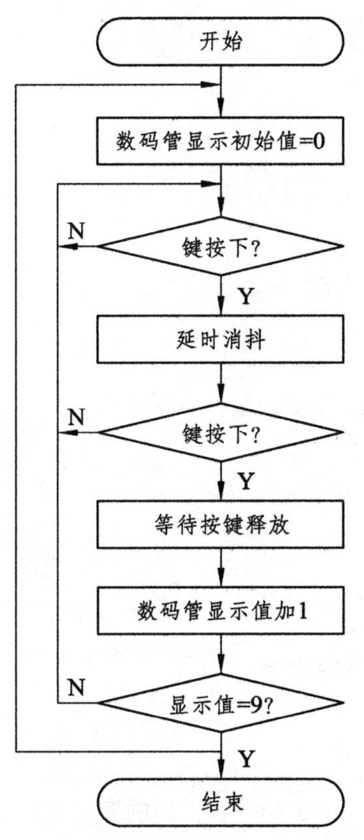

图 3-43　按键控制显示程序流程图

根据流程图编写程序，如图 3-44 所示。

```
#include <reg51.h>

sbit KEY=P2^0;

unsigned char   SEG[10]={0xc0, 0xf9, 0xa4, 0xb0, 0x99, 0x92, 0x82, 0xf8, 0x80, 0x90};   //"0-9"的段码表

void delay_ms (unsigned int t) ;                    //消抖延时子函数声明

void main (void)                                    //主函数
{
        unsigned char   i;

        while (1)
```

```
        {
            P1=SEG[i];
            if (KEY==0)                          //扫描按键是否按下
            {
                delay_ms (10) ;                  //调用消抖延时子函数进行按键消抖
                if (KEY==0)                      //再一次扫描按键是否按下
                {
                    while(!KEY);                 //等待按键释放
                    i++;                         //显示值加 1
                    if (i>9)
                    {
                        i=0;
                    }
                }
            }
        }
    }

    void delay_ms (unsigned int t)           //t 毫秒延时子函数定义
    {
      unsigned int i, j;
      for (i=t; i>0; i--)
      {
          for (j=115; j>0; j--)
          {; }                               //空语句
       }
    }
```

图 3-44　按键控制显示程序

汇编语言参考程序可扫描以下二维码查看。

该程序设计涉及以下知识点：

按键控制显示程序汇编语言代码

1. 按键扫描和消抖

键盘在单片机应用系统中实现输入数据、传送命令的功能，因此如何高效而准确地判断按键状态，就是按键扫描的任务。在这个任务中，只用了一个独立按键，判断其状态，只需判断该键连接的 I/O 引脚的电平即可，图 3-44 所示程序的第 16 行语句“if (KEY= =0)”，用选择语句判断按键状态，从而进行不同的处理。

通常的按键所用开关为机械弹性开关，当机械触点断开、闭合时，由于机械触点的弹性作用，一个按键开关在闭合时不会马上稳定地接通，在断开时也不会一下子断开。因而在闭合及断开的瞬间均伴随有一连串的抖动，这种情况会导致判断按键状态不准确，因此要进行按键消抖。图 3-44 所示程序第 18、19 行，当第一次扫描到按键按下时，先不着急确定按键的状态，而是延时一段时间后，再一次判断按键状态。这种在键闭合稳定时再读取按键状态的方法，就是消抖。消抖其实分为硬件消抖和软件消抖，本节采用的是软件消抖，即延时一段时间等待按键状态稳定。按键抖动时间的长短由按键的机械特性决定，一般为 5 ~ 10 ms，本程序采用延时 10 ms 来进行消除抖动。

一次完整的按键动作包括按下和释放两部分，因此判断按键按下后要先等待按键释放再处理键值或执行相应动作，否则会容易出错。程序第 21 行语句“while(!KEY);”就是等待按键释放语句，即如果按键按下，一直执行空语句，直到按键释放，程序才执行后面的语句。

2. C 语言中的 sbit

sbit 是单片机 C 语言扩展的变量类型。在 C 语言里，如果直接写 P2.0，C 编译器并不能识别，所以在使用 P2.0 之前要用关键字 sbit 来定义，如程序的第 3 行所示。sbit 的用法有三种：

第一种方法：sbit 位变量名=地址值

第二种方法：sbit 位变量名=SFR 名称^变量位地址值

第三种方法：sbit 位变量名=SFR 地址值^变量位地址值

如定义 P2 中的 P2.0 用的是第二种方法：

sbit　KEY=P2^0　说明：其中 P2 已经在头文件 reg51.h 中用 sfr 定义好了。

三、任务实施

完成了硬件电路图设计和程序编写后，可以完成按键控制数码管显示任务了。

（1）在 Proteus 仿真软件中验证设计的电路和程序。

首先列出元器件清单，见表 3-16。

表 3-16　按键控制显示元器件清单

品名	型号	数量/个	Proteus 元件库关键字
单片机	STC89C51	1	AT89C51（代替）
晶振	12MHz	1	CRYSTAL
电阻	10 kΩ	1	RES
排阻	300 Ω	1	RX8
按键	不带锁	2	BUTTON
瓷片电容	22pF	2	CAP
电解电容	10 μF	1	CAP-ELEC
1 位数码管	7 段红色共阳	1	7SEG-MPX1-CA

根据元器件清单中所示的关键字，在 Proteus 仿真软件的元件库中找到所有元件，并按照原理图接线。

按下仿真开始按钮后，数码管显示“0”，按键三次后，数码管显示“3”，仿真结果可以扫描右侧二维码查看。

按键控制显示电路仿真结果

（2）根据电路图搭接电路。

根据元器件清单，找到制作电路所需的所有材料后按照电路原理图接线。注意搭建硬件电路后需要使用万用表测试下系统的电源、地之间是否连通。在上电之前一定要确保系统电源、地没有短路，这是一个调试的好习惯。

（3）下载程序至单片机。

将程序下载至单片机中观察结果。如果程序及电路都没有错误，那么我们按下一次按键，数码管显示的数字就会加 1。

（4）故障调试。

若数码管不能按要求显示就需要检查，此过程是软硬件联合调试的过程，在实际单片机系统制作过程中非常重要，我们需要借助万用表来完成此过程。本项目常见的调试故障及排查思路见表 3-17。

表 3-17　按键控制显示故障排查

常见故障现象	排查思路
按键无法控制显示	检查按键电路；检查按键扫描代码是否有错
按键次数与数码管显示数字不符	检查按键消抖时间是否过短或过长

四、总结归纳

本任务中的知识点、技能点总结归纳如图 3-45 所示。

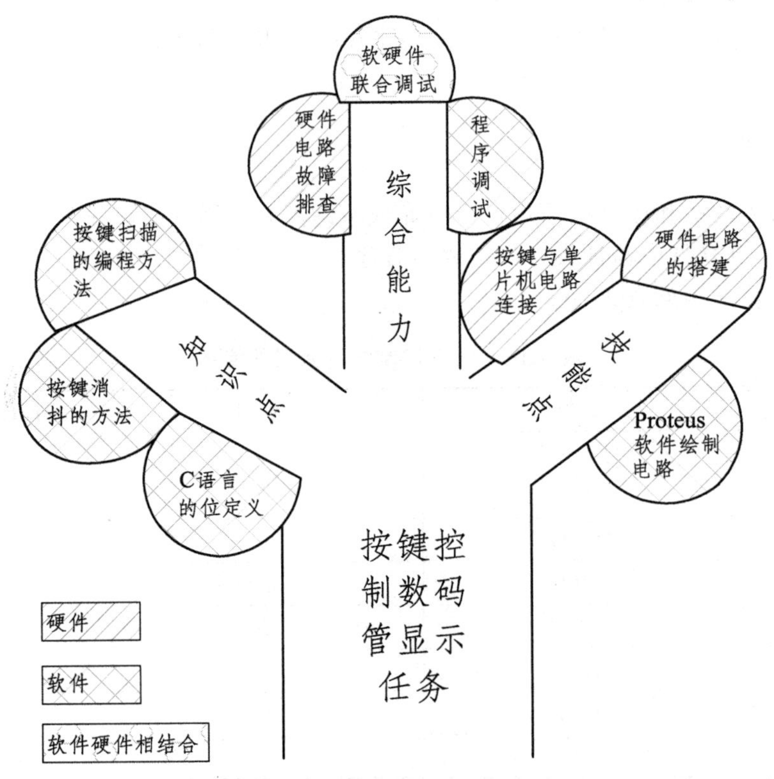

图 3-45　按键控制总结归纳知识树

五、学习评价

学习任务评价表参见本书配套的电子版工作页。

子任务八　按键模块设计——按键校准数字钟

学会了用一个按键控制一个数码管的方法之后，可以尝试设计数字钟的按键校准电路和程序。

任务目标

○ 能设计数字钟的按键校准电路。
● 能用 C 语言编写按键校准时钟程序。
◎ 能用 Proteus 软件绘制按键校准数字钟的电路。
◎ 能用 Keil 软件编译按键校准数字钟的程序。
● 能排除按键校准数字钟硬件电路故障。
● 能进行按键校准数字钟软硬件联合调试。

说　明

○——了解；◎——重点；●——难点。

一、硬件电路设计

为了实现数字钟的按键校准功能，我们在数字钟的电路中加入 3 个按键，分别用于校准时钟的时、分、秒。电路图如图 3-46 所示。

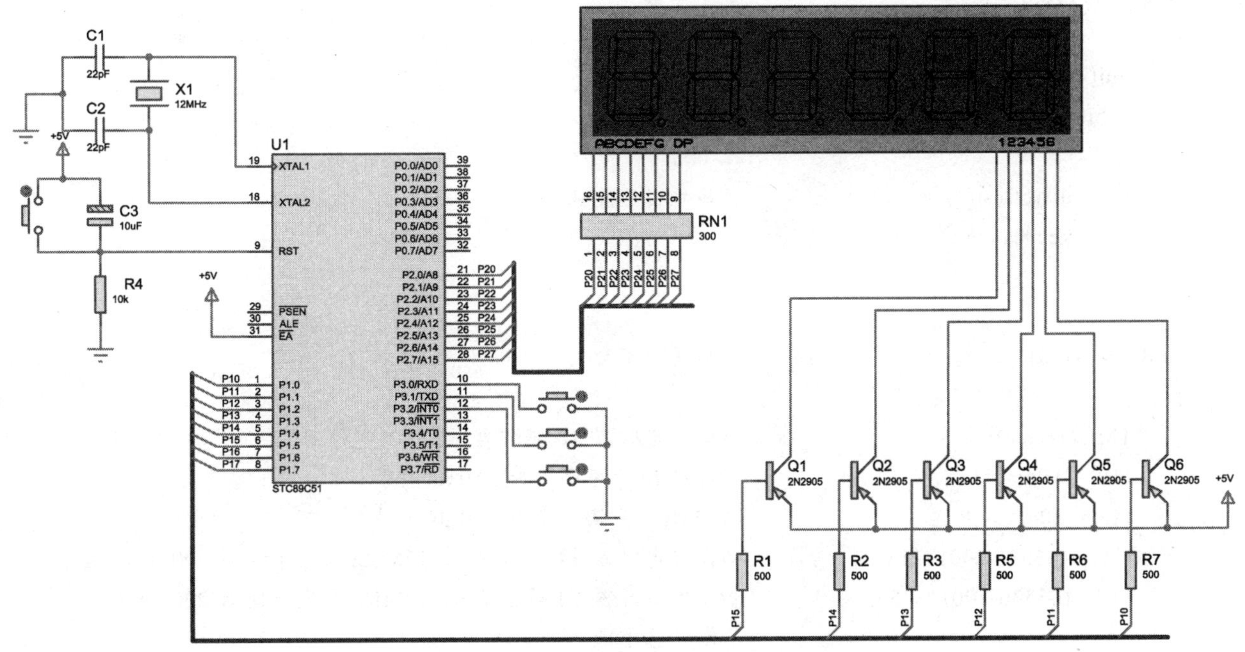

图 3-46　按键校准数字钟硬件电路图

二、软件程序设计

在数字钟时钟模块设计中，已经实现数字钟能自动地进行时、分、秒的计时。在这个时钟校准程序中，需要在数字钟程序里加入按键扫描及处理的代码段。编写按键校准时钟程序，如图 3-47 所示。

```
#include <reg51.h>
#define uint unsigned int                    //宏定义
```

```
#define uchar unsigned char                    //宏定义

sbit SECONDK=P3^0;                             //三个按键的位定义
sbit MINUTEK=P3^1;
sbit HOURK=P3^2;

uchar  SEG[10]={0xc0, 0xf9, 0xa4, 0xb0, 0x99, 0x92, 0x82, 0xf8, 0x80, 0x90};    //"0-9"的段码表
uchar  COM[6]={0x01, 0x02, 0x04, 0x08, 0x10, 0x20};     //6个数码管的位选表（不带PNP驱动）
//unsigned char  COM[6]={0xFE, 0xFD, 0xFB, 0xF7, 0xEF, 0xDF};   //6个数码管的位选表（带PNP驱动）
uchar dis_buf[6]={0, 0, 0, 0, 0, 0};          //6个数码管的显示缓冲区
uchar hour=12;                                //要显示的时、分、秒
uchar minute=30;
uchar second=45;

void init (void) ;                            //初始化函数
void delay_ms (uint t) ;                      //延时子函数声明
void disrefresh (void) ;                      //显示刷新子函数声明
void keyscan (void) ;                         //按键扫描子函数声明
void main (void)                              //主函数
{
      init () ;                               //初始化
      while (1)
      {
           disrefresh () ;                    //显示内容刷新
           keyscan () ;
      }
}
void init (void)                              //初始化函数
{
     TMOD=0x12;                               //使用定时器T0工作在方式2，定时器T1工作在方式1
     TH0=0x06;                                //12MHz晶振下定时250 μs初值
     TL0=0x06;                                //12MHz晶振下定时250 μs初值
     TH1= (65536-200) /256;                   //设置定时器T1的高8位，12MHz晶振下定时200 μs初值
     TL1= (65536-200) %256;                   //设置定时器T1的低8位，12MHz晶振下定时200 μs初值
     EA=1;                                    //允许总中断
     ET0=1;                                   //允许定时器T0中断
     ET1=1;                                   //允许定时器T1中断
     TR0=1;                                   //定时器T0开始定时
     TR1=1;                                   //定时器T1开始定时
}
void delay_ms (uint t)                        //t毫秒延时子函数定义
{
   unsigned int i, j;
    for (i=t; i>0; i--)
```

```
    {
        for (j=115; j>0; j--)
        {; }                                //空语句
    }
}
void disrefresh (void)                      //显示刷新子函数，用于将要显示的秒数据拆分存入显示缓冲区
{
    dis_buf[0]=second%10;                   //个位
    dis_buf[1]=second/10;                   //十位
    dis_buf[2]=minute%10;
    dis_buf[3]=minute/10;
    dis_buf[4]=hour%10;
    dis_buf[5]=hour/10;
}

void T0_Time() interrupt 1                  //T0 定时器 250 us 中断服务程序
{
    static uchar num1=0;                    //250us 中断次数  num=40 时为 10ms
    static uchar num2=0;                    //10ms 循环次数
    EA=0;                                   //关中断
    if(num1!=40)        num1++;             //到 10ms 否，不到则 num1 加 1
    else
    {num1=0;
     if(num2!=100)   num2++;
     else
     { num2=0;
        if(second!=59) second++;            //到 1 分钟否，不到则 second 加 1
        else
        {
         second=0;
         if(minute!=59) minute++;
         else
         {
          minute=0;
          if(hour!=23) hour++;
          else hour=0;
         }
        }
      }
    }
    EA=1;                                   //开中断
}

void T1_int (void) interrupt 3 using 0      //定时器 T1 中断函数实现显示动态扫描
{
```

```
    static uchar time4mscnt=0;
    static uchar digit_index=0;
    TH1= (65536-200) /256;                    //重新赋计数初值
    TL1= (65536-200) %256;
    time4mscnt++;
    if (time4mscnt==13)                       //到 2.6ms 了
    {
        time4mscnt=0;
        P1=COM[digit_index];
        P2=SEG[dis_buf[digit_index]];
        digit_index++;
        if (digit_index > 5) digit_index = 0;
    }
}
void keyscan (void)
{
    if (SECONDK==0)                           //扫描按键是否按下
    {
        delay_ms (10) ;                       //延时 10ms 按键消抖
        if (SECONDK==0)                       //再一次扫描按键是否按下
        {
            second++;                         //秒键按下，秒加 1
            if (second==60) second=0;
            while (!SECONDK) ;                //等待秒键松开
        }
    }
    if (MINUTEK==0)                           //扫描按键是否按下
    {
        delay_ms (10) ;                       //延时 10ms 按键消抖
        if (MINUTEK==0)                       //再一次扫描按键是否按下
        {
            minute++;                         //分键按下，分加 1
            if (minute==60) minute=0;
            while (!MINUTEK) ;                //等待分键松开
        }
    }
    if (HOURK==0)                             //扫描按键是否按下
    {
        delay_ms (10) ;                       //延时 10ms 按键消抖
        if (HOURK==0)                         //再一次扫描按键是否按下
        {
            hour++;                           //时键按下，时加 1
            if (hour==24) hour=0;
            while (!HOURK) ;                  //等待时键松开
        }
    }
}
```

图 3-47　按键校准数字钟程序

该程序设计涉及以下知识点：

1. 按键扫描及处理子函数

按键扫描及处理子函数，即程序第 103 行的 keyscan ( )，主要负责进行 3 个独立按键的扫描，并根据按键状态进行相应的处理。在扫描按键时增加了判断按键是否松开的语句，如第 112 行的“while (!SECOND);”，这条语句用于等待按键的松开。我们需要实现的按键效果是，按一次键，相应的时、分或秒就加 1，如果不加判键松开的语句，按键一直按着，相应的时间值就会一直加 1。

2. 数码管动态扫描子函数

在该程序中，用于实现数码管显示动态扫描的代码段没有编写成一个子函数在主函数中进行调用，而是放在定时器的中断函数中，如程序的第 87 行所示。做这种处理是因为，按键扫描过程需要花费较长的时间，若将数码管动态扫描也放在主函数中调用，将达不到动态显示的时间要求，导致数码管显示出现闪烁的情况。因为 6 个数码管动态显示的时间要求是每个数码管的显示时间为 16/6=2.6 (ms)，所以在程序中将定时器 1 的定时时间设置为 200 μs，而在定时器 1 中断服务函数中设置了一个计数器 time4mscnt，如程序第 89 行定义的变量。这个变量在每进入一次中断加 1，直到加至 13，即 2.6 ms 时间到。

3. C 语言中的宏定义

宏定义是 C 语言提供的三种预处理功能的其中一种，又称为宏代换、宏替换，简称“宏”。格式为：#define 标识符字符串。作用是用标识符替换字符串，即在程序中出现字符串的地方都可以用标识符代替。使用宏可提高程序的通用性和易读性，减少不一致性，减少输入错误和便于修改。如程序的第 2 行和 3 行，“#define uint unsigned int”和“#define uchar unsigned char”，用短标识符代替长字符串，可以减少输入错误。

4. C 语言中的静态变量

程序的第 89 和 90 行，即定时器 1 的中断函数中定义了两个特别的变量，time4mscnt 和 digit_index。说它们特别，是因为在定义这两个变量时用了一个关键字“static”。该关键字表示定义的变量为一个静态变量。静态变量和局部变量一样，也是定义在某一函数中，只在该函数中有效。但它与局部变量不同的是，局部变量当调用时就存在，退出函数时就消失，而静态变量始终存在着，也就是说它的生存期为整个源程序。以变量“time4mscnt”为例，这个变量的功能相当于一个计数器，因为我们希望这个变量在每进入一次定时器 1 中断函数，其值就加 1，当它加至 13 时，表示定时器 1 溢出中断 13 次，而定时器 1 的定时时间为 200 μs，因此当 time4mscnt 的值达到 13 时，表示 2.6 ms 时间到。所以这个变量必须定义为静态变量，其值才可以随着定时器 1 中断函数的调用而累加，否则其值会因为每一次函数调用而消失。

汇编语言参考程序可扫右侧二维码查看。

按键校准数字钟汇编语言程序

三、任务实施

完成了硬件电路图设计和程序编写后，就可以完成数字钟显示模块任务了。

（1）在 Proteus 仿真软件中验证设计的电路和程序。

首先列出元器件清单，见表 3-18。

表 3-18　按键校准数字钟元器件清单

品名	型号	数量/个	**Proteus 元件库关键字**
单片机	STC89C51	1	AT89C51（代替）
晶振	12 MHz	1	CRYSTAL
电阻	10 kΩ	1	RES
排阻	300 Ω	1	RX8
按键	不带锁	4	BUTTON
瓷片电容	22 pF	2	CAP
电解电容	10 μF	1	CAP-ELEC
三极管	PNP	1	PNP
6 位数码管	6 位 7 段蓝色共阳	1	7SEG-MPX6-CA-BLUE

根据元器件清单中所示的关键字，在 Proteus 仿真软件的元件库中找到所有元件，并按照原理图接线。

按下仿真开始按钮后，按键可以修改当前的时间，仿真结果可以扫描以下二维码查看。

按键校准数字钟电路仿真结果

（2）根据电路图搭接电路。

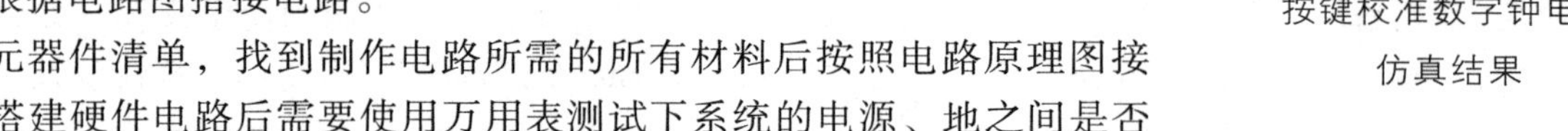

根据元器件清单，找到制作电路所需的所有材料后按照电路原理图接线。注意搭建硬件电路后需要使用万用表测试下系统的电源、地之间是否连通。在上电之前一定要确保系统电源、地没有短路，这是一个调试的好习惯。

（3）下载程序至单片机。

将程序下载至单片机中观察结果。如果程序及电路都没有错误，那么我们就会看到六位数码管显示一个时间“12 30 45”，分别按 3 个按键，可以修改时间。

（4）故障调试。

若数码管不能按要求显示就需要检查，此过程是软硬件联合调试的过程，在实际单片机系统制作过程中非常重要，我们需要借助万用表来完成此过程。本项目常见的调试故障及排查思路见表 3-19。

表 3-19　按键校准数字钟故障排查

常见故障现象	排查思路
按键无法控制数码管显示	检查按键电路；检查按键扫描代码是否有死循环
按键导致数码管显示闪烁	检查按键扫描和消抖是否影响数码管动态扫描

四、总结归纳

这个任务中的知识点、技能点总结归纳如图 3-48 所示。

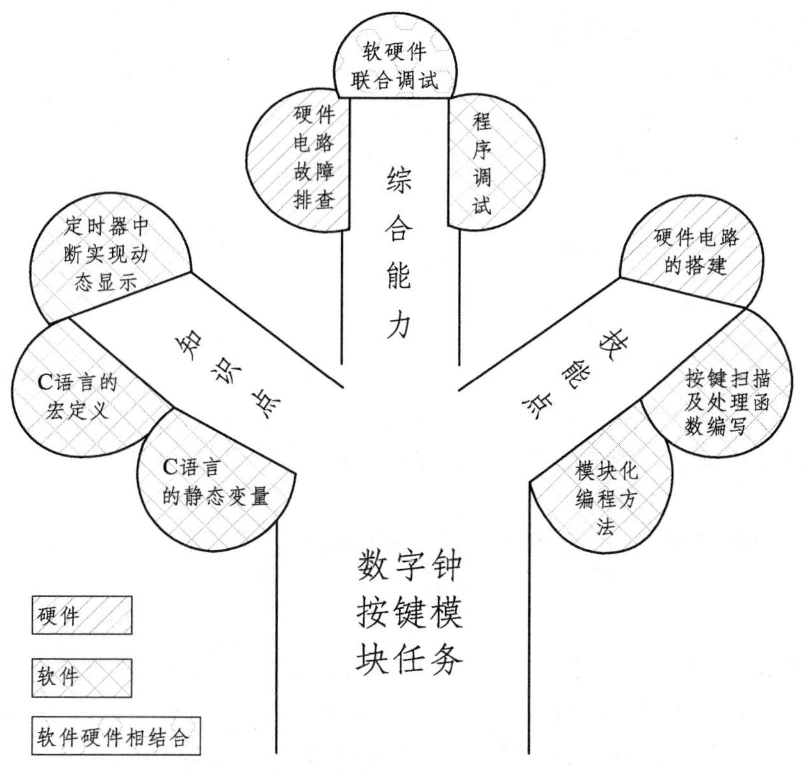

图 3-48　按键校准数字钟总结归纳知识树

五、学习评价

学习任务评价表参见本书配套的电子版工作页。

子任务九　综合设计——智能小屋数字钟系统制作与调试

在前面我们已经通过显示模块、时钟模块、按键输入模块学习了数码管的静态显示、4 位数码管动态显示、6 位数码管动态显示，制作了 60 秒计时器、时分秒计时器、DS1302 实时时钟，并且学习了用按键来控制数码管显示、用按键校准时钟的方法。接下来我们要利用前面所学的知识来制作智能小屋的数字钟，用以装饰在小屋内实时显示当前时间。该数字钟由 DS1302 提供实时时间，用 6 位共阳极数码管显示该时间，并且可以通过 4 个按键来调整当前时间。

任务目标

- ● 能叙述单片机控制系统设计制作的流程。
- ○ 能进行元器件的选型。
- ○ 能在 Proteus 中绘制电路图。
- ● 能理解状态机概念并绘制状态转移图。
- ◎ 能应用状态机的概念对按键功能编程。
- ◎ 能根据控制要求设计程序流程图并编程程序。
- ● 能排除智能小屋数字钟系统硬件电路故障。

◎ 能进行智能小屋数字钟系统软硬件联合调试。
○ 能与他人合作完成任务。

说 明

○——了解；◎——重点；●——难点。

一、硬件电路设计

结合之前学习的单片机控制系统设计制作的完整流程，按以下步骤开展工作：

（1）确定（分析）系统功能。

本次任务是为智能小屋制作一个数字钟，用来显示时间，同时起装饰小屋的作用，该数字钟具有调整时间的功能。

（2）元器件选型。

通过对前面子任务的学习我们知道，可以用单片机内部的定时器来制作数字钟，也可以用 DS1302 实时时钟制作一个数字钟。由于在按键校准时钟子任务中已经使用单片机的内部定时器制作了一个时间可调的数字钟，并且由于 DS1302 具有计时数据每秒自动更新一次、不需要程序干预、无须占用 CPU 时间、功能完善、精度高、编程简单等优点，所以在本任务中我们采用 DS1302 实时时钟芯片来制作一个时间可调的数字钟。该数字钟主要由 DS1302 芯片、4 个不同功能的独立按键以及 6 位数码管构成。元器件清单见表 3-20。

表 3-20　智能小屋数字钟系统元器件清单表

品名	型号	数量/个	**Proteus 元件库关键字**
单片机	STC89C51	1	AT89C51（代替）
晶振	12 MHz	1	CRYSTAL
电阻	10 kΩ	1	RES
瓷片电容	22 pF	2	CAP
电解电容	10 μF	1	CAP-ELEC
按键	不带锁	5	BUTTON
实时时钟	DS1302	1	DS1302
晶振	32.768 kHz	1	CRYSTAL
瓷片电容	0.1 μF	1	CAP
纽扣电池	3 V	1	BATTERY
排阻	300 Ω	1	RESPACK-8
6 位数码管	共阳极	1	7SEG-MPX6-CA
PNP	2N2905	6	PNP（仿真时省略）
电阻	510 Ω	6	RES（仿真时省略）
电阻	4.7 kΩ	4	RES

（3）单片机 I/O 端口分配。

接下来为 6 位数码管、独立按键、DS1302 分配单片机 I/O 端口。I/O 分配见表 3-21。在本任务中为 4 个按键设定了新的功能，分别是确认（Enter 键）、加 1（Up 键）、减 1（Down 键）以及返回（Return 键）。

表 3-21　智能小屋数字钟系统 I/O 分配

单片机引脚	连接硬件	备注
P1.0~P1.7	6 位数码管位选端	最低位→最高位
P2.0~P2.7	6 位数码管段选端	a~h 段
P3.0	按键 1	Enter 键
P3.1	按键 2	Up 键
P3.2	按键 3	Down 键
P3.3	按键 4	Return 键
P3.4	DS1302（5 脚）	RST
P3.5	DS1302（7 脚）	SCLK
P3.6	DS1302（6 脚）	I/O

（4）功能电路的设计及验证。

由于前面的子任务中我们已经成功应用了本任务涉及的各个功能模块，所以在这里可以省略功能电路的设计及验证部分。

（5）设计并绘制硬件电路。

分配好 I/O 口后，可以在 Proteus 仿真软件中绘制出电路原理图，绘制好的电路原理图如图 3-49 所示。

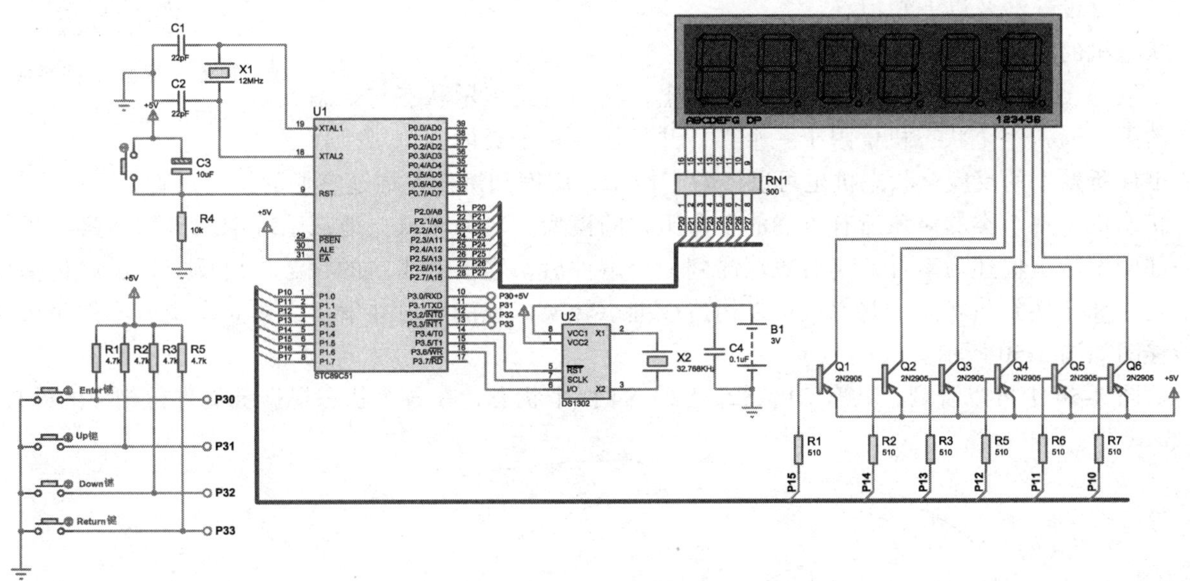

图 3-49　智能小屋数字钟系统电路原理图

该电路设计涉及以下知识点：

独立式键盘：

硬件上键盘采用了独立式按键键盘的结构，独立式键盘的实现方法是利用单片机 I/O 口读取口的电平高低来判断是否有键按下。

本方案将 4 个常开按键一端接在单片机的 P3 口的低 4 位，即 P3.0 ~ P3.3，每根键输入线通过 4.7 k 的上拉电阻后接+5 V 电源，另一端接地。这样在有键闭合时确保有低电平输入。键盘硬件电路如图 3-49 所示。从图中可看出，判断有无键按下，只要检测 P3.0 ~ P3.3 相应端口的高低电平即可，若检测有某一端口为低电平，表明该端口有按键按下，经延时、消抖后转去执行相应的功能子程序。若为高电平，表明无键按下，继续检测。该键盘可接为查询方式，也可接为中断方式，我们采用了查询方式。需要注意的是，处理按键时一定要去抖动，采用软件延时 10 ms 去抖动，另外，按键从按下到释放是一个完整的动作，一次动作仅读取一次键值。

二、软件程序设计

程序设计过程：

（1）分析系统功能，理清编程思路。

（2）划分功能模块，设计子程序。

（3）绘制程序流程图。

（4）在 Keil 中编写程序并编译生成 hex 文件。

（5）在 Proteus 中加载 hex 文件调试程序功能。

通过分析系统功能我们将程序划分为显示模块（包含 display(void)、Set_display(unsigned char s)）、按键识别模块（keyscan(void)）、DS1302 实时时钟模块（包含 Read_RTC(void)、Read_Ds1302(unsigned char address)、Write_Ds1302(unsigned char address, unsigned char dat)、Write_Ds1302_Byte(unsigned char temp)、chongdian(void)等子程序）。

本任务中的主程序和主要子程序流程图、完整程序代码可扫描以下二维码查看。

智能小屋数字钟系统制作与调试综合设计

该程序设计涉及以下知识点：

状态机的概念及使用方法：

在按键设计程序部分应用了状态机的概念，状态机是展示状态与状态转换的图。通常一个状态机依附于一个类，并且描述一个类的实例对接收到的事件所发生的反应。状态机也可以依附于操作、用例和协作并描述它们的执行过程。

状态机是一个类的对象所有可能的生命历程的模型。对象被孤立地从系统中抽出和考察，任何来自外部的影响被概述为事件。当对象探测到一个事件后，它依照当前的状态作出反应，反应包括执行一个动作和转换到新状态。状态机可以构造成继承转换，也能够对并发行为建立模型。本程序按键状态转移图如图 3-50 所示。

从图 3-50 中可以看到，共有 S1、S2、S3、S4 四个状态，在各个状态根据键值进行相应的处理。

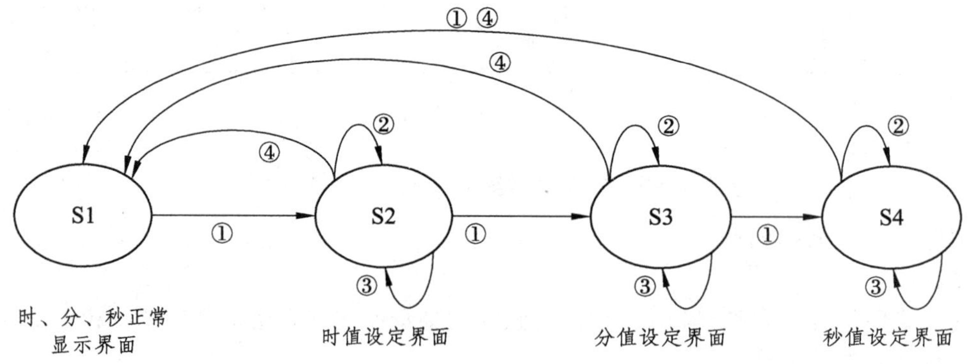

图 3-50 智能小屋数字钟系统按键状态转移图

（1）在 S1 的状态下：显示正常界面，显示当前时、分、秒值。

若 1 键按下：切换到时值设定界面，并进入 S2 状态。

（2）在 S2 的状态下：显示时值设定界面，显示时值，并可对时值进行设定，设定结束时将时值写入 DS1302 中。

若 1 键按下：结束对时值的设定，进入 S3 状态；

若 2 键按下：时值增加；

若 3 键按下：时值减少；

若 4 键按下：结束对时值的设定，返回 S1 状态。

（3）在 S3 的状态下：显示分值设定界面，显示分值，并可对分值进行设定，设定结束时将分值写入 DS1302 中。

若 1 键按下：结束对分值的设定，进入 S4 状态；

若 2 键按下：分值增加；

若 3 键按下：分值减少；

若 4 键按下：结束对分值的设定，返回 S1 状态。

（4）在 S4 的状态下：显示秒值设定界面，显示秒值，并可对秒值进行设定，设定结束时将秒值写入 DS1302 中。

若 1 键按下：结束对秒值的设定，返回 S1 状态；

若 2 键按下：秒值增加；

若 3 键按下：秒值减少；

若 4 键按下：结束对秒值的设定，返回 S1 状态。

三、任务实施

（1）在 Proteus 仿真软件中验证设计的电路和程序。

首先列出仿真时元器件对应的 Proteus 元件库关键字。需要注意的是，在 Proteus 仿真时，对三极管的仿真速度很慢，当延时时间短时，三极管反应不过来会导致仿真结果异常，此时需要增大延时时间才行。但在数码管动态扫描方式显示时，增大延时时间会导致数码管显示出现明显闪烁现象。所以在仿真时，我们可以去掉 PNP 三极管来验证程序的正确性，或者用在逻辑上一致的集成电路反相器来代替 PNP 三极管来仿真。若采用去掉 PNP 三极管的方法，则注意需要将程序中的位选信号按位取反，否则仿真出错。

按下仿真按钮后，数码管显示当前时、分、秒值，如图 3-51 所示。此时按下 Enter 键后进入时间设定界面首先设定的是“时”，如图 3-52 所示，在此界面下可以按下 Up 和 Down 按键修改“时”值，时值修改好之后可以继续按下 Enter 键修改“分”值，或按下 Return 结束设定返回正常显示界面。“分”值和“秒”值的修改方法也是同样如此。

（2）根据电路图焊接硬件电路。

①根据元器件清单，找到所有制作电路所需的材料。

②测试数码管、按键的好坏。

③焊接硬件电路。

按照电路原理图焊接完成硬件电路后需要使用万用表测试系统的电源、地之间是否连通。在上电之前一定要确保系统电源、地没有短路，这是一个调试的好习惯。

（3）下载程序至单片机。

将程序下载至单片机中观察任务现象。如果程序及电路都没有错误，那么我们就会看到仿真成功所示的现象了，按下相应的按键可以对时间进行设置。

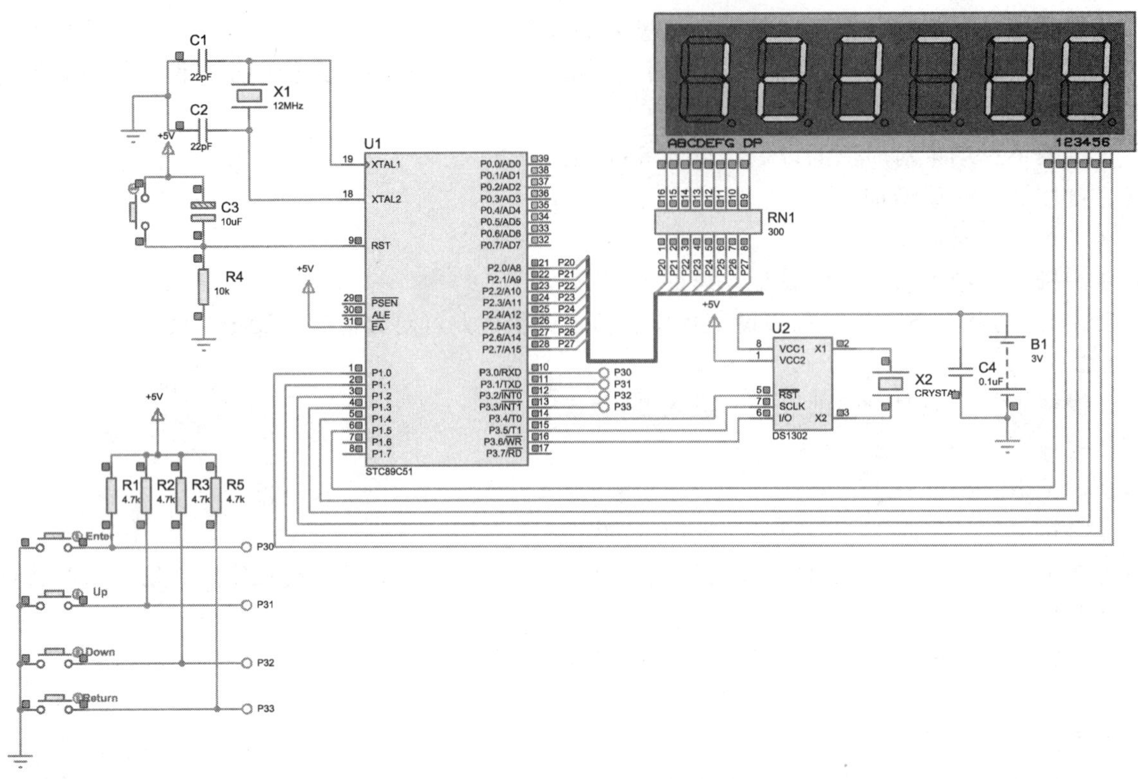

图 3-51　智能小屋数字钟系统仿真结果图（正常显示界面）

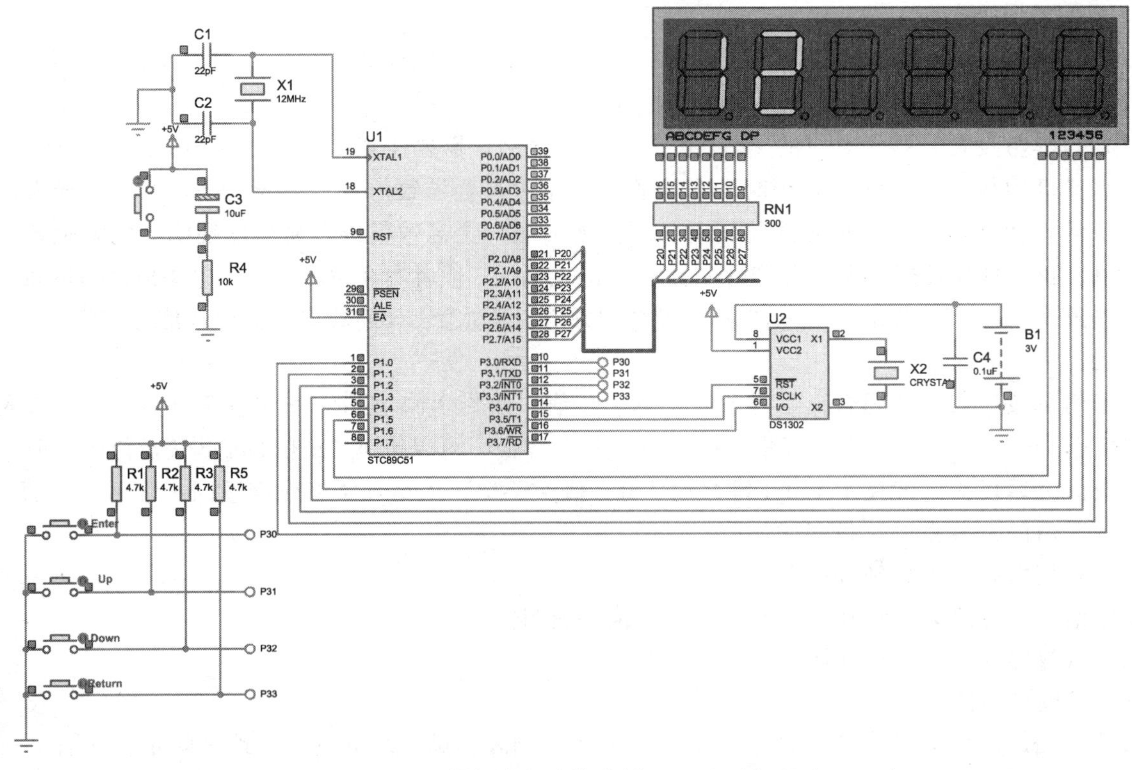

图 3-52　智能小屋数字钟系统仿真结果图（时间设定界面）

（4）软硬件联合调试。

若数码管不能按照控制要求显示或者按键不能按设定的功能动作就需要检查，此过程是软硬件联合调试的过程，在实际单片机系统制作过程中非常重要，我们需要借助万用表来完成此过程。本项目常见的调试故障及排查思路见表 3-22。

表 3-22　智能小屋数字钟系统常见故障现象及排查思路

常见故障现象	排查思路
上电后数码管一直处于熄灭状态	用万用表测量单片机电源、地之间是否有 5 V 左右电压，数码管公共端能否测得 5 V 左右电压
数码管一直显示 85	DS1302 通信问题，检查 DS1302 读字节函数
数码管显示数据错误	DS1302 与单片机相连的三根线不要跳线，DS1302 要尽量靠近单片机。若数据是正确的却不在相应的位上显示，则检查位选表是否有误
数码管显示数据乱码	硬件上检查数码管段选端与单片机的连接是否接错，软件上检查 0~9 段码表是否有误
按键按下后没有反应	硬件上检查按键电路是否接错，系统上电后测量与按键相连的 I/O 口的电压，按键未按下时电压应为 5 V 左右，按键按下后电压应变为 0 V。软件上检查按键处理程序

四、总结归纳

本任务制作了按键可调时间的智能小屋数字钟，涉及的知识有 DS1302 的使用、6 位数码管动态显示、按键的使用、状态机的概念及编程等，接下来通过知识树的形式来归纳总结本任务所学的知识点、技能点及综合能力（见图 3-53）。

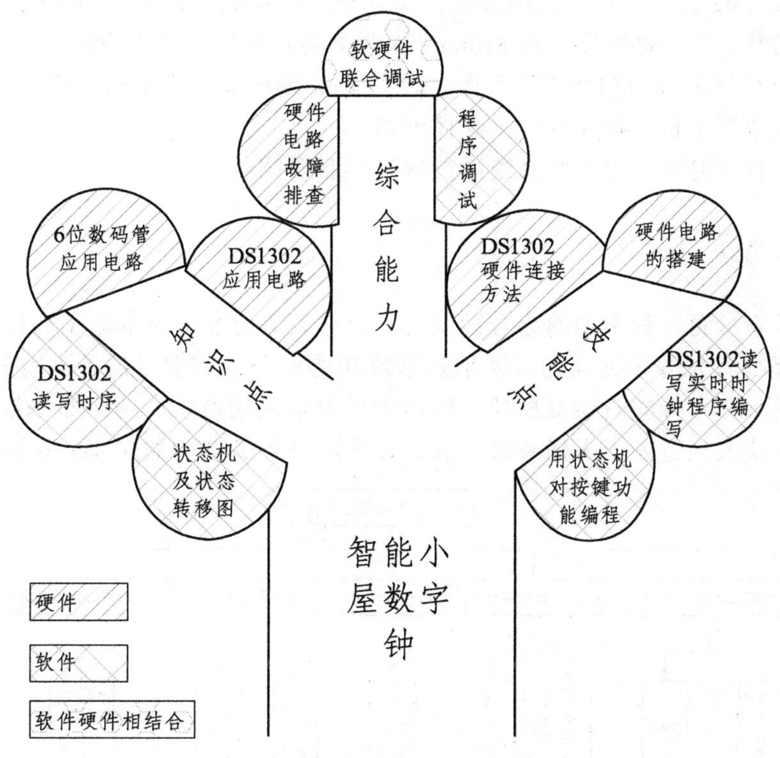

图 3-53　智能小屋数字钟任务知识树

五、学习评价

学习任务评价表参见本书配套的电子版工作页。

学习任务四　智能小屋门禁模块设计

【学习任务描述】

门禁系统是现代智能建筑必不可少的一部分，因此我们也要为智能小屋设计一个门禁系统，它的主要功能是密码识别开门。在这个任务中，我们将学习用单片机控制 1602 液晶显示器、4×4 矩阵键盘、继电器、扬声器及 AT24C02 存储芯片的方法。

【学习目标】

（1）能理解液晶显示器的显示原理，实现单片机控制其显示。
（2）能理解矩阵键盘扫描原理，实现单片机控制 4×4 矩阵键盘输入。
（3）能掌握继电器及其驱动电路，实现控制电磁铁吸合。
（4）能设计单片机控制扬声器电路并编程实现扬声器发声。
（5）能掌握 AT24C02 存储芯片的使用方法，实现单片机控制其存储开锁密码。
（6）能够设计门禁系统硬件电路，在 Proteus 软件中绘制并仿真电路功能。
（7）能灵活使用 C 语言编写门禁系统程序，并在 Keil 编程软件中调试程序。
（8）能在面包板或万用板上搭建并调试硬件电路。
（9）能将程序下载到芯片中对门禁系统进行软硬件联合调试。

【学习工作任务】

智能小屋的门禁系统是一种中型的综合性系统，具有人机交互（显示输出和按键输入）、密码识别开锁、存储密码、播放音乐等多种功能。若依据系统功能划分，该学习任务可以分为以下五个任务模块：1602 液晶显示模块、4×4 矩阵键盘模块、继电器控制电磁阀模块、扬声器唱歌模块和 AT24C02 存储模块。每个任务模块又通过若干子任务来完成。该学习任务的结构如图 4-1 所示。

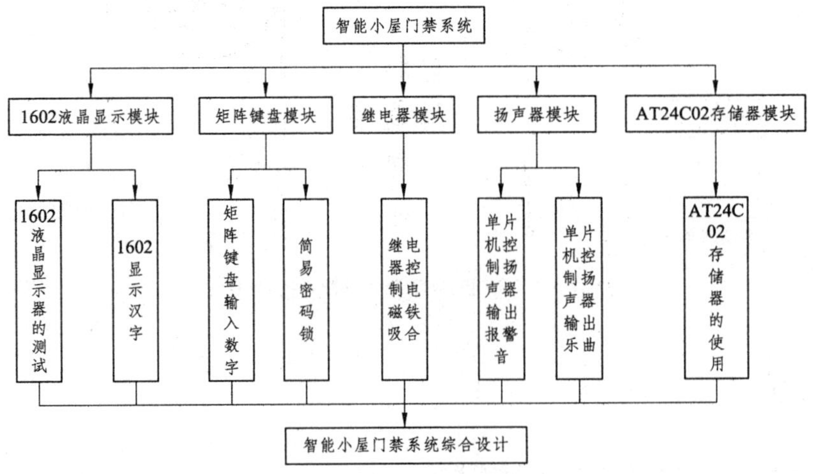

图 4-1　智能小屋门禁系统学习任务结构

子任务一　1602 液晶显示模块设计——显示器测试

液晶显示器由于具有低耗电量、体积小、零辐射等优点而应用广泛。所以，我们选用 LCD1602 液晶显示器作为门禁系统的显示部件。首先要学习液晶显示器的使用方法，以及如何用单片机控制 LCD1602 进行显示。

任务目标

○ 能理解点阵字模的原理。

○ 能阅读 LCD1602 使用手册并叙述使用方法。

● 能绘制单片机控制 LCD1602 的电路。

◎ 能完成 LCD1602 驱动程序的编写及调试。

◎ 能用 Proteus 软件绘制 LCD1602 的应用电路。

● 能排除 1602 液晶显示系统硬件电路故障。

● 能进行 1602 液晶显示系统软硬件联合调试。

说　明

○——了解；◎——重点；●——难点。

一、硬件电路设计

对于一个器件的使用，首先要考虑的是如何进行电路连接。因此，设计单片机与 1602 液晶显示器的电路连接图，如图 4-2 所示。

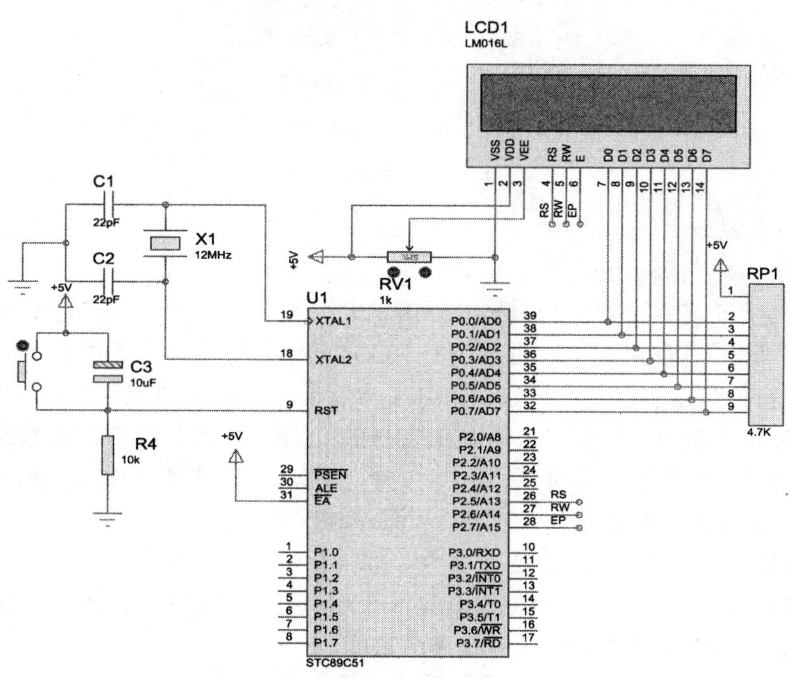

图 4-2　液晶显示器测试硬件电路图

该电路设计涉及以下知识点：

1. LCD1602 原理

1602 液晶也叫 1602 字符型液晶，是一种专门用来显示字母、数字、符号等的点阵型液晶模块，如图 4-3 所示。它包含两行，每行可显示 16 个字符。每个字符都是一个 5×7 或 5×10 的点阵。

用点阵显示字符是大多数显示屏的一种显示方式。如图 4-4 所示，点阵是由若干个小点组成的行列阵，又称之为像素，通常点越多，像素越高，图像越清晰。显示一个字符只需要控制点阵中各个点的亮灭即可。为便于使用，液晶显示器模块都集成了显示驱动电路，我们不需要考虑显示扫描，只需把显示数据送入液晶显示模块，这个显示数据就是字符的“字模”。

现在有专门的字模提取软件可以对显示字符取模，比如对图 4-4 中字符“九”进行横向取模，即按行取，以点阵图的第一行为例，若亮的点为 1，灭的点为 0，则第一行用二进制数据表示就是“0000010000000000”，用十六进制数表示就是“0x04、0x00”，这就是“九”的第一行点阵数据。LCD1602 内置了常用字符的字模，存储在它的 DDRAM（显示数据随机存储器）中。若要显示的字符不在其常用字符内，则需用字模提取软件提取该字符的字模，然后将字模数据存储在 CGRAM（字形点阵存储器）中。

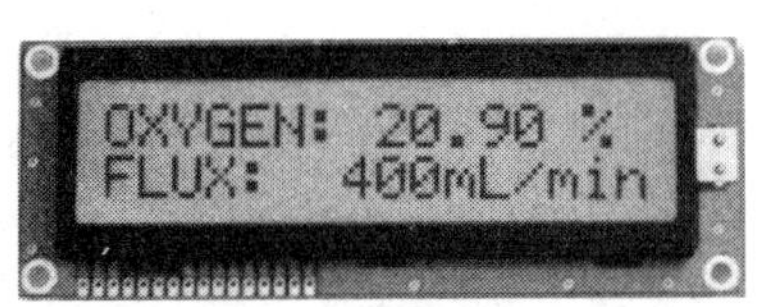

图 4-3　LCD1602 液晶显示屏

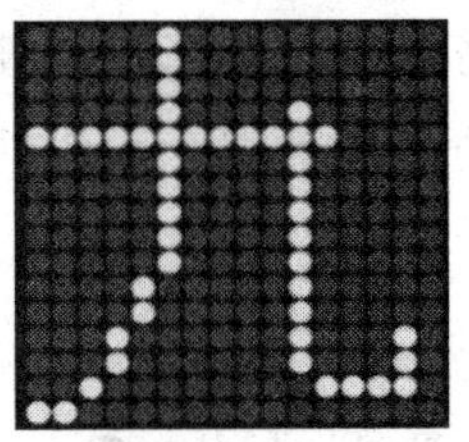

图 4-4　点阵显示

2. LCD1602 与 STC89C51 的电路连接

LCD1602 采用标准的 16 脚接口，各引脚功能如图 4-5 所示。

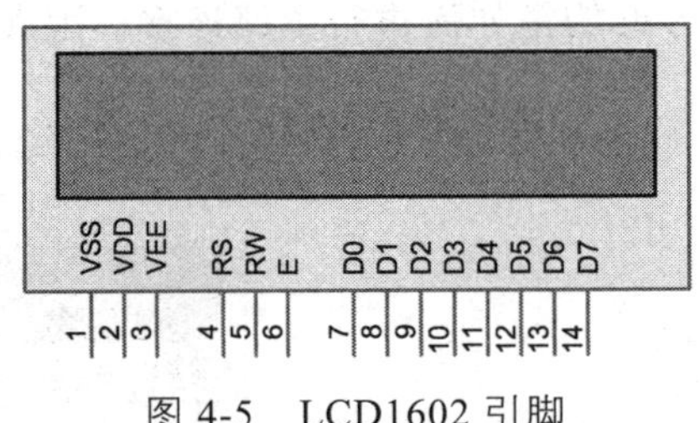

图 4-5　LCD1602 引脚

第 1 脚：VSS 为电源地。

第 2 脚：VDD 接 5 V 电源正极。

第 3 脚：VEE 为液晶显示器对比度调整端，接正电源时对比度最弱，接地电源时对比度最高（对比度过高时会产生“鬼影”，使用时可以通过一个 10 kΩ 的电位器调整对比度，见图 4-2）。

第 4 脚：RS 为指令/数据寄存器选择端，高电平为数据，低电平为指令。图 4-2 中 RS 接至单片机的 P2.5 引脚。P2.5 输出 1 或 0，从而选择单片机与 1602 之间传送的是指令还是数据。

第 5 脚：RW 为读写信号线，高电平（1）时进行读操作，低电平（0）时进行写操作。图 4-2 中 RW 接至单片机的 P2.6 引脚。P2.6 输出 1 或 0，从而控制读写操作。

第 6 脚：E 为使能（Enable）端，高电平有效。图 4-2 中 E 接至单片机的 P2.7 引脚。

第 7 ~ 14 脚：D0 ~ D7 为 8 位双向数据端。这 8 个引脚接至单片机的 P0 口，单片机可以用这 8 根数据线向 LCD（液晶显示器）发送指令或传送显示数据。

第 15 脚：背光源正极。

第 16 脚：背光源负极，图 4-2 中这两个引脚没连接，说明没有打开背光。

二、软件程序设计

在上个任务中，编程实现数码管显示时，需要考虑显示扫描。而液晶显示器模块都集成了显示驱动电路，编程不需要考虑显示扫描，而是要考虑如何与液晶模块进行“通信”，如何把显示数据送入液晶显示模块。这个任务我们尝试驱动 LCD1602 显示简单的字符，即显示器的第 1 行显示“welcome”，第二行显示“lcd_test”。编程时，首先要完成几个驱动函数的编写，以实现单片机与 LCD1602 的通信。比如对 1602 进行写操作的函数，实现单片机传送数据至 LCD，对 1602 进行读操作的函数，实现 LCD 传送数据至单片机。驱动函数编写好后，再编写字符显示函数。基于这种思考，编写程序。完整程序可以扫描右侧二维码查看。

液晶显示器测试程序

该程序设计涉及以下知识点：

1. LCD1602 底层驱动函数的编写方法

用过计算机的人应该都知道驱动程序。比如计算机连接一台打印机时，需要安装这台打印机的驱动程序才能正常使用。驱动程序一般指的是设备驱动程序（Device Driver），是一种可以使计算机和设备通信的特殊程序。在这个任务里，LCD1602 相对于单片机就是一个外部设备，单片机要和它通信，使它正常工作，就需编写驱动函数。程序中第 21~34 行的 LCD 测忙函数、第 37~56 行的 LCD 写指令函数、第 59~76 行的 LCD 写数据函数都是 LCD1602 的驱动函数，这三个函数编写不正确，单片机无法控制 LCD1602 正常显示。驱动函数的编写要根据设备的操作时序。操作时序是指各工作信号有效的先后顺序及配合关系。LCD1602 的操作时序简图如图 4-6 所示。

程序中的 LCD 测忙函数 lcd_bz（ ）用于读取 LCD 的忙信号，是对 LCD 进行读操作的，因此它是根据 LCD1602 的读操作时序编写的。从图 4-6（a）可以看出读操作流程是：①准备 RS 电平（1 为数据，0 为指令），并使 R/W=1，置为读操作。②拉高使能线，E=1。③1602 送数据到 D0 ~ D7。注意：从 E=1 到数据有效，有延时。④读数据。⑤拉低使能线，E=0。⑥1602 数据结束。根据这个操作流程编写的 LCD 测忙函数，能正确读取 LCD1602 的忙信号，以便判断是否能向 1602 送数据。同样地，程序的 LCD 写指令函数 lcd_wcmd( ) 和 LCD 写数据函数 lcd_wdat( ) 是根据 1602 的写操作时序编写的。从图 4-6（b）可以看出写操作流程是：①准备 RS 电平（1 为数据，0 为指令），并使 R/W=0，置为写操作。②单片机送数据到 D0 ~ D7。③拉高使能线，E=1。④拉低使能线，E=0，写入生效。⑤单片机送数据结束。根据这个操作流程，单片机能正确地发送指令或数据给 1602。

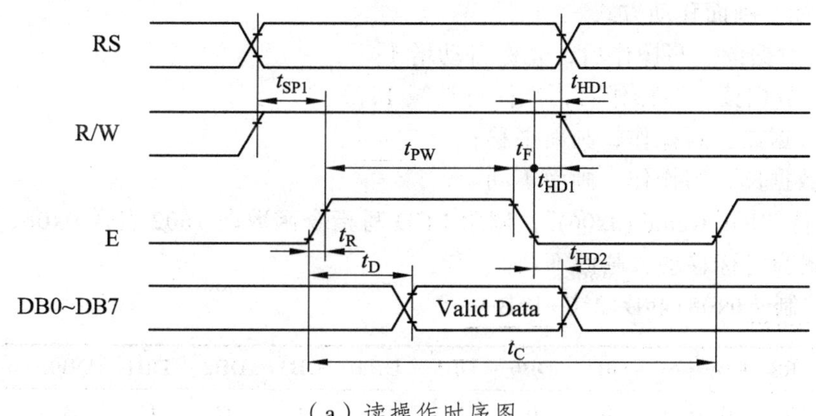

（a）读操作时序图

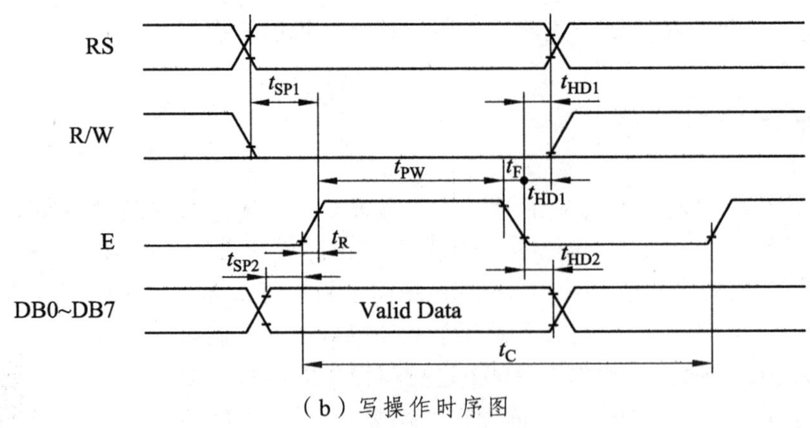

（b）写操作时序图

图 4-6 LCD1602 时序图

2. LCD1602 的指令集

指令集是存储在 1602 内部，对 1602 显示进行指导和优化的硬程序。只有给 1602 发送正确的指令，才能让它按照需要的方式进行显示。1602 液晶显示模块的指令集有 11 条指令，如下：

1）清屏指令（0x01）

RS	R/W	DB7	DB6	DB5	DB4	DB3	DB2	DB1	DB0
0	0	0	0	0	0	0	0	0	1

功能：清 DDRAM 和光标。

清屏指令一般用在向 1602 发送显示数据之前。如图 4-6 程序的第 103 行“lcd_wcmd (0x01)”即调用 LCD 写指令函数向 1602 发送清屏指令 0x01，以清除 LCD 之前的显示内容。

2）归位指令（0x02）

RS	R/W	DB7	DB6	DB5	DB4	DB3	DB2	DB1	DB0
0	0	0	0	0	0	0	0	1	*

功能：光标、画面回 HOME 位。

3）输入方式设置指令（0x04+2*(I/D)+1*S）

RS	R/W	DB7	DB6	DB5	DB4	DB3	DB2	DB1	DB0
0	0	0	0	0	0	0	1	I/D	S

功能：设置光标、画面移动方式。

其中：I/D=1：数据读、写操作后，光标自动增 1；

I/D=0：数据读、写操作后，光标自动减 1；

S=1：数据读、写操作，画面平移；

S=1：数据读、写操作，画面不动。

程序的第 101 行“lcd_wcmd (0x06)”，调用 LCD 写指令函数向 1602 发送 0x06，即指令中 I/D=1、S=0，设置输入方式为光标移动、画面不动。

4）显示开关控制（0x08+4*D+2*C+1*B）

RS	R/W	DB7	DB6	DB5	DB4	DB3	DB2	DB1	DB0
0	0	0	0	0	0	1	D	C	B

功能：设置显示、光标及闪烁开关。

其中：D 表示显示开关：D=1 时为开，D=0 时为关；

C 表示光标开关：C=1 时为开，C=0 时为关；

B 表示闪烁开关：B=1 时为开，B=0 时为关。

程序的第 99 行“lcd_wcmd (0x0c)”，调用 LCD 写指令函数向 1602 发送 0x0c，即指令中 D=1、C=0，设置为开显示、关光标。

5）光标、画面位移（0x10+8* (S/C)+4*(R/L)）

RS	R/W	DB7	DB6	DB5	DB4	DB3	DB2	DB1	DB0
0	0	0	0	0	1	S/C	R/L	*	*

功能：光标、画面移动，不影响 DDRAM。

其中：S/C=1：画面平移一个字符位。

S/C=0：光标平移一个字符位。

R/L=1，右移；R/L=0，左移。

6）功能设置

RS	R/W	DB7	DB6	DB5	DB4	DB3	DB2	DB1	DB0
0	0	0	0	1	DL	N	F	*	*

功能：工作方式设置。

其中：DL=1，8 位数据接口；DL=0，4 位数据接口。

N=1，两行显示；N=0，一行显示。

F=1，5×10 字符点阵；F=0，5×7 字符点阵；

程序的第 97 行“lcd_wcmd（0x38）”，调用 LCD 写指令函数向 1602 发送 0x38，即指令中 DL=1、N=1、F=0，设置 1602 的工作方式为两行显示、5×7 字符点阵、8 位数据接口。

7）CGRAM 地址设置（0x40+add）

RS	R/W	DB7	DB6	DB5	DB4	DB3	DB2	DB1	DB0
0	0	0	1	A5	A4	A3	A2	A1	A0

功能：设置 CGRAM 地址，add（A5 ~ A0），A5A4A3 选择字符，A2A1A0 选择字符的 8 个字模数据。

这条指令一般在需要显示自定义字符时使用，比如下一个任务显示汉字时我们就用这条指令设置汉字字模的 CGRAM 地址。

8）DDRAM 地址设置（0x80+add）

RS	R/W	DB7	DB6	DB5	DB4	DB3	DB2	DB1	DB0
0	0	1	A6	A5	A4	A3	A2	A1	A0

功能：设置下一个显示数据的 DDRAM 地址。add 范围 0x00 ~ 0x27 对应第一行显示，0x40 ~ 0x67 对应第二行显示。每行可以存入 40 个字符。默认情况下，1602 只能显示其中前 16 个字符，可以通过第 5 条的字符移动指令来定位显示其他内容。

程序的第 113 行“lcd_wcmd（0x80+row*0x40+col）”，调用 LCD 写指令函数向 1602 发送 0x80+row*0x40+col，其中 row*0x40+col 用于确定字符显示的地址。row 的值用于确定字符显示的列地址，row=0 时，字符显示在第一行；row=1 时，字符显示在第二行。col 的值用于确定字符显示的列地址。

9）读 BF 值或 AC 值

RS	R/W	DB7	DB6	DB5	DB4	DB3	DB2	DB1	DB0
0	1	BF	AC6	AC5	AC4	AC3	AC2	AC1	AC0

功能：读忙标志 BF 值或光标地址 AC 值。

其中：BF=1，忙；BF=0，准备好。AC 为最近一次光标地址。

10）写数据

RS	R/W	DB7	DB6	DB5	DB4	DB3	DB2	DB1	DB0
1	0	数　据							

功能：根据最近设置的地址性质，数据写入 DDRAM 或 CGRAM 内。

11）读数据

RS	R/W	DB7	DB6	DB5	DB4	DB3	DB2	DB1	DB0
1	1	数　据							

功能：根据最近设置的地址性质，从 DDRAM 或 CGRAM 内读出数据。

三、任务实施

完成了硬件电路图设计和程序编写后，就可以完成 1602 液晶显示器测试任务了。

（1）在 Proteus 仿真软件中验证设计的电路和程序。

首先列出元器件清单，见表 4-1。

表 4-1　液晶显示器测试元器件清单

品名	型号	数量/个	Proteus 元件库关键字
单片机	STC89C51	1	AT89C51（代替）
晶振	12 MHz	1	CRYSTAL
电阻	10 kΩ	1	RES
排阻	4.7 kΩ	1	RESPACK-8
可变电阻	1 kΩ	1	POT-HG
按键	不带锁	2	BUTTON
瓷片电容	22 pF	2	CAP
电解电容	10 μF	1	CAP-ELEC
1602 液晶显示器	1602	1	LM016L

根据元器件清单中所示的关键字，在 Proteus 仿真软件的元件库中找到所有元件，并按照原理图接线。

仿真结果可以扫描以下二维码查看。

液晶显示器测试电路仿真结果

（2）根据电路图搭接电路。

根据元器件清单，找到制作电路所需的所有材料后按照电路原理图接线。注意搭建硬件电路后需要使用万用表测试系统的电源、地之间是否连通。在上电之前一定要确保系统电源、地没有短路，这是一个调试的好习惯。

（3）下载程序至单片机。

将程序下载至单片机中观察结果。如果程序及电路都没有错误，那么我们就会看到1602液晶显示器的显示屏中间显示：

```
welcome
lcd_test
```

（4）故障调试。

若1602液晶没有正常显示就需要检查，此过程是软硬件联合调试的过程，在实际单片机系统制作过程中非常重要，我们需要借助万用表来完成此过程。本项目常见的调试故障及排查思路见表4-2。

表4-2　液晶显示器测试故障排查

常见故障现象	排查思路
1602液晶无显示	检查单片机电源和液晶显示器电源，看是否正常；检查程序，看1602驱动函数是否编写错误
字符显示位置不对	检查程序中DDRAM地址设置指令，看显示地址是否正确

四、总结归纳

这个任务中的知识点、技能点总结归纳如图4-7所示。

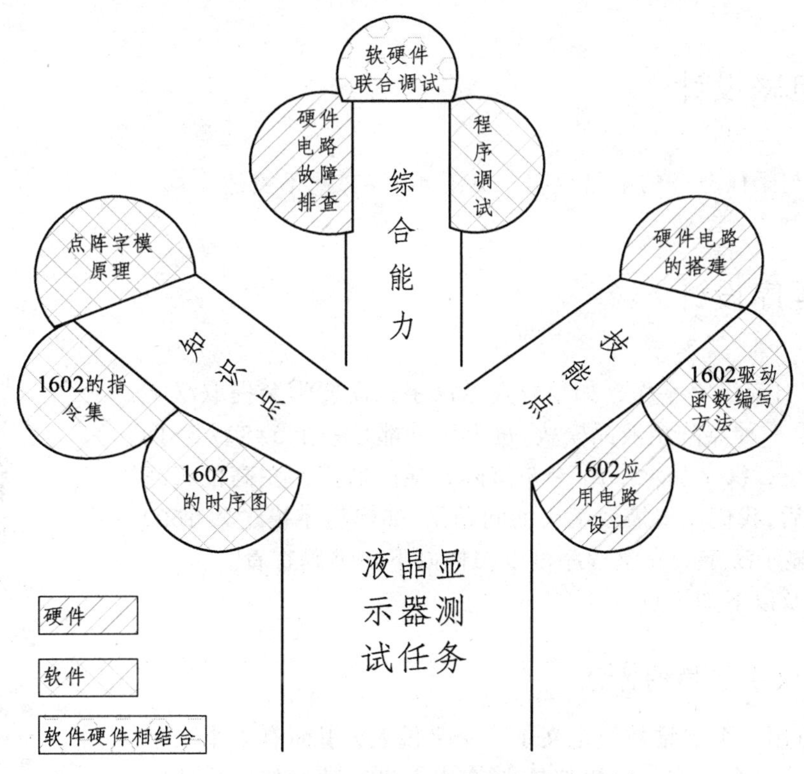

图4-7　液晶显示器测试总结归纳知识树

五、学习评价

学习任务评价表参见本书配套的电子版工作页。

子任务二　1602 液晶显示模块设计——显示汉字

我们已经会用 1602 液晶显示器显示简单的英文字符，现在学习显示中文字符的方法。这里设计显示界面：第一行显示“2018 年 03 月 03 日”；第二行显示“12 时 34 分 56 秒”。

任务目标

◎ 能手动提取汉字的点阵字模。
● 能编写 LCD1602 显示汉字的程序。
◎ 能排除 1602 液晶汉字显示系统硬件电路故障。
● 能进行 1602 液晶汉字显示系统软硬件联合调试。

说　明

○——了解；◎——重点；●——难点。

一、硬件电路设计

该任务的电路与子任务一的电路相同，见图 4-2，在此不赘述。

二、软件程序设计

LCD1602 没有自带汉字字库，如果要显示汉字，需要学会提取汉字的字模。1602 液晶是一种点阵型液晶模块，每个字符都是一个 5×8 或 5×10 的点阵。这个任务里，汉字显示采用 5×8 点阵，横向取模，左高位，高 3 位为 0。取得字模后，我们主要需要解决的问题是：如何将字模送入 1602 的 CGRAM，从而显示汉字。完整程序可以扫描以下二维码查看。

1602 显示汉字程序

该程序设计涉及以下知识点：

1. 手动提取汉字字模的方法

程序的第 20 行用一个二维数组定义了一个字模表，里面有 6 个汉字的字模。可以看到，每个汉字的字模都是 8 个十六进制数。那么这些字模数据是怎样得到的呢？下面我们以“年”的字模为例来分析提取字模的方法。若在一个 8×8 的点阵上，用 5×8 显示一个“年”字，如图 4-8 所示。

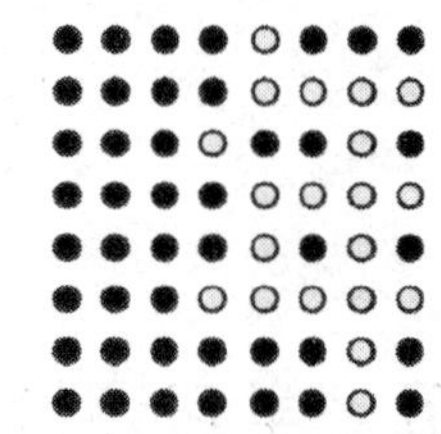

图 4-8　“年”的点阵图

图中浅色的点构成了一个“年”字。对这个点阵进行横向取模，即根据每一行中的点取得数据。例如第一行，深色的点用“0”表示，浅色的点用“1”表示，且左为高位则得到数据为“00001000”，用十六进制数表示为 0x08。用同样的方法可以取得第二行的字模数据为 0x0f。以此类推，可以得到“年”的字模数据为“0x08, 0x0f, 0x12, 0x0f, 0x0a, 0x1f, 0x02, 0x02”，可对比程序第 20 行的字模数据。需要说明的是，字符的字模一般用专门的字模软件来提取，可根据液晶显示器显示字符的方式来选择相应的字模软件。1602 的 5×8 点阵或 5×10 点阵没有字模软件支持，所以只能采用手动取模的方式。

2. 汉字显示函数的编写

这个程序的关键是汉字显示函数的编写。如程序的第 129~140 行，函数 lcd_chineseshow（ ）分两步进行汉字显示，一是送字模至 CGRAM，二是显示。第 131 行的语句是根据 LCD1602 指令集中的第 7 条指令：CGRAM 地址设置指令（0x40+add），计算汉字字模存入 CGRAM 的首地址。第 133~137 行，用一个 for 循环将一个汉字的 8 个字模数据存入 CGRAM。第 138 和 139 行显示这个汉字，显示方法与显示英文字符一样。函数 lcd_chineseshow（ ）是将“写字模到 CGRAM”与“显示”结合在一起的，即每写入一个汉字的字模就显示一个汉字。其实也是可以分开的，在初始化时，把所有要显示汉字的字模一次性都存入 CGRAM 中，然后只显示。

三、任务实施

完成了硬件电路图设计和程序编写后，就可以完成 1602 液晶显示器显示汉字的任务了。

（1）在 Proteus 仿真软件中验证设计的电路和程序。

首先列出元器件清单，见表 4-3。

表 4-3　1602 显示汉字元器件清单

品名	型号	数量/个	Proteus 元件库关键字
单片机	STC89C51	1	AT89C51（代替）
晶振	12 MHz	1	CRYSTAL
电阻	10 kΩ	1	RES
排阻	4.7 kΩ	1	RESPACK-8
可变电阻	1 kΩ	1	POT-HG
按键	不带锁	2	BUTTON
瓷片电容	22 pF	2	CAP
电解电容	10 μF	1	CAP-ELEC
1602 液晶显示器	1602	1	LM016L

根据元器件清单中所示的关键字，在 Proteus 仿真软件的元件库中找到所有元件，并按照原理图接线。

仿真结果可以扫描右侧二维码查看。

1602 显示汉字电路仿真结果

（2）根据电路图搭接电路。

根据元器件清单，找到制作电路所需的所有材料后按照电路原理图接线。注意搭建硬件电路后需要使用万用表测试系统的电源、地之间是否连通。在上电之前一定要确保系统电源、地没有短路，这是一个调试的好习惯。

（3）下载程序至单片机。

将程序下载至单片机中观察结果。如果程序及电路都没有错误，那么我们就会看到 1602 液晶显示器上显示：

2018 年 03 月 03 日
12 时 34 分 56 秒

（4）故障调试。

若 1602 液晶没有正常显示就需要检查，此过程是软硬件联合调试的过程，在实际单片机系统制作过程中非常重要，我们需要借助万用表来完成此过程。本项目常见的调试故障及排查思路见表 4-4。

表 4-4　1602 显示汉字故障排查

常见故障现象	排查思路
1602 液晶无显示	检查单片机电源和液晶显示器电源，看是否正常；检查程序，看 1602 驱动函数是否编写错误
汉字字符显示位置与英文字符重叠	检查汉字显示函数和字符显示函数，看显示地址是否设置正确

四、总结归纳

这个任务中的知识点、技能点总结归纳如图 4-9 所示。

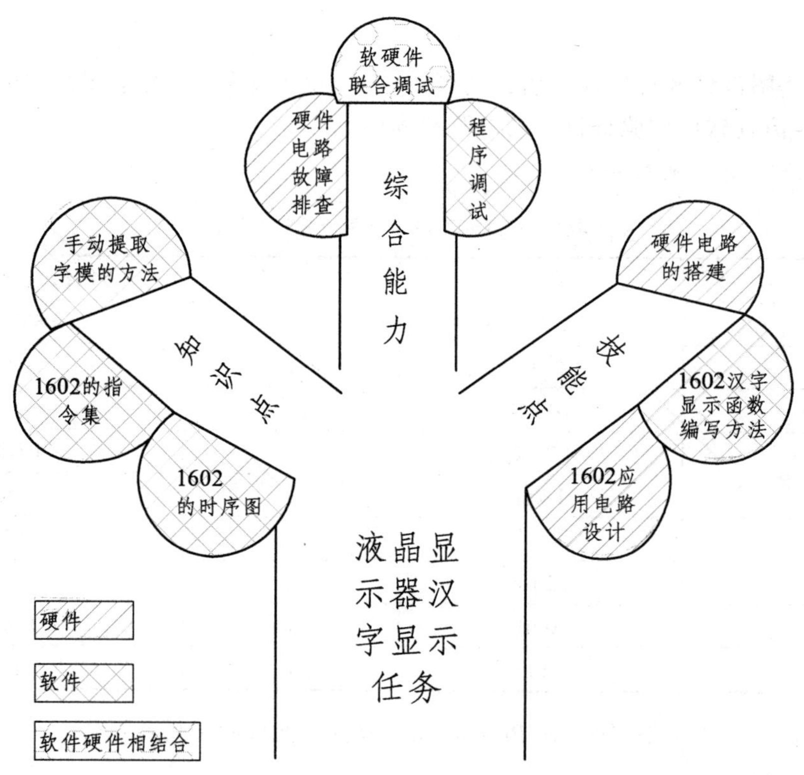

图 4-9　1602 显示汉字总结归纳知识树

五、学习评价

学习任务评价表参见本书配套的电子版工作页。

子任务三　4×4 矩阵键盘模块设计——矩阵键盘输入数字“1~16”

我们已经在前面的任务中学习了独立按键的使用方法，知道一个按键需要占用一个单片机的 I/O 口。如果需要使用多个按键，就要占用单片机的多个 I/O 资源，所以在这个任务中设计矩阵键盘时需要考虑节约 I/O 资源，实现按键输入。

任务目标

○ 能理解矩阵键盘的构成原理。
◎ 能绘制矩阵键盘与单片机的连接电路。
● 能编写矩阵键盘的按键扫描函数。
◎ 能排除矩阵键盘系统硬件电路故障。
● 能进行矩阵键盘系统软硬件联合调试。

说　明

○——了解；◎——重点；●——难点。

一、硬件电路设计

该任务的电路图设计如图 4-10 所示。16 个按键构成 4 行 4 列矩阵键盘。LCD1602 用于显示按键的相应键值，比如按下第 1 行第 3 列的按键，就显示键值“3”。

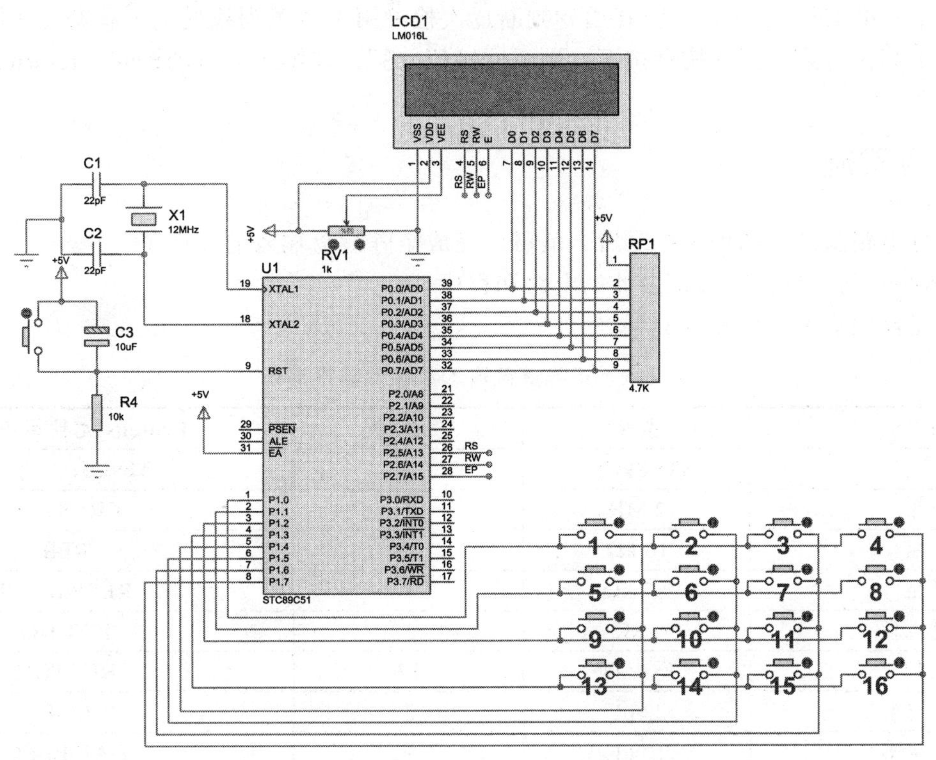

图 4-10　矩阵键盘输入数字硬件电路图

该电路设计涉及以下知识点：

矩阵键盘：

矩阵键盘是将多个按键排布成类似矩阵的键盘组，如图 4-10 所示电路图中，16 个按键排成 4 行×4 列，4 根行线接至单片机的 P1.0 ~ P1.3 作为输出端，4 根列线接至单片机的 P1.4 ~ P1.7 作为输入端。在矩阵式键盘中，每条水平线和垂直线在交叉处不直接连通，而是通过一个按键加以连接。这样，一个端口（如 P1 口）就可以构成 4×4=16 个按键，比直接将端口线用于键盘多出了一倍按键数，而且线数越多，区别越明显，比如再多加一条线就可以构成 20 键的键盘，而直接用端口线则只能多出一键（9 键）。由此可见，在需要的键数比较多时，采用矩阵法来做键盘是合理的。

二、软件程序设计

矩阵键盘输入数字任务参考程序

矩阵键盘的按键扫描是该程序设计的关键。在 LCD1602 显示程序的基础上增加了按键扫描函数。完整程序可以扫描右侧二维码查看。

该程序设计涉及以下知识点：

矩阵键盘的“行扫描法”：

行扫描法又称为逐行（或列）扫描查询法，是一种最常用的按键识别方法，过程如下：

（1）判断是否有键按下。

将全部行线置低电平，然后检测列线的状态。只要有一列的电平为低，则表示键盘中有键被按下，若所有列线均为高电平，则键盘中无键按下。

（2）确认按键位置。

依次将行线置为低电平，即在置某根行线为低电平时，其他线为高电平。再逐行检测各列线的电平状态。若某列为低，则该列线与置为低电平的行线交叉处的按键就是闭合的按键。程序第 125 ~ 318 行的按键扫描函数 keyscan（ ）就是根据行扫描法编写的。第 129 行语句“row_1=0”，将键盘的第 1 根行线置为低电平；第 130 ~ 173 行，用 if 语句判断逐次检测第 1~4 条列线的电平状态，如果第 3 根列线电平为低，表示第 1 行第 3 列的按键按下，则返回键值“3”，如第 160 行的语句“return 3”。

三、任务实施

完成了硬件电路图设计和程序编写后，就可以完成矩阵键盘输入的任务了。

（1）在 Proteus 仿真软件中验证设计的电路和程序。

首先列出元器件清单，见表 4-5。

表 4-5　矩阵键盘输入数字元器件清单

品名	型号	数量/个	Proteus 元件库关键字
单片机	STC89C51	1	AT89C51（代替）
晶振	12 MHz	1	CRYSTAL
电阻	10 kΩ	1	RES
排阻	4.7 kΩ	1	RESPACK-8
可变电阻	1 kΩ	1	POT-HG
按键	不带锁	17	BUTTON
瓷片电容	22 pF	2	CAP
电解电容	10 μF	1	CAP-ELEC
1602 液晶显示器	1602	1	LM016L

根据元器件清单中所示的关键字，在 Proteus 仿真软件的元件库中找到所有元件，并按照原理图接线。

按下仿真开始按钮后，按下某个按键，显示屏上就会显示相应的键值，如按下第 1 行第 3 列的按键，显示屏显示数字“3”，仿真结果可以扫描右侧二维码查看。

矩阵键盘输入数字电路仿真结果

（2）根据电路图搭接电路。

根据元器件清单，找到制作电路所需的所有材料后按照电路原理图接线。注意搭建硬件电路后需要使用万用表测试系统的电源、地之间是否连通。在上电之前一定要确保系统电源、地没有短路，这是一个调试的好习惯。

（3）下载程序至单片机。

将程序下载至单片机中观察结果。如果程序及电路都没有错误，那么我们就会看到 1602 液晶显示器的显示屏上显示：3。

（4）故障调试。

若按下某按键，显示屏没有正常显示就需要检查，此过程是软硬件联合调试的过程，在实际单片机系统制作过程中非常重要，我们需要借助万用表来完成此过程。本项目常见的调试故障及排查思路见表 4-6。

表 4-6　矩阵键盘输入数字故障排查

常见故障现象	排查思路
按下某一按键，显示屏没有显示	检查按键扫描程序，看是否扫描方式错误，又或者获取键值不正确，看看按键扫描是否只进行了一次；检查液晶显示程序段

四、总结归纳

这个任务中的知识点、技能点总结归纳如图 4-11 所示。

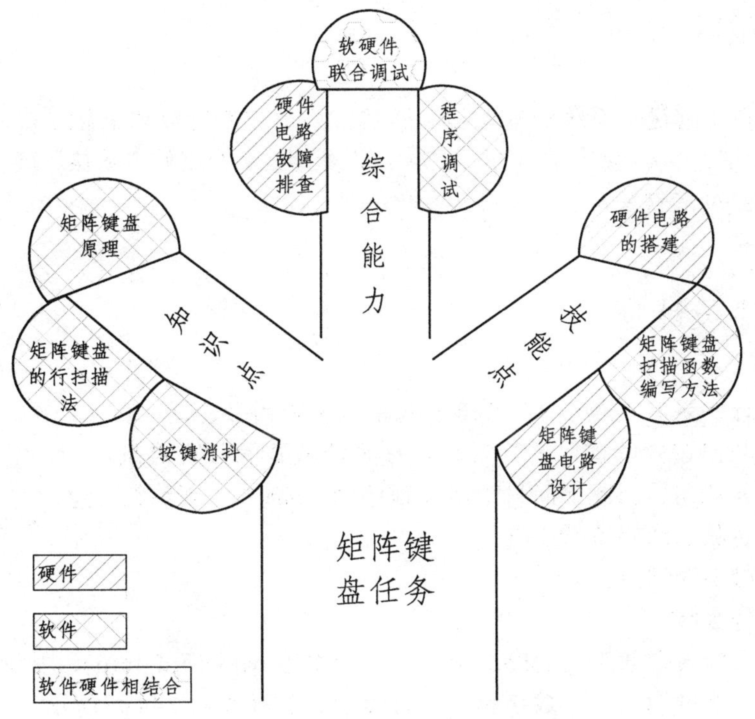

图 4-11　矩阵键盘输入数字总结归纳知识树

五、学习评价

学习任务评价表参见本书配套的电子版工作页。

子任务四　4×4 矩阵键盘模块设计——简易密码锁

这个任务中，我们做一个模拟的简易密码锁。矩阵键盘输入开锁密码，与已设置好的密码进行对比，如果密码正确，则液晶显示屏上显示“OK!”，否则显示“ERROR!”。

任务目标

◎ 能绘制矩阵键盘与单片机的连接电路。
◎ 能编写矩阵键盘的按键扫描函数。
● 能编写简易密码锁程序。
◎ 能排除简易密码锁系统硬件电路故障。
● 能进行简易密码锁系统软硬件联合调试。

说　明

○——了解；◎——重点；●——难点。

一、硬件电路设计

该任务的电路图与矩阵键盘系统的基本是一样的，只是在键盘标识上做了改动，如图 4-12 所示。系统只用到了 11 个按键，其中 10 个用于输入“0 ~ 9”数字，1 个用作“确认”键，即输入密码完成后，按下这个键，系统则比对密码是否正确。

二、软件程序设计

该任务的程序设计关键有几点：① 怎样连续输入多位数字；② 怎样保存输入的密码并与已设置的密码进行对比。有关液晶显示与按键扫描的代码都与上个任务相同，因此下面只给出了程序的 main（ ）函数的代码段，可以扫描以右侧二维码查看。

简易密码锁 main()函数代码段

该程序设计涉及以下知识点：

按键连续输入多位数字：

为了保存连续输入的多位数字，程序中定义了一个数组 password_in[6]，用于保存输入的密码，如程序第 326 行所示。每按键输入一个数字就存入数组中，如程序第 344 行所示。

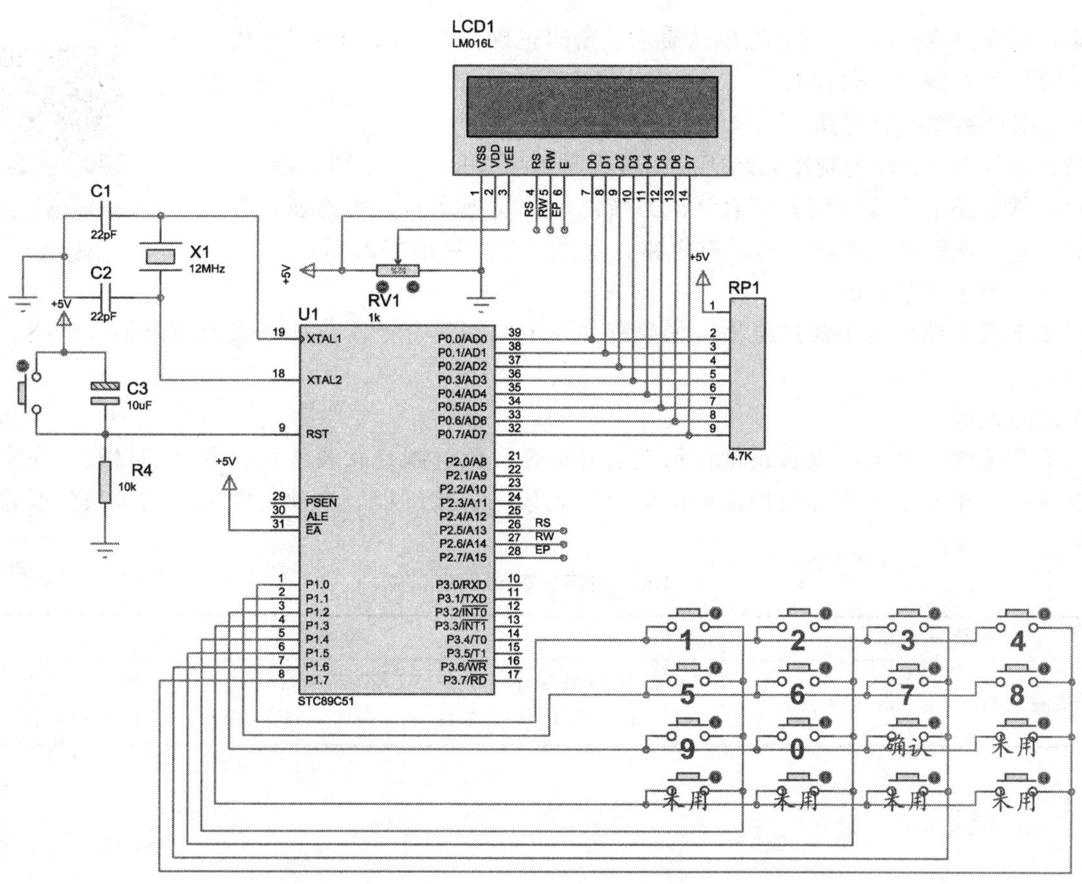

图 4-12　简易密码锁硬件电路图

三、任务实施

完成了硬件电路图设计和程序编写后，便可以完成简易密码锁的任务了。

（1）在 Proteus 仿真软件中验证设计的电路和程序。

首先列出元器件清单，见表 4-7。

表 4-7　简易密码锁元器件清单

品名	型号	数量/个	Proteus 元件库关键字
单片机	STC89C51	1	AT89C51（代替）
晶振	12 MHz	1	CRYSTAL
电阻	10 K	1	RES
排阻	4.7 K	1	RESPACK-8
可变电阻	1 K	1	POT-HG
按键	不带锁	17	BUTTON
瓷片电容	22 pF	2	CAP
电解电容	10 μF	1	CAP-ELEC
1602 液晶显示器	1602	1	LM016L

根据元器件清单中所示的关键字，在 Proteus 仿真软件的元件库中找到所有元件，并按照原理图接线。按下仿真开始按钮后，进入输入密码状态，按键输入密码，显示屏上第一行显示“Input Password”，

第二行显示输入的密码用*代替，按确认键后，密码正确，则显示“OK!”，仿真结果可以扫描右侧二维码查看。

简易密码锁电路仿真结果

（2）根据电路图搭接电路。

根据元器件清单，找到制作电路所需的所有材料后按照电路原理图接线。注意搭建硬件电路后需要使用万用表测试系统的电源、地之间是否连通。在上电之前一定要确保系统电源、地没有短路，这是一个调试的好习惯。

（3）下载程序至单片机。

将程序下载至单片机中观察结果。如果程序及电路都没有错误，那么我们就能输入密码，并验证密码是否正确。

（4）故障调试。

若按下某按键，显示屏没有正常显示就需要检查，此过程是软硬件联合调试的过程，在实际单片机系统制作过程中非常重要，我们需要借助万用表来完成此过程。本项目常见的调试故障及排查思路见表 4-8。

表 4-8　简易密码锁故障排查

常见故障现象	排查思路
按下某一按键，显示屏没有显示	检查按键扫描程序，看是否扫描方式错误，又或者获取键值不正确，看看按键扫描是否只进行了一次；检查液晶显示程序段

四、总结归纳

这个任务中的知识点、技能点总结归纳如图 4-13 所示。

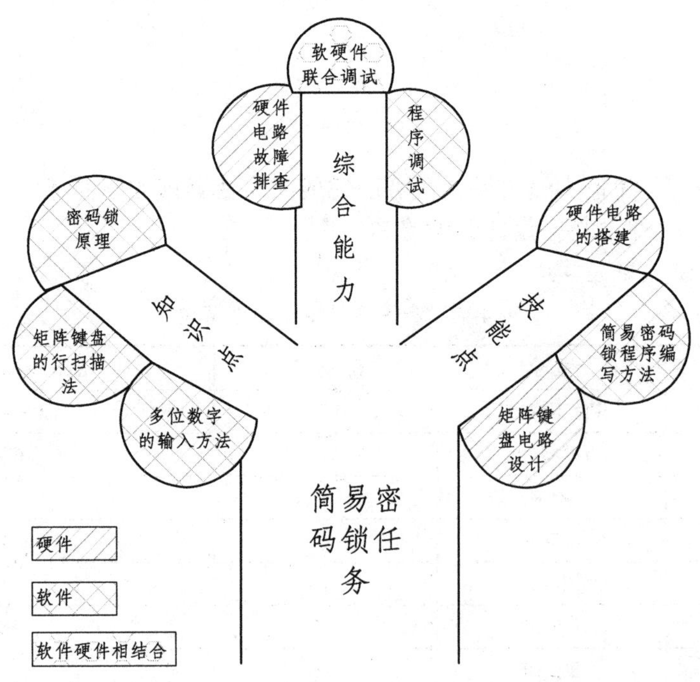

图 4-13　简易密码锁总结归纳知识树

五、学习评价

学习任务评价表参见本书配套的电子版工作页。

子任务五　继电器模块设计——继电器控制电磁铁吸合

本任务使用继电器控制电磁铁来制作智能小屋的自动门锁。单片机输出控制信号经过驱动电路控制继电器动作，电磁铁得电吸合，智能小屋门锁打开。

任务目标

○ 能理解继电器的作用。
● 能绘制继电器的应用电路。
○ 能描述电磁铁的使用方法。
◎ 能完成智能小屋自动门锁程序的编写及调试。
◎ 能用 Proteus 软件绘制智能小屋自动门锁控制电路。
● 能排除智能小屋自动门锁系统硬件电路故障。
● 能进行智能小屋自动门锁系统软硬件联合调试。

说　明

○——了解；◎——重点；●——难点。

一、硬件电路设计

在这个硬件电路设计中，使用 74LS07 驱动继电器，并且在继电器的线圈两端并联二极管提供电流泄放的回路，这个二极管在这里起到续流的作用，通常称它为续流二极管。继电器的常开触点接电磁铁的一端，电磁铁的另外一端接地。当按键按下时，单片机 P1.0 口输出低电平时继电器线圈得电，常开触点闭合使电磁铁得电动作。电路图如图 4-14 所示。

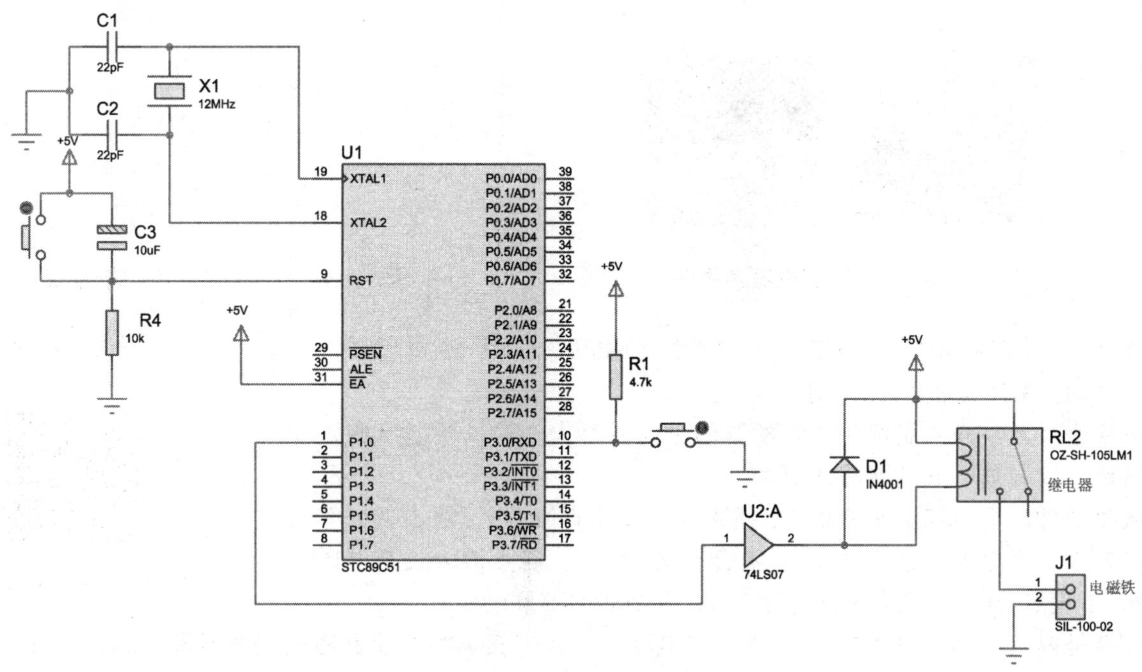

图 4-14　继电器控制电磁铁吸合硬件电路图

该电路设计涉及以下知识点：

1. 继电器的作用

继电器是具有隔离功能的自动开关元件，当输入回路中激励量的变化达到规定值时，能使输出回路中的被控电量发生预定阶跃变化的自动电路控制器件。它具有能反映外界某种激励量（电或非电）的感应机构、对被控电路实现“通”“断”控制的执行机构，以及能对激励量的大小完成比较、判断和转换功能的中间比较机构。继电器广泛应用于遥控、遥测、通信、自动控制、机电一体化和航天技术等领域，起控制、保护、调节和传递信息的作用。

继电器一般都有能反映一定输入变量（如电流、电压、功率、阻抗、频率、温度、压力、速度、光等）的感应机构（输入部分）；有能对被控电路实现“通”“断”控制的执行机构（输出部分）；在继电器的输入部分和输出部分之间，还有对输入量进行耦合隔离、功能处理和对输出部分进行驱动的中间机构（驱动部分）。

作为控制元件，继电器有以下几种作用：

（1）扩大控制范围：例如，多触点继电器控制信号达到某一定值时，可以按触点组的不同形式，同时换接、开断、接通多路电路。

（2）放大：例如，灵敏型继电器、中间继电器等，用一个很微小的控制量，可以控制很大功率的电路。

（3）综合信号：例如，当多个控制信号按规定的形式输入多绕组继电器时，经过比较综合，达到预定的控制效果。

（4）自动、遥控、监测：例如，自动装置上的继电器与其他电器一起，可以组成程序控制线路，从而实现自动化运行。

2. 5 V 继电器 HK4100F-DC5V-SHG 的性能、引脚及接线

本任务选用适用于单片机系统的 5 V 继电器 HK4100F-DC5V-SHG（可替换型号 HT4100F-DC5V-SHG），其实物图及引脚示意图如图 4-15 和 4-16 所示。它具有一组常开触点及一组常闭触点。

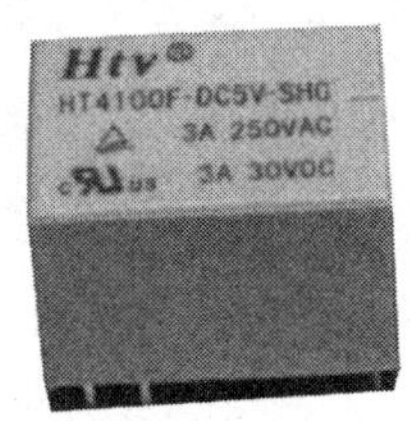

图 4-15　5 V 继电器实物图

1　2　3

6　5　4

图 4-16　5 V 继电器引脚示意图

其中 1、6 脚为触点的公共端。2、5 脚为线圈端，使用时需加直流电压，并且不区分正负方向，属于电压驱动。3 脚为常开端，4 脚为常闭端。

和其他外设一样，使用一个新的器件之前需要先查看其数据手册，其性能指标可以扫描以下二维码查看。

继电器 HK4100F 性能指标

从图中可以看到其主要参数有：线圈额定电压直流 5 V，触点吸合电压直流 3.75 V，释放电压直流 0.5 V，吸合时间 10 ms。触点最大关断电压交流 300 V，直流 60 V，最大关断电流 3 A，关断时间 5 ms。

也就是说，可以使用低电压（5 V）弱电流（十几毫安）的单片机通过继电器来控制高电压（交流 300 V，直流 60 V）大电流（3 A）的器件。

由于单片机的引脚输出电流较小，在与继电器连接时通常要加入驱动电路，如原理图中的 74LS07 就起到放大电流的作用，也可以用三极管来驱动得到更大的电流。

3. 继电器的应用电路

如图 4-14 所示的继电器驱动部分，74LS07 的输入端接单片机 P1.0 端口，输出端接继电器线圈的一端，继电器线圈的另一端接到+5 V 电源上。继电器线圈的两端并接一个二极管 IN4001。为什么要并联这个二极管呢？原来是继电器线圈（或其他储能元件）失电时，两端会产生一个与供电极性相反的电动势，这个电动势可能会高于晶体管等控制元件的反向击穿电压而使其击穿损坏。而在线圈两端并联了二极管后，可以将这个感生电动势通过线圈和二极管构成的通路以“续电流”的方式泄放消耗，起到保护控制元件的作用，所以这个二极管又称作续流二极管。续流二极管一般选用肖特基二极管或快速恢复二极管，在要求不高的场合也会采用 1N4000 或 5400 系列的整流二极管担任。

本任务中我们使用 IN4001 做续流二极管，继电器的常开触点与电磁铁的一端相连，电磁铁另一端接地，当单片机 P1.0 口输出低电平时，经过 74LS07 同相驱动器驱动继电器线圈得电，继电器常开触点闭合，使电磁铁得电吸合，带动与之相连的负载（门栓）拉向电磁铁从而把门打开。

4. 电磁铁的用法

线性直动电磁铁适用于收银机、电控柜门锁、玩具锁、电子密码锁等场合，有 L 型和 S 型两种。L 型：通电时，负载被拉进电磁铁（见图 4-17）。S 型：通电时，负载被推远离电磁铁（见图 4-18）。

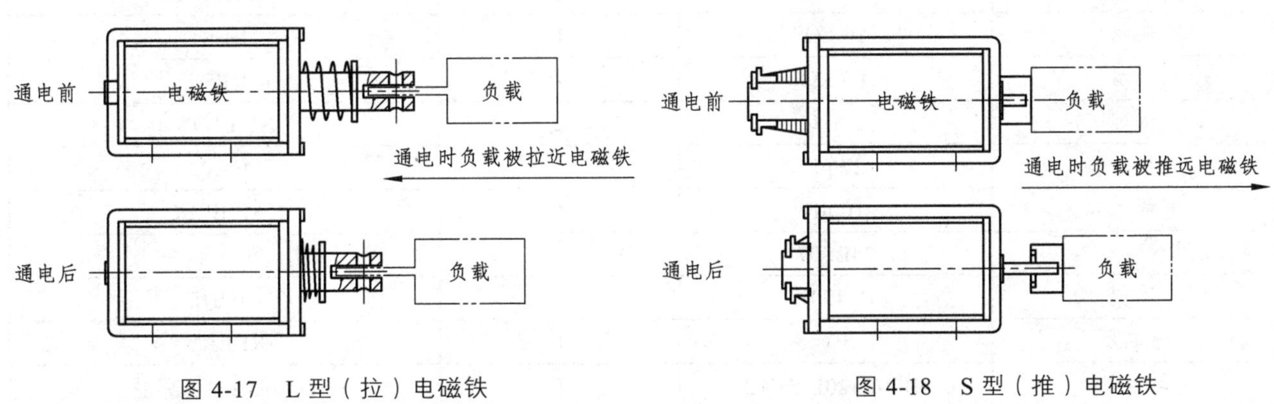

图 4-17　L 型（拉）电磁铁　　　　图 4-18　S 型（推）电磁铁

本任务使用的是 L 型拉式电磁铁，其参数如下：

型号：HIO-0420L-5V12；　　电压：5 V；

电阻：12 Ω；　　电流：0.4 A；

功率：2.1 W；　　框架尺寸：12×11×20.5（mm）。

实物如图 4-19 所示。

图 4-19　L 型电磁铁实物图

二、软件程序设计

本任务着重掌握继电器的使用及驱动方法，程序控制方面非常简单，就是当按键按下时，单片机 P1.0 口输出低电平信号，继电器常开触点闭合，使得电磁铁得电吸合门锁打开，延时 5 s 后继电器失电，门锁关闭。当按键未按下时，单片机 P1.0 口输出高电平信号，继电器线圈不得电，触点不动作，电磁铁不得电，门锁关闭。本任务编写了一个控制电磁铁得电失电的控制程序。完整程序可以扫描右侧二维码查看。

继电器控制电磁铁吸合程序

三、任务实施

完成了硬件电路图设计和程序编写后，就可以完成智能小屋自动门锁任务了。

（1）在 Proteus 仿真软件中验证设计的电路和程序。

首先列出元器件清单，见表 4-9。

表 4-9 继电器控制电磁铁吸合元器件清单

品名	型号	数量/个	Proteus 元件库关键字
单片机	STC89C51	1	AT89C51（代替）
晶振	12 MHz	1	CRYSTAL
电阻	10 kΩ	1	RES
电阻	4.7 kΩ	1	RES
按键	不带锁	2	BUTTON
瓷片电容	22 pF	2	CAP
电解电容	10 μF	1	CAP-ELEC
同相驱动器	74LS07	1	74HC07（代替）
续流二极管	IN4001	1	DIODE
继电器	5 V	1	RELAY
电磁铁	HIO-0420L-5V12	1	LED-GREEN（代替）

根据元器件清单中所示的关键字，在 Proteus 仿真软件的元件库中找到所有元件，并按照原理图接线。在 Proteus 仿真时由于元件库中没有 74LS07，可以使用驱动能力稍弱的 74HC07 来代替它，继电器在元件库中的关键字是 RELAY，在使用时需将元件电压值改为 5 V。在仿真时为了方便观察实验现象，可以使用发光二极管来代替电磁铁。

仿真开始后，按下按键 P3.0 口输入低电平信号，而后 P1.0 口输出低电平信号，继电器线圈得电，常开触点闭合将 5 V 电源经过限流电阻接在发光二极管的阳极上，此时发光二极管点亮，代表门锁已开，延时 5 s 后 P1.0 口输出高电平，发光二极管灭，代表门锁重新关闭。仿真结果可以扫描右侧二维码查看。

继电器控制电磁铁吸合仿真结果

（2）根据电路图搭接电路。

根据元器件清单，找到制作电路所需的所有材料后按照电路原理图接线。注意搭建硬件电路后需要使用万用表测试系统的电源、地之间是否连通。在上电之前一定要确保系统电源、地没有短路，这是一个调试的好习惯。

（3）下载程序至单片机。

将程序下载至单片机中观察结果。如果程序及电路都没有错误，那么我们就会看到按键按下后电磁铁吸合 5 s 后释放。

（4）故障调试。

若按下按键电磁铁并没有动作就需要检查，此过程是软硬件联合调试的过程，在实际单片机系统制作过程中非常重要，我们需要借助万用表来完成此过程。本项目常见的调试故障及排查思路见表 4-10。

表 4-10　继电器控制电磁铁吸合常见故障现象及排查思路

常见故障现象	排查思路
按键按下后电磁铁未动作	首先用万用表测量单片机电源、地之间是否有 5 V 左右电压，无则检查电源地电路，有则在按键按下时测 P3.0 口电压是否为 0 V。若 P3.0 口电压不为 0，则检查按键输入电路，若为 0 则在按键按下后检查 P1.0 口电压是否为 0 V。若 P1.0 口电压不为 0，则检查程序，为 0 则继续检查按键按下后 74LS07 输出端有无低电平输出。若无低电平输出，则检查 74LS07 电源地及输入端是否接好，若有低电压输出则继续检查继电器线圈两端电压是否为 5 V。若电压不是 5V，则检查继电器线圈与电源及 74LS07 输出端接线是否正确，若电压是 5 V，则继续检查继电器常开触点的电压是否为 5 V。若常开触点电压不为 5 V，则更换继电器，若更换后依然如此，则说明驱动能力不够，继电器不能动作，应更改驱动电路或者更换其他型号的继电器；若电压为 5 V，则检查电磁铁另外一端是否正确接地

四、总结归纳

本任务用继电器和电磁铁制作了一个自动控制门锁，涉及的知识有继电器的作用、继电器的应用电路、电磁铁的使用方法、程序的编写及调试、系统硬件电路故障的调试、系统软硬件联合调试等，接下来我们通过知识树的形式来归纳总结本任务所学的知识点、技能点及综合能力（见图 4-20）。

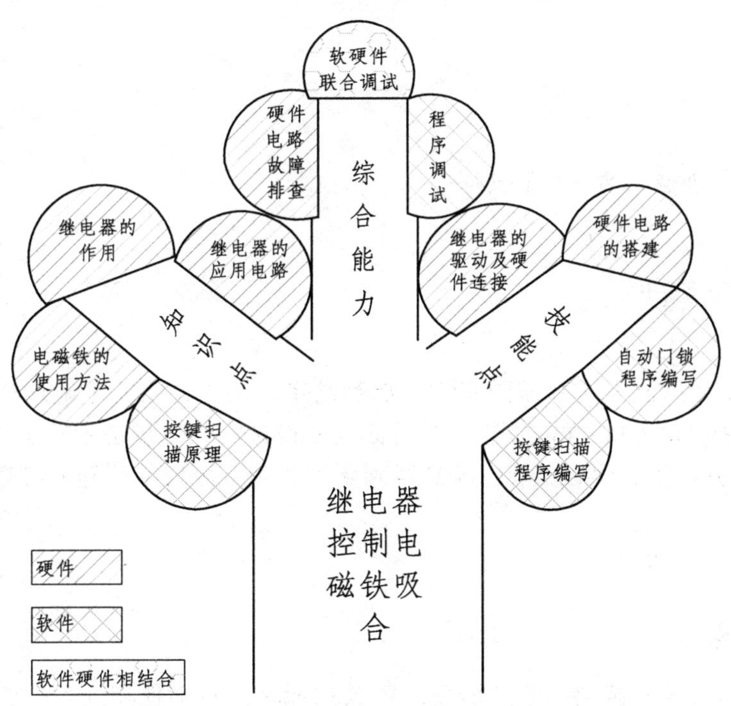

图 4-20　继电器控制电磁铁吸合任务知识树

五、学习评价

学习任务评价表参见本书配套的电子版工作页。

子任务六　扬声器模块设计——单片机控制扬声器输出报警音

本任务用扬声器来输出报警音，为之后门禁系统输错密码时的声音报警做准备。按键按下后，单片机输出控制信号经过三极管驱动电路控制扬声器发出救护车报警声，按键再次按下后声音停止，再次按下后继续发出声音，如此循环。

任务目标

○ 能了解扬声器的结构及工作原理。
● 能使用单片机的外部中断并进行编程。
○ 能说出几种常见报警音的频率及持续时间。
◎ 能编写基准延时时间为 250 μs 的有参函数。
◎ 能叙述按键采用中断方式编程的优点。
◎ 能完成单片机输出救护车报警音程序的编写及调试。
◎ 能用 Proteus 软件绘制单片机控制扬声器输出报警音的控制电路。
● 能排除单片机控制扬声器输出报警音系统硬件电路故障。
● 能对单片机控制扬声器输出报警音系统进行软硬件联合调试。

说　明

○——了解；◎——重点；●——难点。

一、硬件电路设计

在本任务中我们使用按键来控制报警音的开始和结束，为了更实时地响应按键，设计硬件电路时将按键接在外部中断 0 的输入口（P3.2）上，为后面程序设计时使用按键中断法编程做准备。单片机的输出信号经 9013 驱动扬声器发出报警音。若想得到更大的声音可以使用达林顿管驱动扬声器。电路图如图 4-21 所示。

该电路设计涉及以下知识点：

1. 扬声器的结构

扬声器是一种将电信号转换为声音信号进行重放的元件。目前使用最为广泛的是电动式扬声器，它由振动膜、音圈、永久磁铁、支架等组成，如图 4-22 所示。

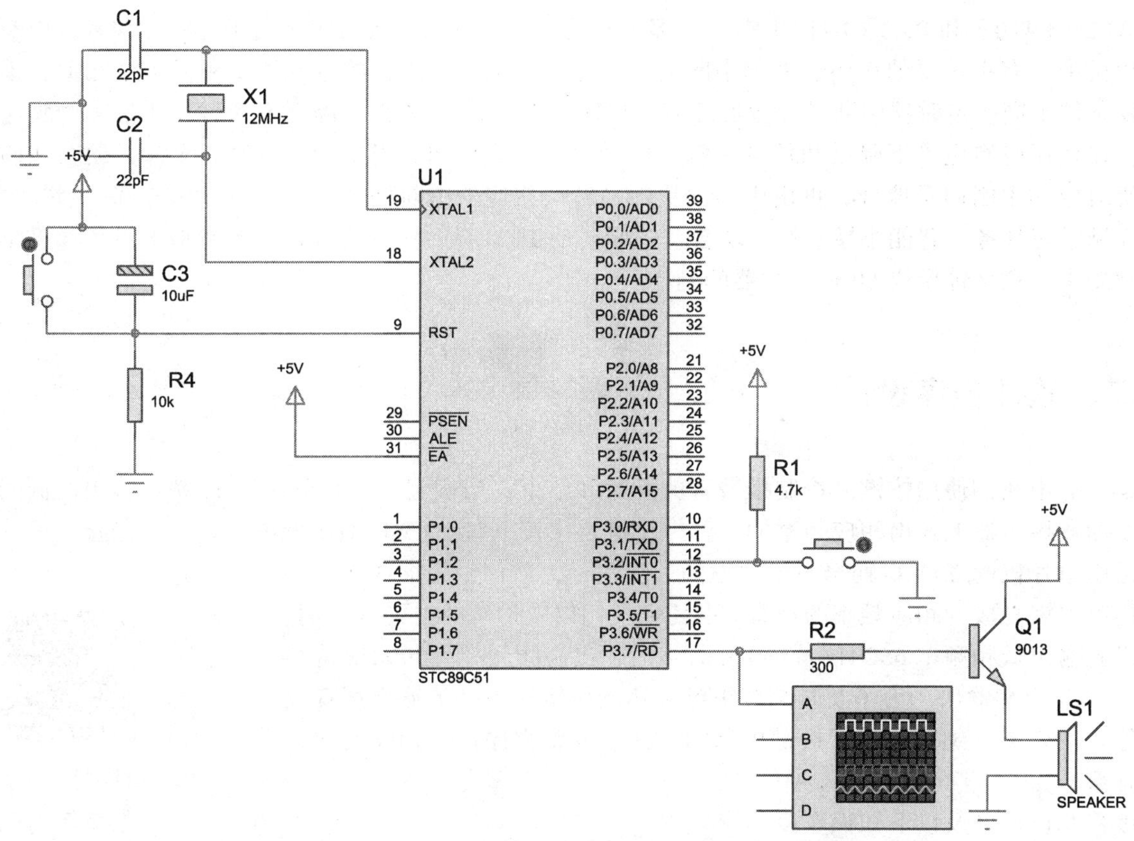

图 4-21　单片机控制扬声器输出报警音硬件电路图

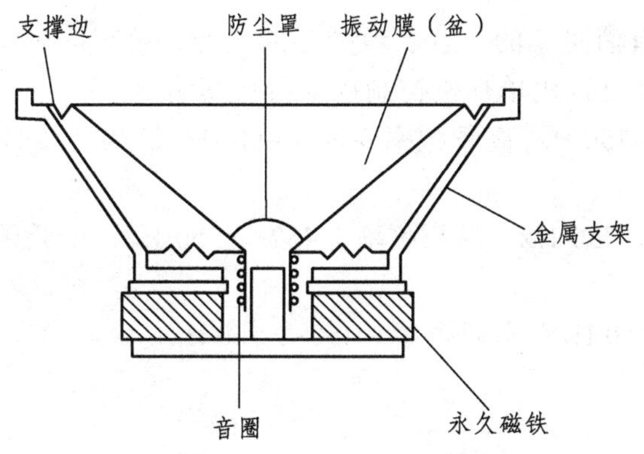

图 4-22　电动式扬声器的结构

2. 扬声器的工作原理

当扬声器的音圈通入音频电流后，音圈在电流的作用下产生交变的磁场，永久磁铁同时也产生一个大小和方向不变的恒定的磁场。由于音圈所产生的磁场的大小和方向随音频电流的变化不断地改变，这样两个磁场的相互作用使音圈做垂直于音圈中电流方向的运动。由于音圈和振动膜相连，从而带动振动膜产生振动，由振动膜振动引起空气的振动而发出声音。当输入音圈的电流越大，其磁场的作用力就越大，振动膜振动的幅度也就越大，声音则越响。

3. 单片机外部中断

单片机一般有两个外部中断 INT0 和 INT1，能申请外部中断的引脚就是外部中断的触发引脚，也就是 P3.2（INT0）和 P3.3（INT1）脚。外部中断的优先级默认是最高的，高于定时器和串行中断，它在单片机中占有很重要的作用。外部中断的使用方法和前面使用过的定时器中断的方法相似，不同的是触发条件不同。定时器中断是计数器计满溢出时 TFX 置 1，外部中断触发条件是 INTX 管脚电平的变化，在使用时有电平下降沿和低电平触发两种触发方式可选。当中断发生时，单片机便会转向外部中断所对应的中断向量地址，再由中断向量地址转向相应的中断处理函数。单片机外部中断相关的寄存器详见学习任务二智能小屋彩灯模块会“呼吸”的 LED 灯，单片机外部中断响应的过程详见学习任务三智能小屋数字钟模块 60 秒计时器的制作。

二、软件程序设计

本任务中我们使用按键来控制报警音的开始和结束，当按键按下时单片机 P3.7 口输出高低变化的电平，加在扬声器上发出相应频率的声音，按键再次按下时 P3.7 口输出低电平，声音停止。编程的要点就是用单片机的 I/O 口输出一定频率的方波信号，该信号施加在扬声器上经扬声器恢复成为相应频率的声音。本任务我们以救护车的报警音为例，单片机先输出低频频率 650 Hz 持续 0.4 s，然后输出高频频率 1 000 Hz 持续 0.6 s，如此交替输出。为了及时响应按键，达到按键按下马上输出声音或声音停止的效果，编程时采用按键中断的方法。完整程序可以扫描右侧二维码查看。

单片机控制扬声器输出报警音程序

该程序设计涉及以下知识点：

1. 几种常见报警音的频率及持续时间

生活中常听到的报警音有消防车的声音、救护车的声音、警车的声音等，它们都有确定的频率及持续时间，有了这些参数，就可以用单片机控制扬声器将其输出。

救护车：以低频频率 650~750 Hz，高频频率 900~1 000 Hz，低频持续时间 0.4 s，高频持续时间 0.6 s，高低频交替进行。

消防车：以低频频率 650~750 Hz，高频频率 1 450~1 550 Hz，由低频升至高频时间为 1.5 s，再由高频降至低频为 3.5 s。

警车：以低频频率 650~750 Hz，高频频率 1 450~1 550 Hz，由低频升至高频时间 0.23 s，再由高频降至低频为 0.1 s。

2. 单片机输出 650 Hz 频率的方法

在本任务中输出救护车的声音，选择低频频率 650 Hz，高频频率 1 000 Hz，即单片机先输出低频频率 650 Hz 持续 0.4 s，然后输出高频频率 1 000 Hz 持续 0.6 s，如此交替输出。已知频率 $f = 650$ Hz，可求得方波信号周期 $T=\frac{1}{f}=\frac{1}{650}=1538\ \mu s$，继而可得方波信号高低电平持续的时间 $T_1=T_2=\frac{T}{2}=\frac{1538}{2}=769\ \mu s$。也就是说，单片机 P3.7 口输出高电平 769 μs 再输出低电平 769 μs，依此循环就可以在扬声器上输出救护车的低频段声音。同理可以求得 $f'=1000$ Hz时方波信号高低电平的持续时间 $T_1'=T_2'=\frac{T}{2}=\frac{1000}{2}=500\ \mu s$。在编程时可以先编写一个基本延时时间为 250 μs 的有参函数，通过调用时赋予不同的实际参数来达到我们需要的延时时间，即 769 μs 延时需要调用 250 μs 函数 3 次，500 μs 延时需要调用 250 μs 函数 2 次。如程序第 28、30 行，38、40 行所示。

```
            delay_250us(3);
            delay_250us(2);
```

3. 250 μs 基准的有参函数的编程方法

通过之前的任务我们知道，在 12 MHz 晶振下用 for 循环嵌套的形式完成 115 个空操作的时间大概是 1 ms，在编写 250 μs 函数时可以先预估空操作的次数约为 115/4=29，然后使用软件仿真，确定该参数是否正确。具体方法为：

（1）在 Keil 软件中首先设置好晶振频率，如本任务使用 12 MHz 晶振需要在目标属性中将晶振的值改为 12 MHz，如图 4-23 所示。

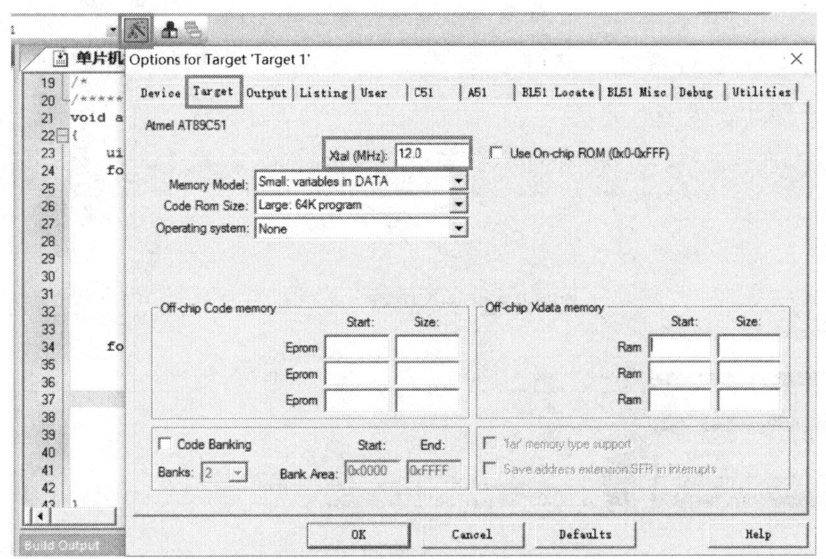

图 4-23　Keil 软件中设置晶振频率

（2）使用软件仿真的方式确定延时函数的参数，先将预估值 29 赋值给 j，延时 250 μs 函数如图 4-24 所示。

```
/*****************************************************************/
/*                   12MHz晶振延时x*250us函数                     */
/*****************************************************************/
void delay_250us(uint x)
{
    uint i,j;
    for(i=x;i>0;i--)
    {
        for(j=29;j>0;j--);
    }
}
```

图 4-24　延时 250 μs 程序

（3）编写测试函数，在主程序中调用 250 μs 的函数，将实际参数赋值为 1，即调用 250 μs 函数一次。测试程序如图 4-25 所示。

```
void main()
{

    IT0=1;        //INT0下降沿触发
    delay_250us(1);
    EA=1;         //开总中断
```

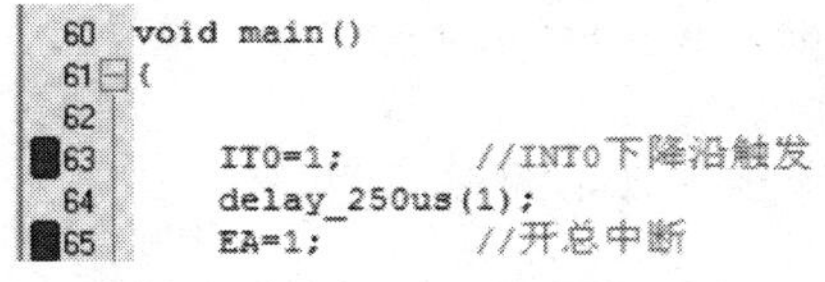

图 4-25　延时 250 μs 程序测试

程序编译成功后点击开始软件仿真按钮，在该语句的前后两句分别双击设置断点，然后点击全速运行按钮，程序运行至第一个断点处暂停，此时观察左侧寄存器窗口中的运行时间并记录该值，该值为 $T_1 = 0.000\,446$ s，如图 4-26 所示。

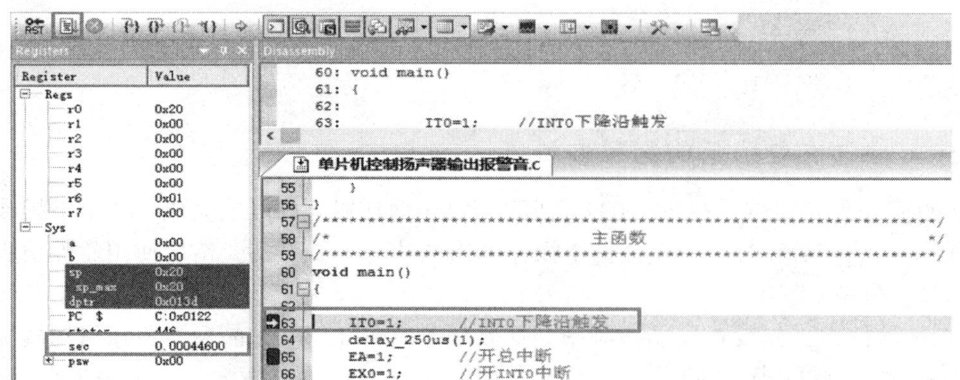

图 4-26　记录时间初值

之后再次点击全速运行按钮，程序运行至下一个断点处暂停，此时观察并记录运行时间 $T_2 = 0.000\,705\ \ \text{s}$，如图 4-27 所示。

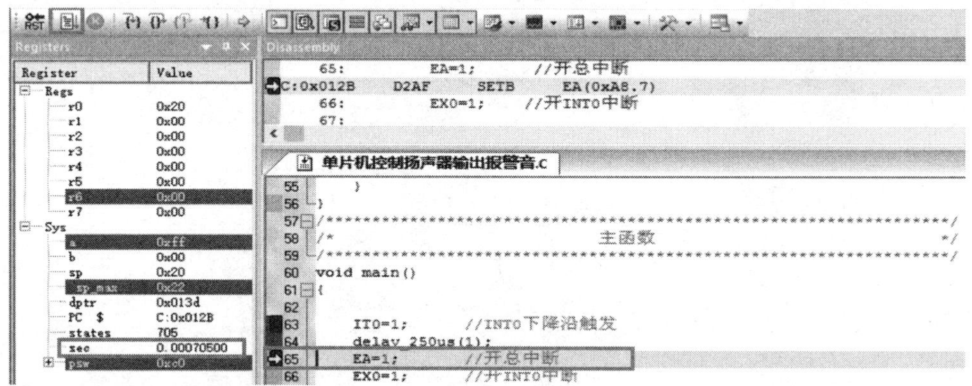

图 4-27　记录时间终值

两次时间相减即为调用一次 250 μs 函数的时间，即 $T = T_2 - T_1 = 0.000\,705 - 0.000\,446 = 0.000\,259\ \text{s} = 259\ \mu\text{s}$。通过软件仿真发现，j=29 时延时时间为 259 μs，如果需要更精确的延时可以将 j 的值改为 28 后再次用同样的方法计算出延时时间为 $T = 0.000\,697 - 0.000\,446 = 251\ \mu\text{s}$，此值更加接近 250 μs，所以最后将延时时间参数 j 的值调整为 28。最终编写好的 250 μs 基准的有参函数如图 4-28 所示。

```
/*********************************************************************/
/*                    12MHz晶振延时x*250us函数                         */
/*********************************************************************/
void delay_250us(uint x)
{
    uint i,j;
    for(i=x;i>0;i--)
    {
        for(j=28;j>0;j--);
    }
}
```

图 4-28　250 μs 基准的有参函数

4. 单片机输出 650 Hz 信号持续 0.4 s 的编程方法

在模仿警车声音输出时要求单片机输出 650 Hz 信号持续时间为 0.4 s，已经求得 650 Hz 信号周期为 1538 μs，该信号持续 0.4 s，也就是需要连续输出 $N = \dfrac{400\,000}{1\,538} \approx 260$ 个周期为 1 538 μs 的方波信号。用同样的方法可以计算出单片机输出高频频率 1 000 Hz 持续 0.6 s，需要连续输出 $N' = \dfrac{600\,000}{1000} = 600$ 个周期为 1 000 μs 的方波信号。

5. 按键采用中断方式编程的优点

在使用按键时有两种常用的编程方法，一种是之前一直使用的查询法，另外一种就是本任务中使用的中断法。查询法顾名思义就是单片机不断查询与按键相连的 I/O 口的电平，当按键按下时并且单片机刚好执行读该 I/O 口的电平时按键才被响应。如果查询的周期大于按键按下的时间时，就有可能错过按键按下的动作，导致程序执行出现漏洞，这就要求按键按下的时间足够长。一般对实时性要求不高的场合可以使用查询法，而对实时性有要求的场合或者其他大部分时候一般使用中断法。提前设置好中断的触发方式并允许了相应的中断后，单片机可以专心处理其他事情。当按键按下时，单片机马上放下正在处理的事情转而响应按键中断程序，实时性好，并且不会丢失按键按下的动作。

6. 外部中断的编程方法

按键采用中断方式时必须将按键接在外部中断的输入接口 INT0（P3.2）或者 INT1（P3.3）这两个引脚上，本任务使用的是外部中断 0。单片机外部中断 0 的默认优先级别最高，对应的中断向量号为 0，中断函数的首部如程序第 49 行所示。

```
49 void INT0_key() interrupt 0
```

在使用外部中断前需要设置中断的触发方式，而中断触发方式选择位在之前介绍过的 TCON 中，TCON 各位见表 4-11。

表 4-11　定时器/计数器控制寄存器 TCON（字节地址 88 H）

位序号	D7	D6	D5	D4	D3	D2	D1	D0
位符号	TF1	TR1	TF0	TR0	IE1	IT1	IE0	IT0

表中 IT0 为 INT0 的触发方式选择位，IT1 为 INT1 的触发方式选择位。当 ITX=0 时，为电平触发方式，引脚 INTX 上低电平申请中断。ITX=1，为下降沿触发方式，引脚 INTX 上电平从高到低的负跳变申请中断。本程序中使用的是下降沿触发方式，如程序第 64 行所示。

```
64      IT0=1;          //INT0下降沿触发
```

设置好中断的触发方式并且允许中断后，单片机就可以去做其他事情了，如程序第 65、66 行所示。

```
65      EA=1;           //开总中断
66      EX0=1;          //开INT0中断
```

当外部中断源申请中断时，即按键按下时，单片机就能立刻放下正在处理的事情转去响应该中断并跳转至中断服务程序处执行。一般来说，中断服务程序要求尽量简洁，能在其他地方处理的就不要写在中断服务程序中，以保证中断响应的实时性。在本程序中，在外部中断服务程序中只对按键标志位进行取反，然后在主程序中根据标志位的状态编程决定是输出还是停止输出救护车的声音。

三、任务实施

完成了硬件电路图设计和程序编写后，就可以完成单片机控制扬声器输出报警音的任务了。

（1）在 Proteus 仿真软件中验证设计的电路和程序。

首先列出元器件清单，见表 4-12。

表 4-12　单片机控制扬声器输出报警音元器件清单

品名	型号	数量/个	Proteus 元件库关键字
单片机	STC89C51	1	AT89C51（代替）
晶振	12 MHz	1	CRYSTAL
电阻	10 kΩ	1	RES
电阻	4.7 kΩ	1	RES
按键	不带锁	2	BUTTON
瓷片电容	22 pF	2	CAP
电解电容	10 μF	1	CAP-ELEC
电阻	300 Ω	1	RES
NPN 三极管	9013	1	NPN
扬声器	8 Ω	1	SPEAKER

根据元器件清单中所示的关键字，在 Proteus 仿真软件的元件库中找到所有的元件，并按照原理图接线。

仿真开始后，按下按键 P3.2 口由高电平变为低电平信号申请中断，程序立刻响应中断，P3.7 口输出不断变化的高低电平信号，同时计算机发出救护车的报警声音。对本任务仿真时计算机安装了声卡才能听到救护车的声音。若计算机未安装声卡则可以观察 P3.7 口输出信号的频率。方法是使用 Proteus 仿真软件左侧模型选择工具栏中的虚拟仪器里的示波器来观察 P3.7 口是否输出了我们需要的信号，具体操作如图 4-29 所示。

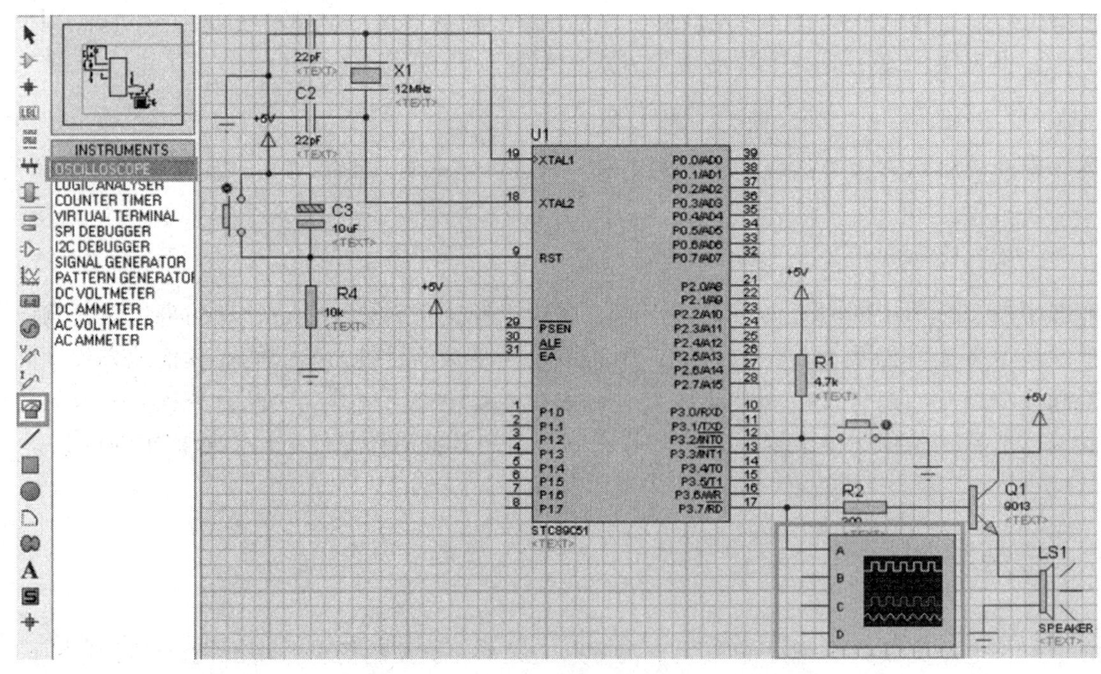

图 4-29　Proteus 中虚拟仪器里的示波器的使用方法

仿真结果如图 4-30 所示。从图中可以看到，方波信号的周期为 1 ms，也就是输出了救护车的高频频率 1 000 Hz 的信号，可以得到 $5.5T = 8$ ms，$T = 1.454$ ms，频率约为 687.5 Hz。这是由于在计算输出

650 Hz 信号时，调用延时 250 μs 次数时取了整数，舍掉了小数引起的，而 687.5 Hz 的低频频率在救护车低频频率（650~750 Hz）范围内，故能输出正确的救护车声音。

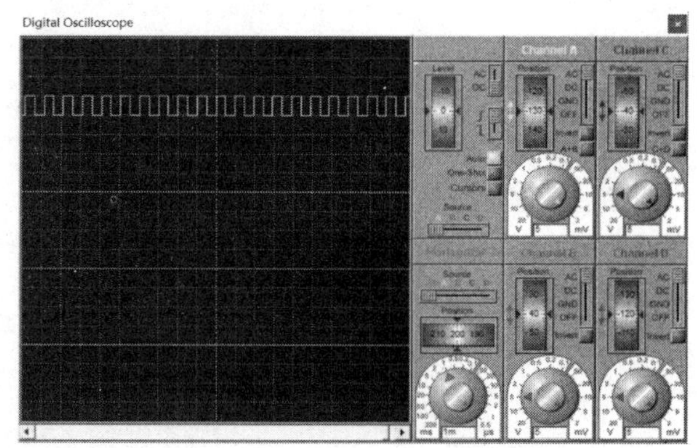
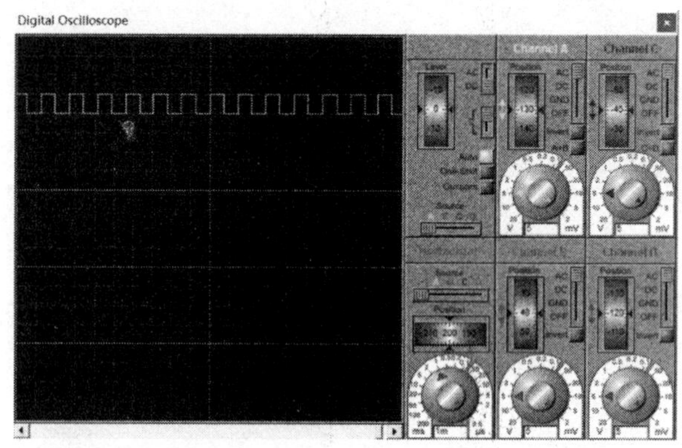

图 4-30　单片机控制扬声器输出报警音项目仿真结果

（2）根据电路图搭接电路。

根据元器件清单，找到制作电路所需的所有材料后按照电路原理图接线。注意搭建硬件电路后需要使用万用表测试系统的电源、地之间是否连通。在上电之前一定要确保系统电源、地没有短路，这是一个调试的好习惯。由于扬声器的内阻是 8 Ω，在使用之前可以用万用表的电阻挡测试扬声器的两个引线之间的阻值，若是 8 Ω 左右则正确，若是阻值太大或太小则说明扬声器已经断路或短路损坏，不能使用。

（3）下载程序至单片机。

将程序下载至单片机中观察结果。如果程序及电路都没有错误，那么我们按下按键后就可以听到扬声器发出救护车的声音了，再次按下声音停止，如此循环。

（4）故障调试。

若按下按键扬声器并没有发出声音或者再次按下声音不停止就需要检查，此过程是软硬件联合调试的过程，在实际单片机系统制作过程中非常重要，我们需要借助万用表来完成此过程。本项目常见的调试故障及排查思路见表 4-13。

表 4-13　单片机控制扬声器输出报警音常见故障现象及排查思路

常见故障现象	排查思路
按键按下后扬声器未发出声音	首先用万用表测量单片机电源、地之间是否有 5 V 左右电压，无则检查电源地电路，有则在按键按下时测与单片机相连的 I/O 口电压是否为 0 V。若与单片机相连的 I/O 口电压不为 0，则检查按键输入电路，为 0 则检查扬声器及其驱动电路
扬声器发出的声音不对	检查延时子程序

四、总结归纳

本任务用单片机控制扬声器输出救护车的报警音，涉及的知识有扬声器的结构及工作原理、外部中断的使用及编程方法、基准延时时间为 250 μs 的有参函数的编程及测试方法、单片机输出救护车报警音程序的编写及调试、系统硬件电路故障的调试、系统软硬件联合调试等，接下来我们通过知识树的形式来归纳总结本任务所学的知识点、技能点及综合能力（见图 4-31）。

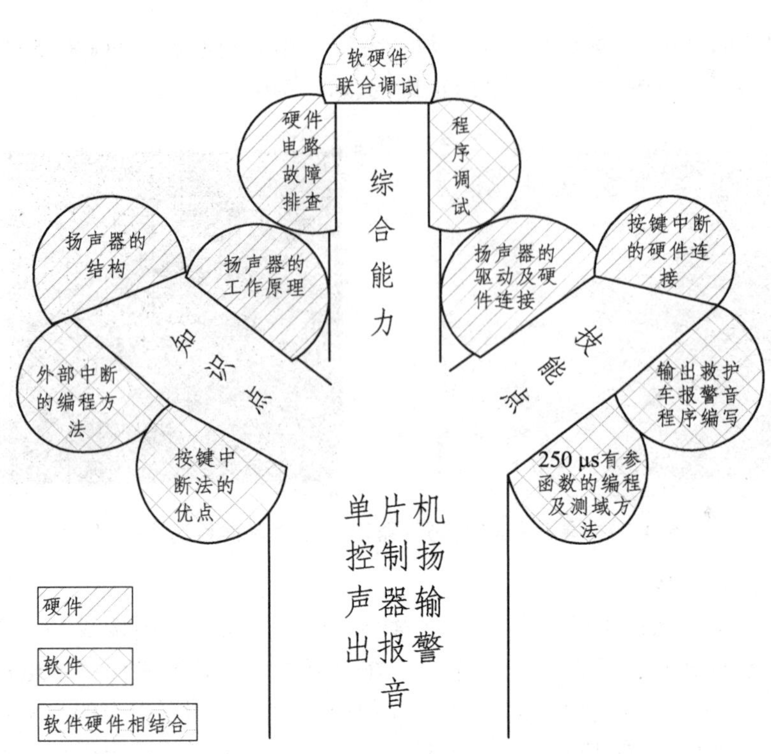

图 4-31　单片机控制扬声器输出报警音任务知识树

五、学习评价

学习任务评价表参见本书配套的电子版工作页。

子任务七　扬声器模块设计——单片机控制扬声器输出乐曲

本任务中我们用扬声器来输出乐曲，作为门禁系统输入正确密码后的开门欢迎音乐。单片机输出控制信号经过三极管驱动电路控制扬声器输出乐曲。本任务主要讲解乐曲演奏的原理、如何用单片机来输出相应的音调及音长以及频率常数和节拍常数的计算方法。

任务目标

○ 能了解扬声器的结构及工作原理。
● 能叙述音调及音长的控制方法。
◎ 能计算频率常数与节拍常数。
◎ 能将简谱转换成程序数组。
◎ 能完成单片机输出乐曲程序的编写及调试。
◎ 能用 Proteus 软件绘制单片机控制扬声器输出乐曲声的控制电路。
● 能排除单片机控制扬声器输出乐曲声系统硬件电路故障。
● 能对单片机控制扬声器输出乐曲声系统进行软硬件联合调试。

说　明

○——了解；◎——重点；●——难点。

一、硬件电路设计

本任务的硬件电路和上一个任务相似，只是去掉了按键的控制。单片机的输出信号经 9013 驱动扬声器发出乐曲声。电路图如图 4-32 所示。

二、软件程序设计

回顾之前单片机控制扬声器输出救护车报警音的任务，我们知道声音是由振动产生的，不同的声音对应不同的频率。简单来讲，乐曲演奏的原理是这样的：组成乐谱的每个音符的频率值（音调）及其持续的时间（音长）是乐曲能连续演奏所需的两个基本数据。因此，只要控制输出到扬声器激励信号的频率高低和持续时间，就可以使扬声器发出连续的乐曲声。本任务以输出乐曲《天空之城》为例编写程序。完整程序可以扫描右侧二维码查看。

单片机控制扬声器输出乐曲程序

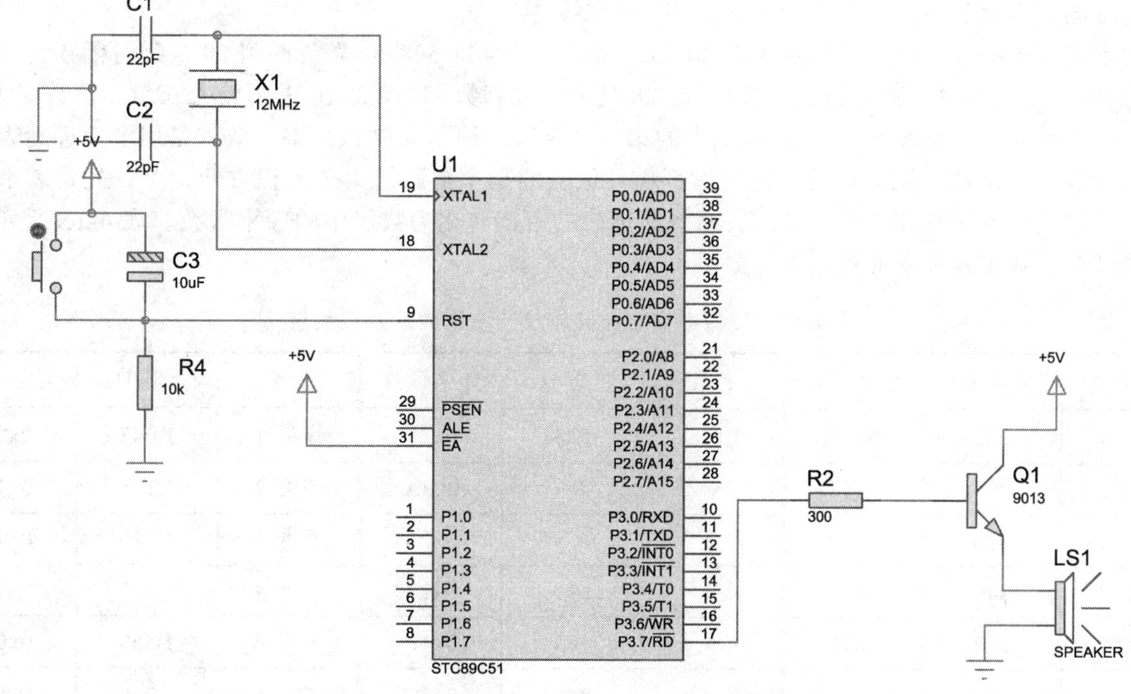

图 4-32　单片机控制扬声器输出乐曲硬件电路图

该程序设计涉及以下知识点：

1. 音调的控制与频率常数的计算方法

乐曲是由不同的音符编制而成的。音符中有 7 个音名：1、2、3、4、5、6、7。它们分别是哆、来、咪、发、唆、拉、西。声音是由空气振动产生的，每个音名都有一个固定的频率，频率的高低决定了音调的高低。音乐的十二平均律规定：每两个八度音（如简谱中的中音 1 与高音 1）之间的频率相差一倍（小提示：如果简谱中出现了超高音或超低音则运用每两个八度音之间的频率相差一倍的关系即可计算得出相应的频率）。表 4-14 中列出了简谱中从低音 1 至高音 1 之间每个音名与频率的关系。

表 4-14　简谱中音名与频率的关系

音名	频率/Hz	音名	频率/Hz	音名	频率/Hz
低音 1	262	中音 1	523	高音 1	1 047
低音 2	294	中音 2	587	高音 2	1 175
低音 3	330	中音 3	659	高音 3	1 319
低音 4	349	中音 4	699	高音 4	1 397
低音 5	392	中音 5	784	高音 5	1 569
低音 6	440	中音 6	880	高音 6	1 760
低音 7	494	中音 7	988	高音 7	1 976

在硬件上单片机的 P3.7 引脚经过三极管驱动一个扬声器，构成一个简单的音响电路。因此，只要有了某个音的频率数，就能产生出这个音来。现以《天空之城》简谱中的第一个音“中音 6”这个音名为例来进行分析，讲解频率常数的概念及计算方法。

中音 6 的频率数为 880 Hz，则其周期为 $T=\frac{1}{f}=\frac{1}{880}\approx 1\,136\ \mu s$，即要求 P3.7 输出周期为 1 136 μs 的等宽方波，也就是说，P3.7 每 568 μs 高低电平要转换一次。

在本程序中的延时函数延时时间是 20 μs，高低电平维持 568 μs 需要调用 28 次延时函数，即把实际参数 28 传递给延时子程序的形式参数 m。28 是个十进制数，转换成 16 进制数为 0x1C，该数即为“中音 6”的频率常数，也就是数组 music[]中的第一个字节。简单来讲，频率常数就是用十六进制表示的调用延时程序的次数。用同样的方法可以算出其他音的频率常数。为了编程方便，可以先将表格中所有音名所对应的频率常数计算出来，后面将简谱中的音调转化为数组中的频率常数。表 4-15 所列为计算后的音名、频率及频率常数的对应关系。

表 4-15　简谱中音名、频率及频率常数的对应关系

音名	频率/Hz	频率常数	音名	频率/Hz	频率常数	音名	频率/Hz	频率常数
低音 1	262	0x5F	中音 1	523	0x2F	高音 1	1 047	0x17
低音 2	294	0x55	中音 2	587	0x2A	高音 2	1 175	0x15
低音 3	330	0x4B	中音 3	659	0x25	高音 3	1 319	0x12
低音 4	349	0x47	中音 4	699	0x23	高音 4	1 397	0x11
低音 5	392	0x3F	中音 5	784	0x1F	高音 5	1 569	0x0F
低音 6	440	0x38	中音 6	880	0x1C	高音 6	1 760	0x0E
低音 7	494	0x32	中音 7	988	0x19	高音 7	1 976	0x0C

2. 音长的控制及节拍常数的计算方法

乐曲中的音符不单有音调的高低，还要有音的长短，如有的音要唱 1/4 拍，有的音要唱 2 拍等。在

节拍符号中，如果用 X 代表某个音的唱名，X 下面无短线为 4 分音符，有一条短横线代表 8 分音符，有两条短横线代表 16 分音符，有“.”的音符为符点音符。节拍控制可以通过定时器 0 中断产生，若定时时间为 10 ms，以每拍 640 ms 的节拍时间为例，那么，1 拍需要循环定时 64 次（64×10 ms），转换成十六进制为 0x40，即节拍常数为 0x40，同理半拍为 0x20，即节拍常数就是定时 10 ms 中断的次数。具体节拍常数如表 4-16 所列。

表 4-16 节拍与调用延时子程序的关系

节拍符号	X	X	X•	X	X•	X-	X---
名 称	16 分音符	8 分音符	8 分符点音符	4 分音符	4 分符点音符	2 分音符	全音符
拍 数	1/4 拍	半拍	3/4 拍	1 拍	1 又 1/2 拍	2 拍	4 拍
延时时间/ms	160	320	480	640	960	1 280	2 560
调用延时次数	16	32	48	64	96	128	256
节拍常数	0x10	0x20	0x30	0x40	0x60	0x80	0x100

在编程时，先取出某一个音的频率常数，而后单片机 P3.7 口输出该频率的方波信号，接着取出该音的节拍常数，在每 10 ms 的定时器中断函数中将该节拍常数值减 1，当该值减到 0 的时候 P3.7 口结束输出该频率的方波信号，也就是该音调持续时间到，转而取下一个音的频率常数和节拍常数，输出下一个音。

3. 将简谱转换为程序数组

乐曲中，每一音符对应着确定的频率，将每一音符的频率常数（调用延时程序的次数）和相应的节拍常数（定时中断的次数）作为一组，按顺序排列成一个表放进数组中（如本程序第 4 行的 music[]），然后由程序依次取出，产生音符并控制节奏，就可以实现演奏的效果。

这里依然以《天空之城》的第一个音为例，第一个音是中音 6 持续半拍，通过前面计算好每个音的频率常数和节拍常数表，查表可得该音转化为数组后的值为 0x1C（6 的频率常数）和 0x20（半拍所对应的节拍常数）。将这两个值依次存入数组 music[]中，第一个音即“翻译”完毕。接着，将下一个音中音 7 持续半拍转换成频率常数和节拍常数存入数组中，以此类推，每一个音都转换为数组中的两个元素，如程序第 4、5 行所示。

```
04 unsigned int code music[] =
05 {0x1c,0x20,0x19,0x20,0x17,0x60,0x19,0x20,0x17,0x40,0x12,0x40,0x19,0x100,0x25,0x20,
```

此外，需要注意的是结束符（音乐终止）和 0 休止符（换气不唱）在程序中分别用代码 0x00 和 0xff 来表示，也就是这两个特殊的音符只对应数组中的一个元素。在简谱中遇到 0 休止符，仅把它转换为 0xff，不需要再给这个休止符一个节拍常数，在程序中对休止符采用的是延时固定的时间，可以根据乐曲中停顿时间的长短来修改该延时时间。

也就是说，除休止符外其他简谱中的每一个音名都要翻译为数组中的两个数，即频率常数（在前）和节拍常数（在后），若漏掉了任何一个则后面所有的声音都会出错。编程时要注意检查，检查的一个小窍门是节拍常数都以 0 结尾如 0x10、0x20 等，所以只检查偶数位（遇到 0xff 则忽略）的数是否是 0 结尾的数，这样就能较容易发现因漏掉了频率常数或节拍常数而引起的错误。

三、任务实施

完成了硬件电路图设计和程序编写后，就可以完成单片机控制扬声器输出乐曲的任务了。

（1）在 Proteus 仿真软件中验证设计的电路和程序。

首先列出元器件清单，见表 4-17。

表 4-17　单片机控制扬声器输出乐曲元器件清单

品名	型号	数量/个	Proteus 元件库关键字
单片机	STC89C51	1	AT89C51（代替）
晶振	12 MHz	1	CRYSTAL
电阻	10 kΩ	1	RES
按键	不带锁	1	BUTTON
瓷片电容	22 pF	2	CAP
电解电容	10 μF	1	CAP-ELEC
电阻	300 Ω	1	RES
NPN 三极管	9013	1	NPN
扬声器	8 Ω	1	SPEAKER

根据元器件清单中所示的关键字，在 Proteus 仿真软件的元件库中找到所有的元件，并按照原理图连线。

按下仿真开始按钮后，单片机 P3.7 口输出不断变化的高低电平信号，同时计算机发出《天空之城》的乐曲声。对本任务仿真时依然需要计算机安装了声卡才能听到声音。若计算机未安装声卡，则可以观察 P3.7 口输出信号的频率，方法同单片机控制扬声器输出报警音任务一致，不再赘述。仿真结果可以扫描右侧二维码查看。

单片机控制扬声器输出乐曲仿真结果

（2）根据电路图搭接电路。

根据元器件清单，找到制作电路所需的所有材料后按照电路原理图接线。注意搭建硬件电路后需要使用万用表测试系统的电源、地之间是否连通。在上电之前一定要确保系统电源、地没有短路，这是一个调试的好习惯。

由于扬声器的内阻是 8 Ω，在使用之前可以用万用表的电阻挡测试扬声器的两个引线之间的阻值，若是 8 Ω 左右则正确，若是阻值太大或太小则说明扬声器已经断路或短路损坏，不能使用。

（3）下载程序至单片机。

将程序下载至单片机中观察结果。如果程序及电路都没有错误，那么我们给系统上电后就可以听到扬声器发出《天空之城》的音乐，该音乐会一直循环。

（4）故障调试。

若上电后扬声器并没有发出声音或者发出的声音不对就需要检查，此过程是软硬件联合调试的过程，在实际单片机系统制作过程中非常重要，我们需要借助万用表来完成此过程。本项目常见的调试故障及排查思路见表 4-18。

表 4-18　单片机控制扬声器输出乐曲常见故障现象及排查思路

常见故障现象	排查思路
扬声器未发出声音	首先用万用表测量单片机电源、地之间是否有 5 V 左右电压，无则检查电源、地电路，有则检查扬声器及其驱动电路
扬声器发出的声音突然全部不对	根据简谱逐一检查出错乐曲处音符对应的频率常数与节拍常数，看是否遗漏了频率常数或节拍常数

四、总结归纳

本任务用单片机控制扬声器输出乐曲声，涉及的知识有扬声器的结构及工作原理、音调的控制及频率常数的计算方法、音长的控制及节拍常数的计算方法、将简谱转换为程序数组的方法、单片机输出乐曲程序的编写及调试、系统硬件电路故障的调试、系统软硬件联合调试等，接下来我们通过知识树的形式来归纳总结本任务所学的知识点、技能点及综合能力（见图 4-33）。

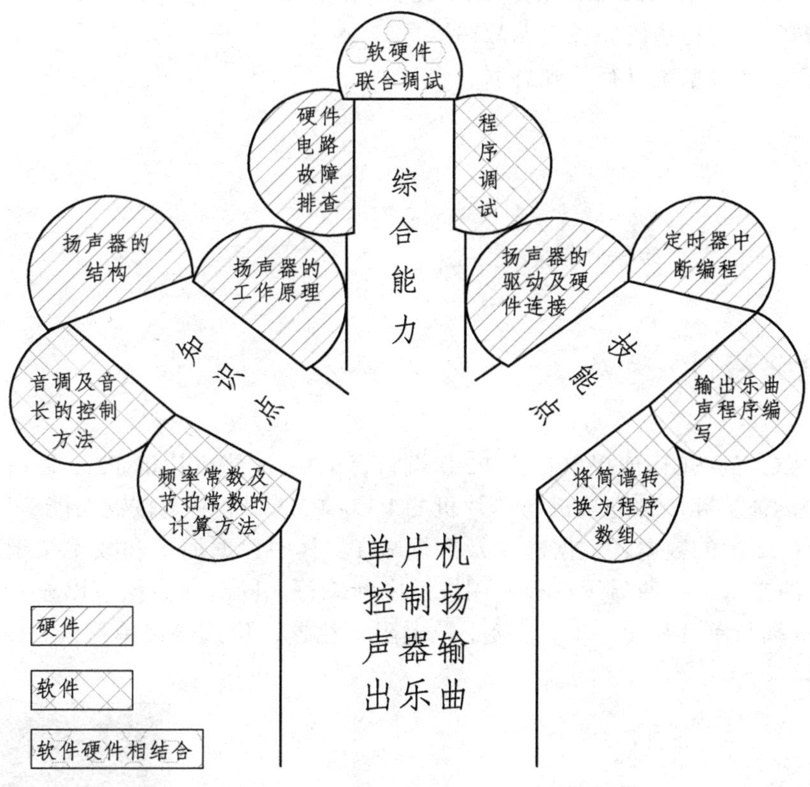

图 4-33　单片机控制扬声器输出乐曲任务知识树

五、学习评价

学习任务评价表参见本书配套的电子版工作页。

子任务八　AT24C02 存储器模块设计——存储器的使用

在门禁系统中需要设定开门密码，设定后要将此密码保存起来，系统断电后也不丢失，为此我们使用了 AT24C02 芯片，该芯片是 Atmel 公司的 2 KB 电可擦除存储芯片（EEPROM），该器件通过 I^2C 总线接口进行操作。在本任务中我们用两个独立按键来输入数据，另外两个按键控制向 AT24C02 中写入或读取数据，同时采用四位共阴极数码管来显示数据。通过本任务我们可以了解 AT24C02 的使用方法及 I^2C 总线的编程方法。

任务目标

○ 了解 I^2C 总线接口的工作原理及一般编程方法。
◎ 能对存储芯片 AT24C02 进行读写操作。
◎ 能对 Keil 工程中多个 C 文件进行编程及编译。
● 能完成 AT24C02 存储器使用任务的程序编写及调试。
◎ 能用 Proteus 软件绘制 AT24C02 的应用电路。
● 能排除 AT24C02 读写系统硬件电路故障。
● 能对 AT24C02 读写系统进行软硬件联合调试。

说 明

○——了解；◎——重点；●——难点。

一、硬件电路设计

本任务中 AT24C02 的 SCL 连接单片机 P2.0 端口，SDA 连接单片机 P2.1 端口，A0、A1、A2 和 WP 端口接地。另外设计了 4 个独立按键与单片机的 P3.0~P3.3 口相连，按键功能分别为向 AT24C02 保存数据、读取 AT24C02 中的数据，数据加 1 及数据减 1。其中数据加 1 和减 1 按键接单片机的外部中断 0 和外部中断 1 的接口，方便后续编程使用按键中断编程。同时此数据可以显示在四位共阴极数码管上，数码管的段选端与单片机 P0 口（需接上拉电阻）相连，位选端接单片机 P1.0~P1.3 口。硬件电路图如图 4-34 所示。

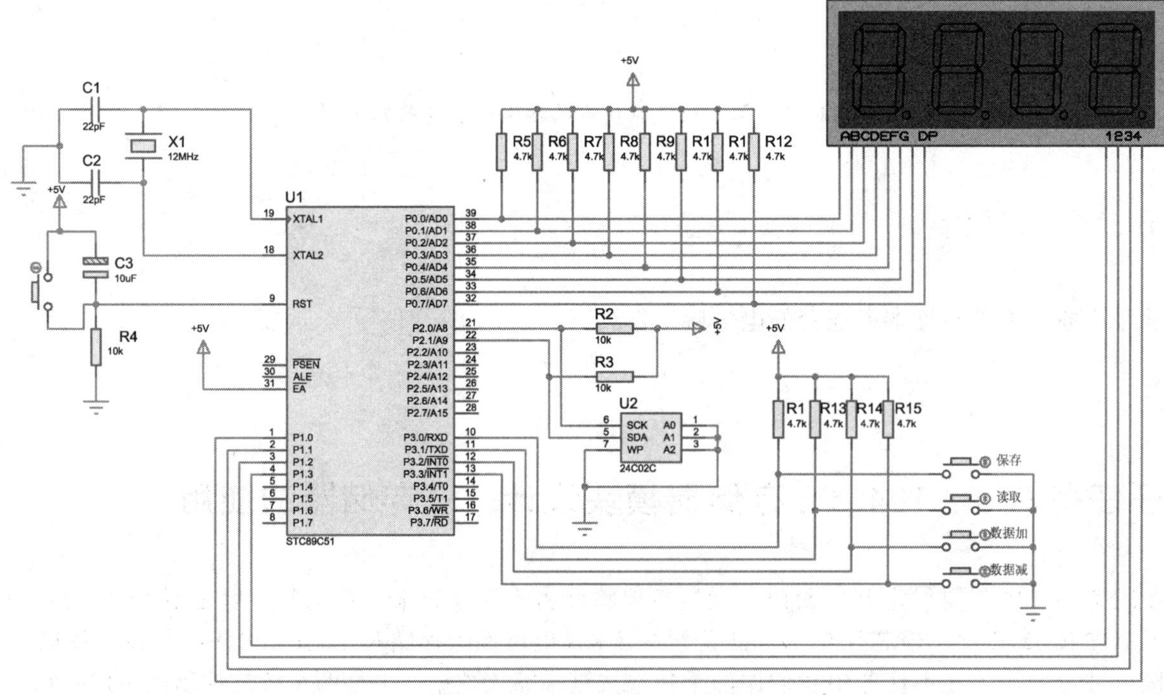

图 4-34　AT24C02 存储器的使用硬件电路图

该电路设计涉及以下知识点：

1. AT24C02 概述及特点

AT24C02 是低工作电压的 2 K 位串行电可擦除只读存储器，内部组织为 256 字节，每字节 8 位，该芯片被广泛应用于低电压及低功耗的工商业领域。

AT24C02 的主要特性有：工作电压为 1.8 ~ 5.5 V；输入/输出引脚兼容 5 V；8 字节页写缓冲区；二线串行接口；输入引脚经触发器滤波抑制噪声；高数据传送速率为 400 kHz 和 I^2C 总线兼容的双向数据传输协议；低功耗 CMOS 工艺；片内防误擦除写保护；100 万次擦写周期；数据保存可达 100 年。

AT24C02 支持 I^2C 总线数据传送协议。总线协议规定任何将数据传送到总线的器件作为发送器，任何从总线接收数据的器件为接收器。数据传送是由产生串行时钟和所有起始停止信号的主器件控制的。主器件和从器件都可以作为发送器或接收器，但由主器件控制传送数据（发送或接收）的模式，由于 A0、A1 和 A2 可以组成 000~111 八种情况，即通过器件地址输入端 A0、A1 和 A2 可以实现将最多 8 个 AT24C02 器件连接到总线上，通过进行不同的配置选择器件。

2. AT24C02 的引脚定义

AT24C02 有三种封装形式，引脚分布如图 4-35 所示。

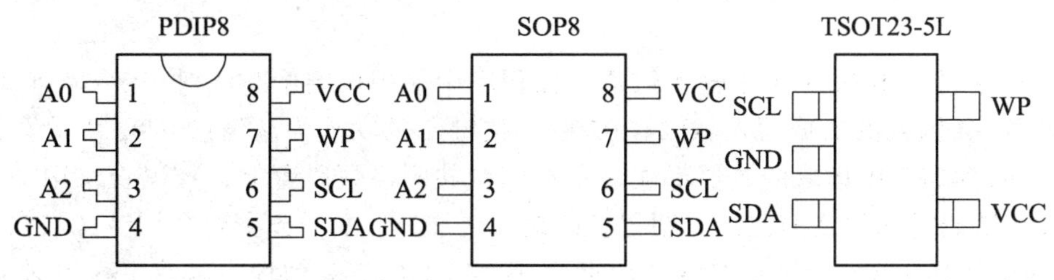

图 4-35　AT24C02 存储器引脚分布

其引脚定义见表 4-19。

表 4-19　AT24C02 存储器引脚定义

引脚名称	引脚功能
A0~A2	器件地址输入
SDA	串行数据输入输出
SCL	串行时钟输入
WP	写保护
VCC	电源
GND	地

串行时钟信号引脚（SCL）：在 SCL 输入时钟信号的上升沿将数据送入 EEPROM 器件，并在时钟的下降沿将数据读出。

串行数据输入/输出引脚（SDA）：SDA 引脚可实现双向串行数据传输。该引脚为开漏输出，因此 SDA 总线要求在该引脚与 VCC 之间接入上拉电阻。通常频率为 100 kHz 时该电阻阻值为 10 kΩ，频率为 400 kHz 和 1 MHz 时阻值为 2 kΩ。

器件/页地址脚（A2、A1、A0）：A2、A1 和 A0 引脚为 24C02 的硬件连接的器件地址输入引脚。24C02 在一个总线上最多可寻址 8 个 2 K 器件，A2、A1 和 A0 内部必须连接。在大部分的应用中，A0、A1、A2 直接连接到逻辑 0 或者逻辑 1。

写保护（WP）引脚：24C02 具有用于硬件数据写保护功能的引脚。当该引脚接 GND 时，允许正常的读/写操作。当该引脚接 VCC 时，芯片启动写保护功能。

3. AT24C02 的硬件连接

AT24C02 常用的电路连接图如图 4-36 所示。

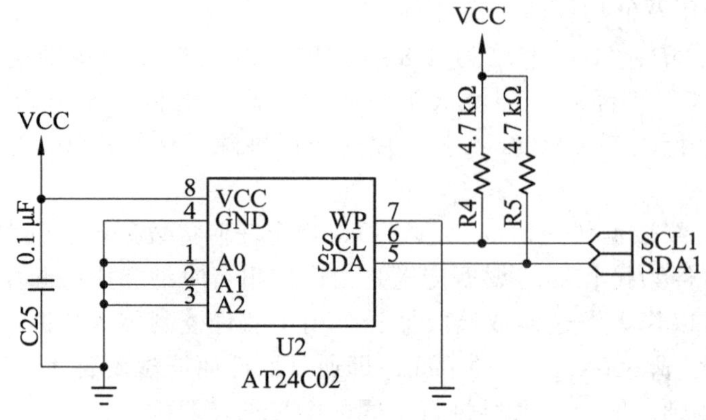

图 4-36　AT24C02 电路连接图

二、程序设计

本任务是通过按键 3 和按键 4 来输入数值（在程序中使用按键中断法对按键 3、4 编程），按键 1 的功能为将按键 3、4 输入的数据写入 AT24C02 中，按键 2 的功能为从 AT24C02 中读取键值。按键输入的数值以及从 AT24C02 中读取的数值都能显示在四位共阴极数码管上，数码管采用动态显示的方式编程。由于按键和数码管编程之前已经介绍过，在此不再详述，本任务主要介绍 AT24C02 的使用方法。

对 AT24C02 的操作主要包含 I^2C 总线的驱动程序、AT24C02 驱动程序以及主程序对 AT24C02 读写三大部分。对于功能独立的程序一般用一个单独的 C 文件来存储，所以本程序分为 3 个 C 文件，分别是 2402Main.c 文件（主要包含主程序、按键输入和数码管显示程序）、2402.c（AT24C02 的驱动程序）和 I2C.c（I^2C 总线的驱动程序），另外还包含一个名为 Function.h 的头文件。

完整程序可以扫描右侧二维码查看。

AT24C02 存储器的使用完整程序

该程序设计涉及以下知识点：

1. Keil 工程中多个 C 文件的处理方法

本任务有 3 个 C 文件，多个 C 文件在编程时和单个 C 文件有稍许不同，主要有以下三点：

（1）首先在建立工程之后，需要将 3 个 C 文件都添加到工程中，如图 4-37 所示。

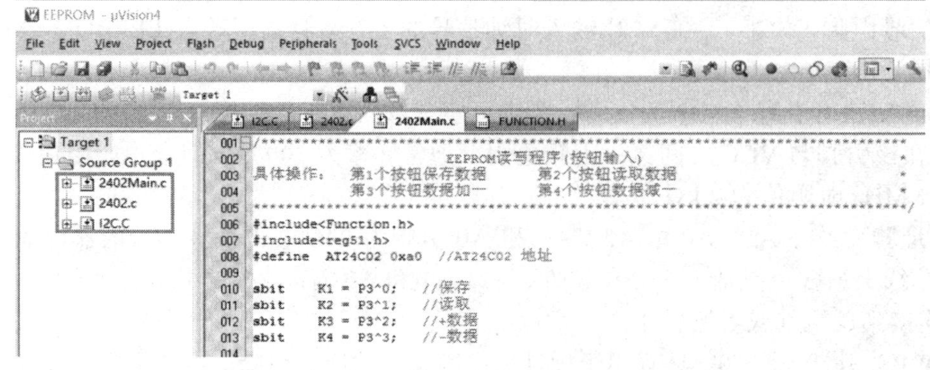

图 4-37　Keil 工程中添加多个文件

（2）有些函数要相互调用，但它们又不在同一个 C 文件里，此时该如何处理呢？可以自己编写一个头文件（以.h 为后缀），在该文件中将跨文件调用的函数和变量进行声明。方法如 Function.h 文件中所示。其中，将 extern 置于变量或者函数前，表示该变量或者函数的定义在别的文件中，提示编译器遇到此变量和函数时在其他模块中寻找其定义。

```
extern bit ack;

extern void Start_I2c();    //起动总线函数
```

（3）按（2）中的方法将所有跨文件调用的函数及变量全部写好后保存为头文件，如本程序中的 Function.h。最后在各个文件的开头用#include 命令来包含这个头文件，这样就可以对函数进行跨文件调用了。如程序中 3 个 C 文件的开头都有#include<Function.h>这条语句。

2. AT24C02 芯片的器件地址

24C02 器件地址设置如图 4-38 所示。

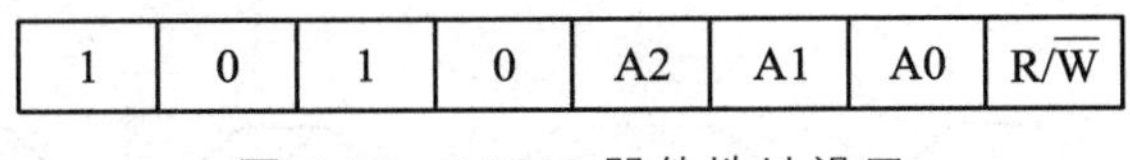

1	0	1	0	A2	A1	A0	R/$\overline{W}$

图 4-38　24C02 器件地址设置

从图 4-38 中可以看到，24C02 的器件地址由 7 位地址和 1 位方向位组成。其中，高 4 位器件地址 1010 由 I^2C 委员会分配，最低 1 位 R/$\overline{W}$ 为方向位。当 R/$\overline{W}$ =0 时，对存储器进行写操作；当 R/$\overline{W}$ =l 时，对存储器进行读操作。对于容量只有 256 字节的 24C02 而言，A2、A1、A0 为硬件地址，可选择接地或 V_{CC}，当选择接地时，则该存储器的写器件地址为 10100000B（十六进制为 0xa0），读器件地址为 10100001B（十六进制为 0xal）。

3. I^2C 总线介绍

如前面所述，AT24C02 芯片采用 I^2C 接口与单片机连接，那么什么是 I^2C 总线呢？

I^2C 总线是 Philips 公司推出的芯片间串行传输总线。它由两根线组成，一根是串行时钟线（SCL），另外一根是串行数据线（SDA）。使用时主控器（单片机）利用串行时钟线发出时钟信号，利用串行数据线发送或接收数据。

1）I^2C 总线的数据传输规则

（1）在 I^2C 总线上的数据线 SDA 和时钟线 SCL 都是双向传输线，它们的接口各自通过一个上拉电阻接到电源正端。当总线空闲时，SDA 和 SCL 必须保持高电平。

（2）进行数据传送时，在时钟信号高电平期间，数据线上的数据必须保持稳定，只有时钟线上的信号为低电平期间，数据线上的高电平或低电平才允许变化，如图 4-39 所示。

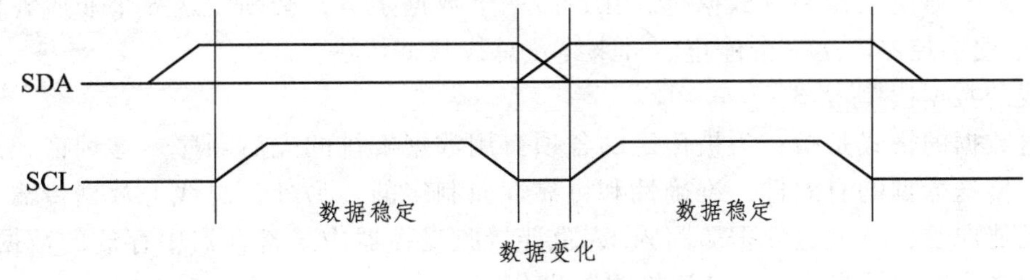

图 4-39　数据有效时序

（3）在 I^2C 总线的工作过程中，当时钟线保持高电平期间，数据线由高电平到低电平的变化视为起始命令，而数据线由低电平向高电平的变化视为停止命令，如图 4-40 所示。起始命令和停止命令均由主控器产生。

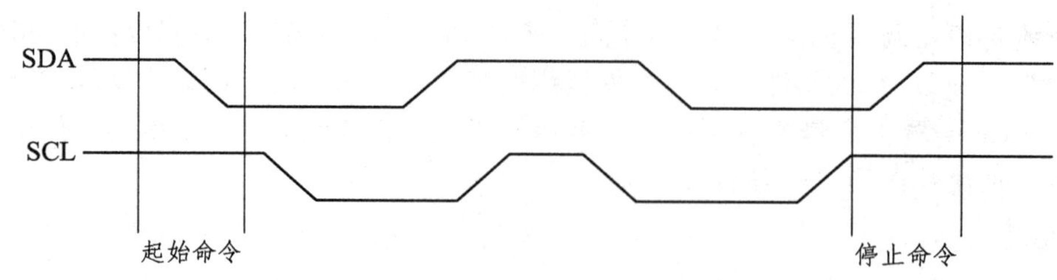

图 4-40　起始与停止命令定义

（4）I^2C 总线传送的每一个字节均为 8 位，但每启动一次总线，传输的字节数没有限制。由主控器发送时钟脉冲及起始命令（S）、寻址字节和停止命令（P），受控器件必须在收到每个数据字节后作出响应，在传送一个字节后的第 9 个时钟脉冲位，受控器输出低电平作为应答信号。此时，要求发送器在第 9 个时钟脉冲位上释放 SDA 线，以便受控器能送出应答信号，受控器将 SDA 线拉成低电平，表示对接收数据的认可。应答信号用 ACK 或 A 表示，非应答信号用 $\overline{\text{ACK}}$ 或 $\overline{\text{A}}$ 表示。输出应答时序如图 4-41 所示。当受控器确认数据后，主控器可通过产生一个停止命令来终止总线数据传输。I^2C 总线数据传输示意图如图 4-42 所示。

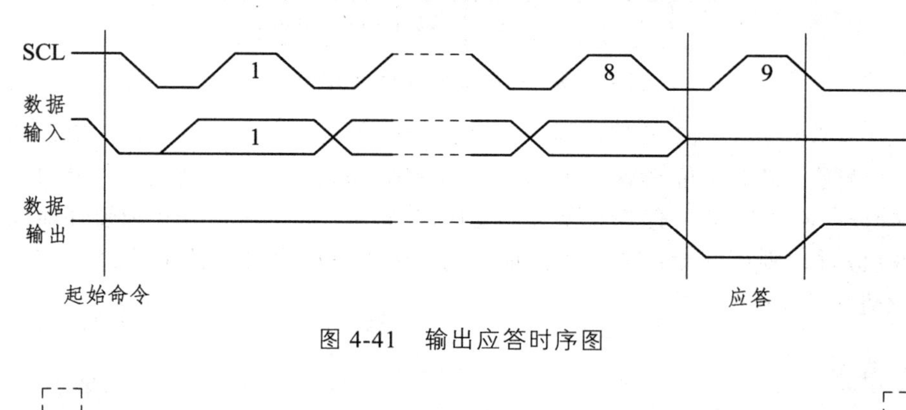

图 4-41　输出应答时序图

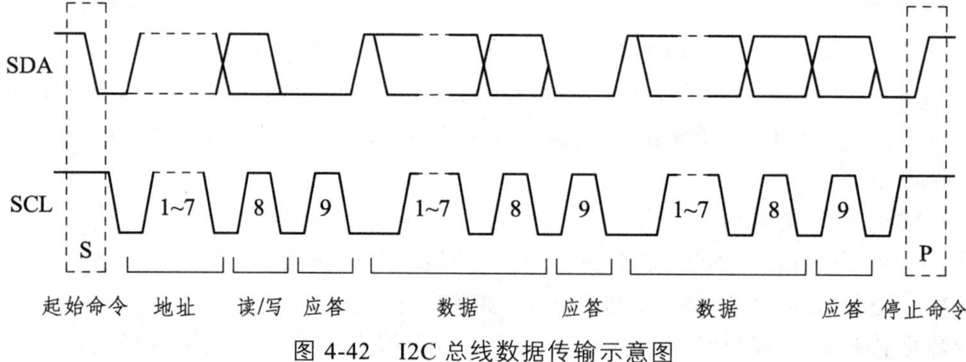

图 4-42　I2C 总线数据传输示意图

需要说明的是，当主控器接收数据时，在最后一个数据字节，必须发送一个非应答位，使受控器释放 SDA 线，以便主控器产生一个停止信号来终止总线数据传输。

2）I^2C 总线的数据读/写格式

总线上传送数据的格式是指：为被传送的各项有用数据安排的先后顺序。这种格式是人们根据串行通信的特点，传送数据的有效性、准确性和可靠性而制定的。另外，总线上数据传输是双向的，也就是说主控器既能向受控器发送数据（写入），也能接收受控器中某寄存器中存放的数据（读取）。因此，传送数据的格式有“写格式”与“读格式”之分。

（1）写格式。I^2C 总线数据的写格式如图 4-43 所示。

写格式是指主控器向受控器发送数据。工作过程是：先由主控器发出启动信号（S），随后传送一个带读/写（$R/\overline{W}$）标记的器件地址（SLAVE ADD）字节，器件地址只有 7 位长，第 8 位是读/写位（$R/\overline{W}$），用来确定数据传送的方向。对于写格式，(R/$\overline{W}$) 应为 0，表示主控器将发送数据给受控器，接着传送第 2 个字节，即器件地址的子地址 (SUB ADD)。若受控器有多字节的控制项目，该子地址是指首 (第一个) 地址，因为子地址在受控器中都是按顺序编制的，这就便于某受控器的数据一次传送完毕。接着才是若干字节的控制数据的传送，每传送一个字节的地址或数据后的第 9 位是受控器的应答信号。数据传送的顺序要靠主控器中程序的支持才能实现，数据发送完毕后，由主控器发出停止信号 (P)。

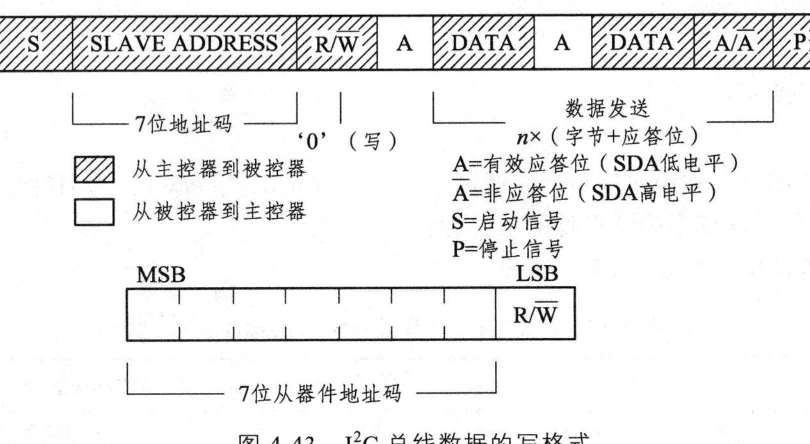

图 4-43　I^2C 总线数据的写格式

(2) 读格式。对于读格式，R/$\overline{W}$ 应为 1，表示受控器将发送数据给主控器，读格式如图 4-44 所示。

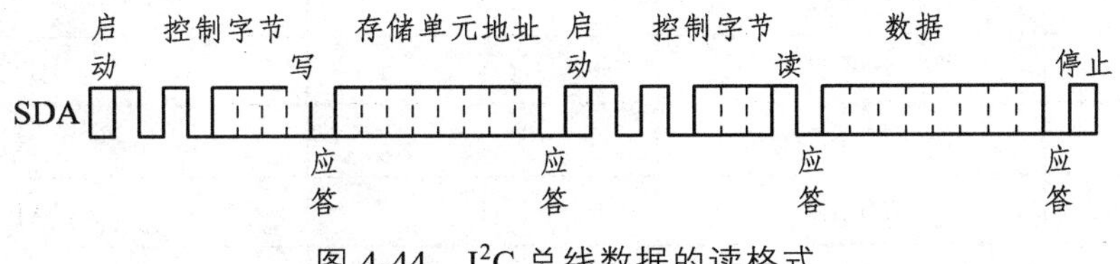

图 4-44　I^2C 总线数据的读格式

与写格式不同，读格式首先要找到读取数据的受控器地址，包括器件地址和子地址，因此格式中在启动读之前，用写格式发送受控器地址，再启动读格式，其中读格式的器件地址为写格式地址加 1，如 2402.C 文件中程序第 42、47 行所示 (见图 4-45)。

```
30 /*********************************************************************
31                    向有子地址器件读取多字节数据函数
32 函数原型: bit  RecndStr(UCHAR sla,UCHAR suba,ucahr *s,UCHAR no);
33 功能:      从启动总线到发送地址，子地址,读数据，结束总线的全过程,从器件
34            地址sla，子地址suba，读出的内容放入s指向的存储区，读no个字节。
35             如果返回1表示操作成功，否则操作有误。
36 注意:      使用前必须已结束总线。
37 ********************************************************************/
38 bit IRcvStr(unsigned char  sla,unsigned char  suba,unsigned char  *s,unsigned char  no)
39 {
40    unsigned char i;
41    Start_I2c();                        /*启动总线*/
42    SendByte(sla);                      /*发送器件地址（写格式）*/
43    if(ack==0)return(0);
44    SendByte(suba);                     /*发送器件子地址*/
45    if(ack==0)return(0);
46    Start_I2c();                       /*重新启动总线*/
47    SendByte(sla+1);                   /*发送器件地址（读格式）*/
48    if(ack==0)return(0);
49    for(i=0;i<no-1;i++)
50    {
51      *s=RcvByte();                     /*接收数据*/
52       Ack_I2c(0);                      /*发送就答位*/
53      s++;
54    }
55    *s=RcvByte();
56    Ack_I2c(1);                         /*发送非应位*/
57    Stop_I2c();                         /*结束总线*/
58    return(1);
59 }
```

图 4-45　I^2C 总线读多字节函数

注意：在使用多个受控器时，为了将控制数据可靠地传送给指定的受控芯片，必须给每一块受控芯片编制一个地址码，称为器件地址。显然，不同的 I^2C 的器件地址不能相同。主控器发送寻址字节时，总线上所有受控器都将寻址字节中的 7 位地址与自己的器件地址相比较，如果两者相同，则该器件就是被寻址的受控器（从器件）。受控器内部的 n 个数据地址（子地址）的首地址由子地址数据字节指出，I^2C 总线接口内部具有子地址指针自动加 1 的功能，因此主控器不必一一发送 n 个数据字节的子地址。

三、任务实施

完成了硬件电路图设计和程序编写后，就可以完成 AT24C02 存储器的使用任务了。

（1）在 Proteus 仿真软件中验证设计的电路和程序。

首先列出元器件清单，见表 4-20。

表 4-20　AT24C02 存储器的使用元器件清单

品名	型号	数量/个	Proteus 元件库关键字
单片机	STC89C51	1	AT89C51（代替）
晶振	12 MHz	1	CRYSTAL
电阻	10 kΩ	3	RES
按键	不带锁	5	BUTTON
瓷片电容	22 pF	2	CAP
电解电容	10 μF	1	CAP-ELEC
电阻	4.7 kΩ	12	RES
EEPROM	AT24C02	1	24C02C

根据元器件清单中所示的关键字，在 Proteus 仿真软件的元件库中找到所有的元件，并按照原理图连线。连线完毕后开始仿真，先用数据加或数据减按键调整数据，然后按下保存按键将数据写入 AT24C02 中，接着点击仿真停止，相当于给系统断电，之后再次点击仿真开始，此时按下读取按键，刚才保存的数据从 AT24C02 中读取出来并显示在四位数码管上。仿真结果可以扫描以下二维码查看。

（2）根据电路图搭接电路。

根据元器件清单，找到制作电路所需的所有材料后按照电路原理图接线。注意搭建硬件电路后需要使用万用表测试系统的电源、地之间是否连通。在上电之前一定要确保系统电源、地没有短路，这是一个调试的好习惯。

AT24C02 存储器的使用任务仿真结果

（3）下载程序至单片机。

将程序下载至单片机中观察结果。如果程序及电路都没有错误，那么我们给系统上电后按照仿真的操作步骤更改数据、按下保存按键，给系统断电再上电后，再按下读写按键，刚才保存的数据又读取回来并显示在四位数码管上了，也就是说我们成功地完成了对 AT24C02 的读写操作。

（4）故障调试。

若按照上述操作数码管上并没有显示保存的数据则需要检查，此过程是软硬件联合调试的过程，在实际单片机系统制作过程中非常重要，我们需要借助万用表来完成此过程。本项目常见的调试故障及排查思路见表 4-21。

表 4-21　AT24C02 存储器使用的常见故障现象及排查思路

常见故障现象	排查思路
上电后数码管一直处于熄灭状态	用万用表测量单片机电源、地之间是否有 5 V 左右电压
数码管显示数据乱码	硬件上检查数码管段选端与单片机的连接是否接错，软件上检查 0~9 段码表是否有误
按键按下无反应	硬件上检查按键电路是否接错，系统上电后测量与按键相连的 I/O 口的电压，按键未按下时电压应为 5 V 左右，按键按下后电压应变为 0 V。软件上检查按键处理程序
无法向 AT24C02 保存数据或数据读取错误	首先，检查按键是否有效按下，检查按键处理程序是否正确。其次，检查 AT24C02 硬件连接是否正确，继而检查 AT24C02 读写程序及 I^2C 驱动程序

四、总结归纳

本任务主要完成了按键输入数据、将数据写入 AT24C02 芯片、从 AT24C02 芯片中读出数据、数码管显示数据等功能，涉及的新知识有 AT24C02 概述及特点、AT24C02 的引脚定义、AT24C02 的硬件连接、Keil 工程中多个 C 文件的处理方法、AT24C02 芯片的器件地址、I^2C 总线的数据传输规则、I^2C 总线的数据读/写格式、程序的编写及调试、系统硬件电路故障的调试、系统软硬件联合调试等，接下来我们通过知识树的形式来归纳总结本任务所学的知识点、技能点及综合能力（见图 4-46）。

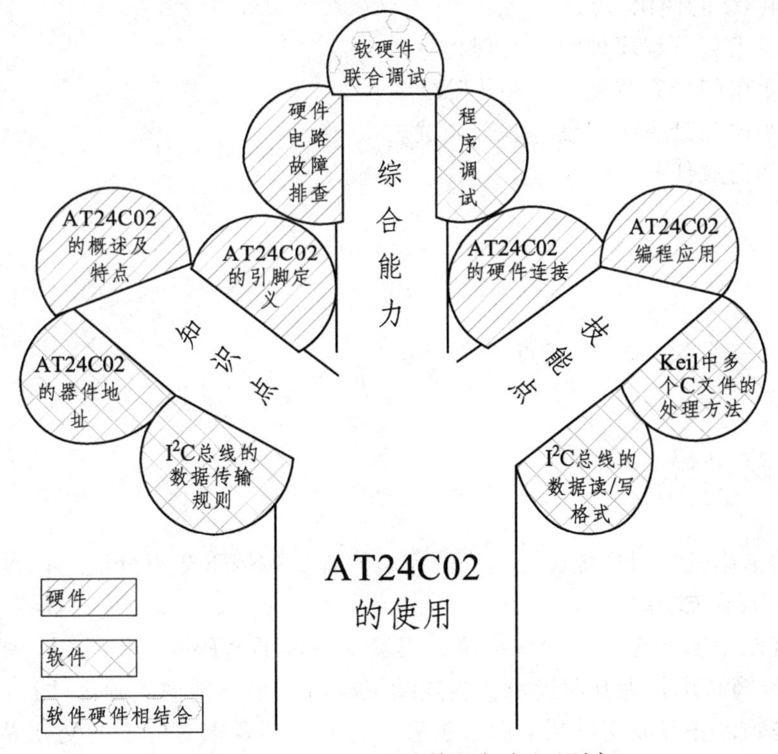

图 4-46　AT24C02 的使用任务知识树

五、学习评价

学习任务评价表参见本书配套的电子版工作页。

子任务九　综合设计——智能小屋门禁系统制作与调试

在前面我们已经通过液晶显示模块、矩阵键盘输入模块、继电器控制模块、扬声器发声模块、AT24C02 存储模块学习了液晶显示、矩阵键盘输入、继电器控制、扬声器的使用以及 AT24C02 存储的方法。接下来要利用前面所学的知识来制作智能小屋的门禁系统，该系统用 4×4 矩阵键盘来输入六位开门密码，当密码输入正确后单片机控制继电器动作，电磁铁得电吸合，智能小屋门锁打开，同时发光二极管发光、扬声器发出嘀嘀声作为开门提示。若密码输入错误，则液晶显示屏显示“ERROOR”，连续三次输入错误则不能继续输入且扬声器发出 25 s 报警音。我们还可以使用矩阵键盘修改密码并将新的密码保存在 AT24C02 中。门禁系统的使用保障了智能小屋的安全性。

任务目标

● 能叙述单片机控制系统设计制作的流程。
○ 能进行元器件的选型。
○ 能在 Proteus 中绘制电路图。
● 能编写并调用 1602 液晶显示驱动程序。
◎ 能理解矩阵键盘的按键识别原理。
◎ 能掌握扬声器及继电器的使用方法。
○ 能了解 AT24C02 的使用方法。
◎ 能根据控制要求划分程序模块并编程程序。
● 能排除智能小屋门禁系统硬件电路故障。
◎ 能进行智能小屋门禁系统软硬件联合调试。
○ 能与他人合作完成任务。

说　明

○——了解；◎——重点；●——难点。

一、硬件电路设计

结合之前学习的单片机控制系统设计制作的完整流程，按以下步骤开展工作：

（1）确定（分析）系统功能。

本次任务是为智能小屋制作一个门禁系统，当输入正确的密码时，智能小屋的门自动打开同时发光二极管亮 0.5 s 且有滴滴声作为开门提示，当连续三次输错密码则输入锁定并且发出报警音。同时本系统能够重新设置密码，并且该密码断电后不丢失。另外，还要求有一定的交互界面。

（2）元器件选型。

根据对前面子任务的学习以及对系统功能分析，我们选用 4×4 矩阵键盘作为输入部件，用以输入或设定开门密码，选用扬声器作为发声器件，选用 AT24C02 作为密码存储芯片，选用 LCD1602 液晶作为显示器件。根据各器件的应用电路，列出元器件清单，见表 4-22。

表 4-22　智能小屋门禁系统元器件清单

品名	型号	数量/个	Proteus 元件库关键字
单片机	STC89C51	1	AT89C51（代替）
晶振	12 MHz	1	CRYSTAL
电阻	10 kΩ	1	RES
排阻	4.7 kΩ	1	RESPACK-8
可变电阻	1 kΩ	1	POT-HG
按键	不带锁	17	BUTTON
瓷片电容	22 pF	2	CAP
电解电容	10 μF	1	CAP-ELEC
1602 液晶显示器	1602	1	LM016L
EEPROM	AT24C02	1	24C02C
与非门	74LS20	1	74LS20
电阻	300 Ω	1	RES
NPN 三极管	9013	1	NPN
扬声器	8Ω	1	SPEAKER
发光二极管	LED	1	LED-GREEN

（3）单片机 I/O 端口分配。

接下来为矩阵键盘、液晶显示器、AT24C02、扬声器、发光二极管分配单片机 I/O 端口，见表 4-23。

表 4-23　智能小屋门禁系统 I/O 分配

单片机引脚	连接硬件	备注
P1.0~P1.3	矩阵键盘列线	第 1 列→第 4 列
P1.4~P1.7	矩阵键盘行线	第 1 行→第 4 行
P0.0~P0.7	1602 数据端（7~14 脚）	D0~D7
P2.5	1602 使能端（6 脚）	E
P2.6	1602 读写信号端（5 脚）	RW
P2.7	1602 指令/数据选择端（4 脚）	RS
P2.0	24C02 时钟信号端（6 脚）	SCL
P2.1	24C02 数据输入/输出（5 脚）	SDA
P2.2	24C02 写保护端（7 脚）	WP
P3.2	74LS20 输出端（8 脚）	按键中断
P3.6	发光二极管正极	
P3.7	9013 基极电阻	驱动扬声器

（4）功能电路的设计及验证。

由于前面的子任务中我们已经成功应用了本任务涉及的各个功能模块，所以在这里就可以省略功能电路的设计及验证部分。

（5）设计并绘制硬件电路。

分配好 I/O 口后可以在 Proteus 仿真软件中绘制出电路原理图，绘制好的电路原理图如图 4-47 所示。

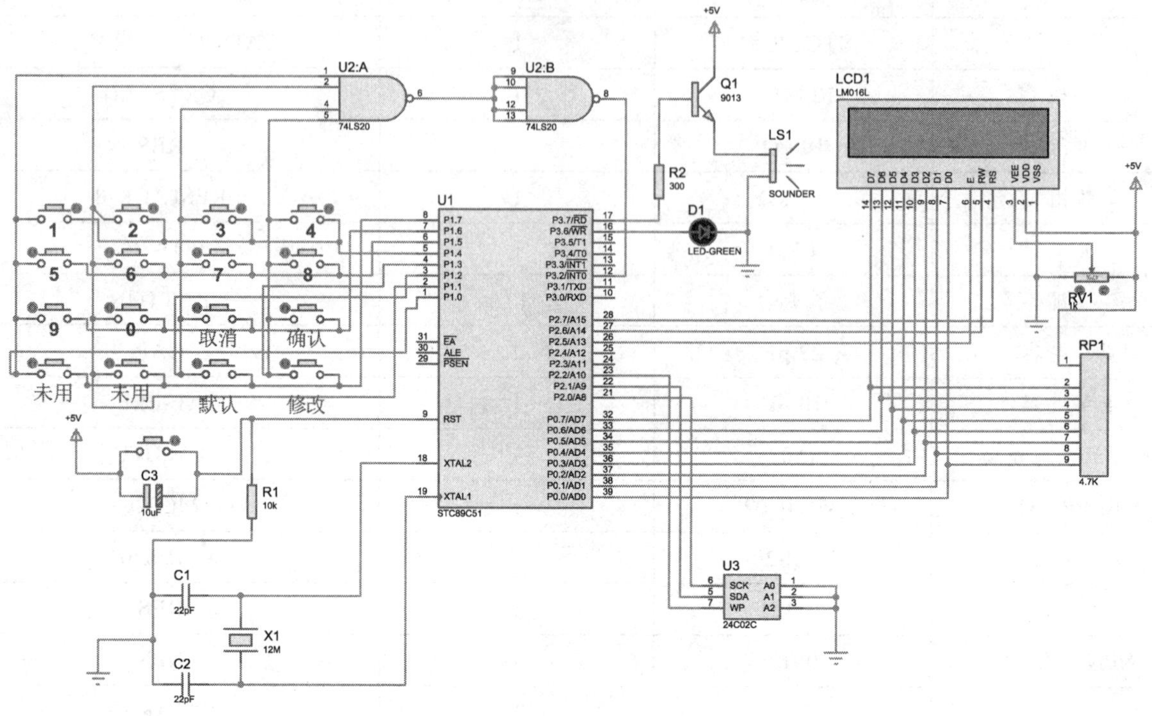

图 4-47　智能小屋门禁系统硬件电路图

该电路设计涉及以下知识点：

74LS20 的使用：

74LS20 是常用的双 4 输入与非门集成电路，常用在各种数字电路和单片机系统中，它的 CMOS 版本是 74HC20。其管脚图如图 4-48 所示。

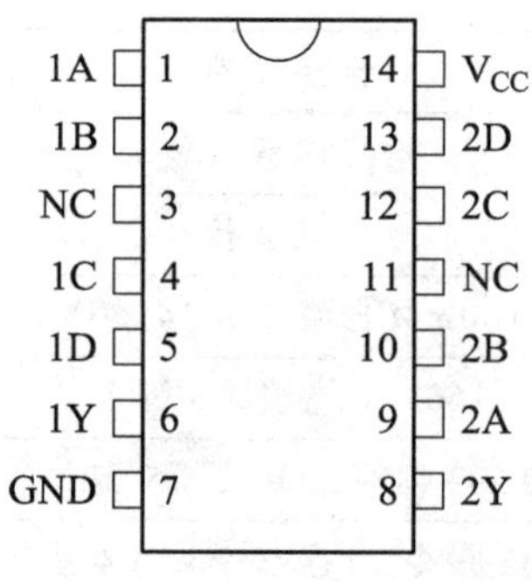

图 4-48　74LS20 管脚

74LS20 芯片的功能很简单，包含两组 4 输入与非门。第一组：1、2、4、5 管脚输入，6 脚输出；第二组：9、10、12、13 管脚输入，8 脚输出。74LS20 真值表如表 4-24 所示。其中 A、B、C、D 代表输入，Y 为输出，X 代表 0、1 中的任一值。

在本任务中，将矩阵键盘列线作为 74LS20 的输入信号，没有按键按下时第一组与非门输入信号全为高电平，根据 74LS20 真值表可知第一组与非门输出为 0，经过第二组与非门后最终 74LS20 输出为 1。当某一按键被按下后由于程序采用行扫描的方式，所以该按键所在的列电平为 0，即第一组与非门输入信号为 0，输出为 1，此信号作为第二组与非门的输入，最终输出为 0。74LS20 的输出信号连接到单片机外部中断输入引脚 $\overline{\text{INT0}}$ 上，当有按键被按下后 $\overline{\text{INT0}}$ 引脚上就会出现从高到低的下降沿信号，此信号可以向单片机申请中断，使按键响应更加及时。

表 4-24　74LS20 真值表

A	B	C	D	Y
1	1	1	1	0
0	X	X	X	1
X	0	X	X	1
X	X	0	X	1
X	X	X	0	1

该电路涉及的其他知识已经在前面的子任务中有详细讲解，在此不再赘述。

二、软件程序设计

本任务要求设计智能小屋的门禁系统，该系统用 4×4 矩阵键盘来输入六位开门密码，当密码输入正确后单片机控制继电器动作，电磁铁得电吸合，智能小屋门锁打开，同时发光二极管亮 0.5 s 且扬声器发出嘀嘀声作为开门提示。若密码输入错误则液晶显示屏显示“ERROOR”，连续三次输入错误则不能继续输入且扬声器发出报警音。另外，矩阵键盘可以修改开门密码并将新的密码保存在 AT24C02 中。

根据系统要求将程序按功能分为矩阵键盘识别程序文件（keyscan.c）、1602 液晶显示程序文件（lcd1602.c）、EEPROM 存储程序文件（24c02.c）、密码锁功能程序文件（包含键值处理及显示界面见 mimasuo.c）以及主程序文件（main.c）。为了完成函数的跨文件调用，我们编写了头文件 common.h，将各个 C 文件里的函数进行声明。

程序流程图及完整程序可以扫描右侧二维码查看。

智能小屋门禁系统制作与调试流程图及完整程序

三、任务实施

（1）在 Proteus 仿真软件中验证设计的电路和程序。

首先列出仿真时元器件对应的 Proteus 元件库关键字。仿真开始后，1602 液晶屏第一行会显示“Input Password!”，提示输入开门密码，接下来我们用矩阵键盘输入六位密码，此时密码会以*号加密的形式显示在液晶屏第二行上，六位密码输入结束按下“确定”键。

① 程序中设定的原始密码为“123456”，若密码输入正确则第二行显示“OK!”同时发光二极管亮 0.5 s 且扬声器发出滴滴声提示开门成功。

此时可以重新设置门禁密码，方法为：输入正确开门密码液晶显示器显示“OK”后按下“修改”键，此时液晶显示器显示“New Password!”，此时输入六位新密码后按下“确定”键，密码修改成功，扬声器发出“滴滴”提示音同时液晶显示屏上显示“OK!”。

② 若密码输入错误，液晶屏上提示“ERROR!”接着显示“Last 2”，表示还有两次输入机会。若再次输入错误提示“ERROR!”接着显示“Last 1”，表示还有一次输入机会。再次输入错误则提示“ERROR!”接着显示“DEAD!”，同时扬声器发出 25 s 报警音。以上仿真结果可以扫描右侧二维码查看。

智能小屋门禁系统仿真结果

（2）根据电路图焊接硬件电路。

①根据元器件清单，找到制作电路所需的所有材料。

②测试发光二极管、按键、喇叭、74LS20 的好坏。

③焊接硬件电路。按照电路原理图焊接完成硬件电路后，需要使用万用表测试系统的电源、地之

间是否没有连通。在上电之前一定要确保系统电源、地没有短路，这是一个调试的好习惯。

（3）下载程序至单片机。

将程序下载至单片机中观察任务现象。如果程序及电路都没有错误，那么我们就会看到仿真成功的现象了。

（4）软硬件联合调试。

若最终的实验现象和任务要求不符，则需要进行软硬件联合调试。本项目常见的调试故障及排查思路见表 4-25。

表 4-25 智能小屋门禁系统常见故障现象及排查思路

常见故障现象	排查思路
1602 液晶无显示	检查单片机电源和液晶显示器电源，看是否正常；检查程序，看 1602 驱动函数是否编写错误
按下某一按键，显示屏没有显示	检查按键扫描程序，看是否扫描方式错误，又或者获取键值不正确，看看按键扫描是否只进行了一次；检查液晶显示程序段
无法向 AT24C02 保存数据或数据读取错误	首先，检查按键是否有效按下，检查按键处理程序是否正确。其次，检查 AT24C02 硬件连接是否正确，继而检查 AT24C02 读写程序及 I^2C 驱动程序
扬声器未发出声音	检查扬声器及其驱动电路

四、总结归纳

本任务制作了智能小屋的门禁系统，涉及的知识有 1602 液晶显示器、矩阵键盘、扬声器、继电器、AT24C02 的控制原理及编程方法。接下来我们通过知识树的形式来归纳总结本任务所学的知识点、技能点及综合能力（见图 4-49）。

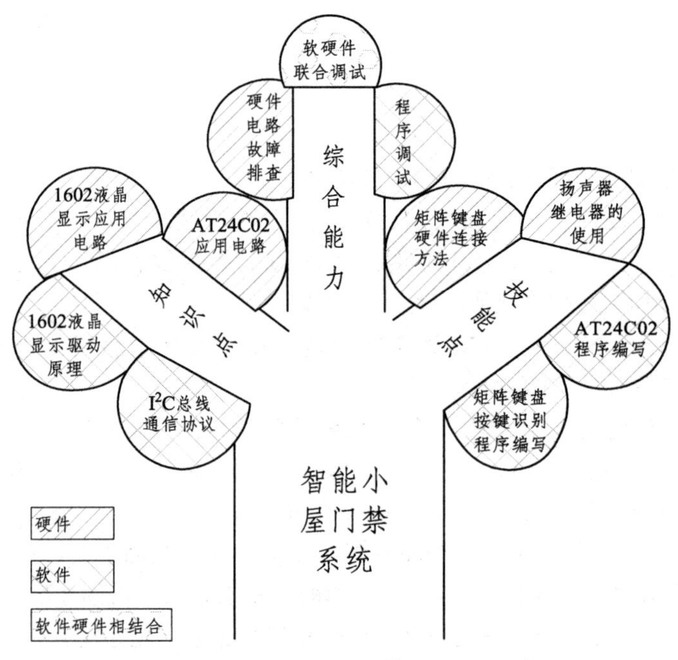

图 4-49 智能小屋门禁系统知识树

五、学习评价

学习任务评价表参见本书配套的电子版工作页。

学习任务五　智能小屋自动窗帘控制模块设计

【学习任务描述】

窗帘可以遮光、避风雨、降噪声，因此是每一个房屋都必不可少的。我们也要为智能小屋做一个窗帘，不过它是可以自动控制的：早晨起来窗帘可以自动打开，晚上窗帘又可以自动放下；同时还可以通过遥控器在屋里任何地方开关窗帘，不用到窗边去摇动窗帘。

【学习目标】

（1）能理解光敏电阻原理，实现自动感光窗帘的控制。
（2）能掌握步进电机及其驱动电路，实现窗帘的开关控制。
（3）能掌握无线遥控器的设计方法，实现无线遥控步进电机动作。
（4）能够设计自动窗帘系统硬件电路，并在 Proteus 软件中绘制并仿真电路功能。
（5）能灵活使用 C 语言编写自动窗帘系统程序，并在 Keil 编程软件中调试程序。
（6）能在面包板或万用板上搭建并调试硬件电路。
（7）能将程序下载到芯片中对自动窗帘系统进行软硬件联合调试。

【学习工作任务】

智能小屋自动窗帘系统是一种小型的综合性系统，具有通过感知光线的强弱控制窗帘开闭、红外遥控窗帘的开闭、步进电机带动窗帘开闭等功能。若依据系统功能划分，该学习任务可以分为以下三个任务模块：感光控制模块、步进电机模块、无线遥控模块，并在三个模块的基础上完成智能小屋自动窗帘系统综合设计。该学习任务的结构如图 5-1 所示。

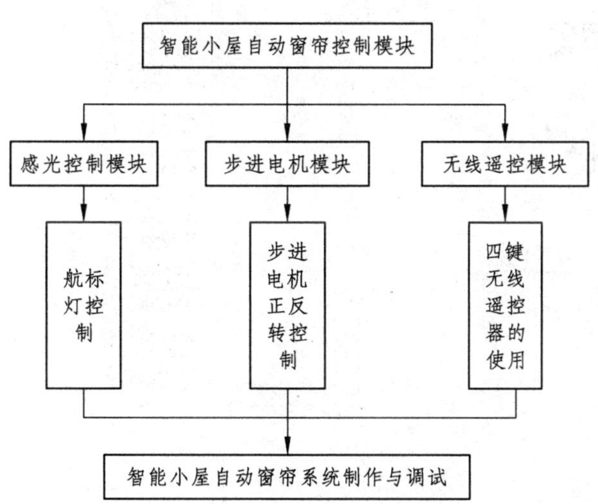

图 5-1　智能小屋自动窗帘系统学习任务结构

子任务一　感光控制模块设计——航标灯控制

感光控制模块主要实现自动感应光强的功能，所以主要需要解决的问题是，找到一个能感应光强的器件，并设计它的应用电路。

任务目标

○ 能理解光敏电阻的工作原理。

● 能设计感光控制模块的电路。

◎ 能完成自动感应光强控制 LED 灯程序的编写。

◎ 能用 Proteus 软件绘制感光控制模块的电路。

● 能排除感光控制模块的硬件电路故障。

● 能进行感光控制模块的软硬件联合调试。

说　明

○——了解；◎——重点；●——难点。

一、硬件电路设计

在这个电路中采用光敏电阻来感应光强的变化，因此设计单片机与光敏电阻的电路连接图如图 5-2 所示。

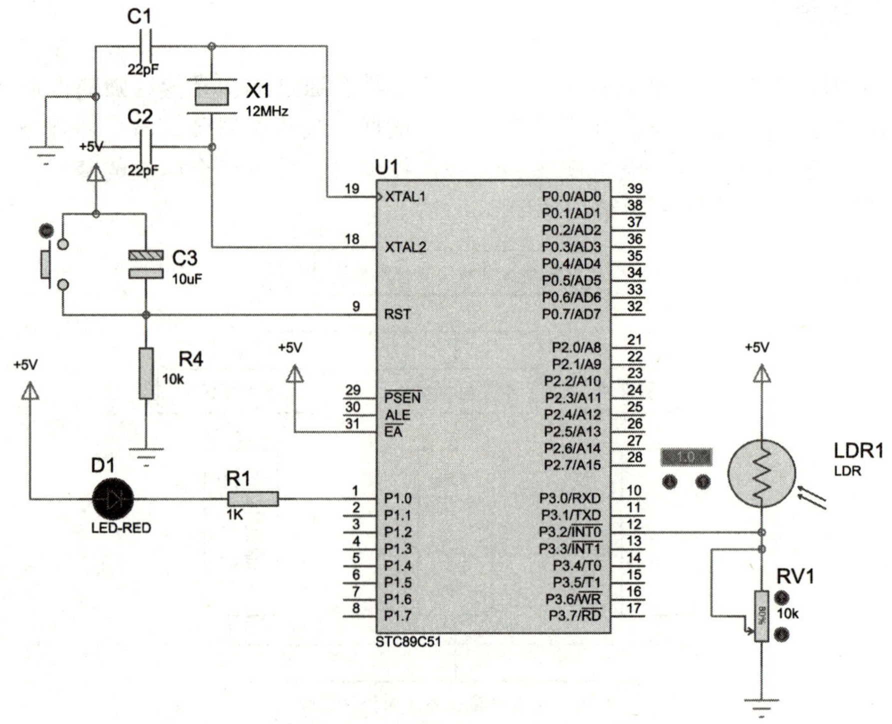

图 5-2　感光控制模块硬件电路图

该电路设计涉及以下知识点：

1. 光敏电阻的工作原理

光敏电阻是用硫化隔或硒化隔等半导体材料制成的特殊电阻器，其工作原理是基于内光电效应。光照越强，阻值就越低，随着光照强度的升高，电阻值迅速降低，亮电阻值可小至 1 kΩ 以下。光敏电阻对光线十分敏感，其在无光照时，呈高阻状态，暗电阻一般可达 1.5 MΩ。光敏电阻器通常由光敏层、玻璃基片（或树脂防潮膜）和电极等组成，其结构如图 5-3 所示。

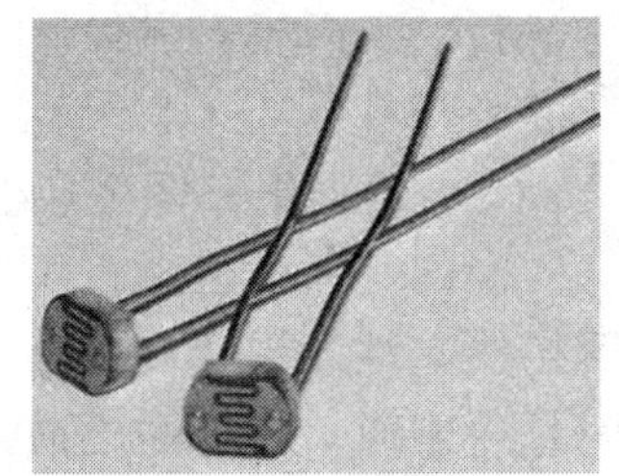

图 5-3　光明电阻结构

2. 感光模块电路设计

图 5-2 电路中 LDR 元件就是一个光敏电阻，将它和一个可变电阻连接构成一个分压电路。当光强改变时，光敏电阻的阻值会变大或变小，单片机 I/O 引脚 P3.2 的电平会随着变化。如果根据引脚 P3.2 的电平值，去控制 P1.0 引脚连接的 LED 灯的亮灭，就实现了自动感应光强从而控制 LED 灯的功能。

二、软件程序设计

这个程序设计主要是考虑怎样检测单片机 I/O 引脚 P3.2 的电平值，当它分别为“高电平”或“低电平”两种状态时，控制 LED 灯不同的发光模式。可以用查询的方式或中断的方式来检测 P3.2 的电平值。本书程序采用的是中断方式，程序代码可以扫描右侧二维码查看。

感光控制模块参考程序

三、任务实施

完成了硬件电路图设计和程序编写后，便可以完成感光控制模块设计的任务了。

（1）在 Proteus 仿真软件中验证设计的电路和程序。

首先列出元器件清单，见表 5-1。

表 5-1　感光控制模块元器件清单

品名	型号	数量/个	Proteus 元件库关键字
单片机	STC89C51	1	AT89C51（代替）
晶振	12 MHz	1	CRYSTAL
电阻	10 kΩ	1	RES
可变电阻	1 kΩ	1	POT-HG
瓷片电容	22 pF	2	CAP
电解电容	10 μF	1	CAP-ELEC
光敏电阻	LDR	1	LDR
发光二极管	LED	1	LED-RED

根据元器件清单中所示的关键字，在 Proteus 仿真软件的元件库中找到所有元件，并按照原理图接线。

按下仿真开始按钮后，改变光敏电阻的光强。当光强很弱时，LED 灯就亮了，而当光强很强时，LED 灯就灭了。仿真结果可以扫描以下二维码查看。

感光控制模块电路仿真结果

（2）根据电路图搭接电路。

根据元器件清单，找到制作电路所需的所有材料后按照电路原理图接线。注意搭建硬件电路后需要使用万用表测试系统的电源、地之间是否连通。在上电之前一定要确保系统电源、地没有短路，这是一个调试的好习惯。

（3）下载程序至单片机。

将程序下载至单片机中观察结果。如果程序及电路都没有错误，改变照在光敏电阻的光强，LED 灯的亮灭便会随之改变。

（4）故障调试。

若系统不正常就需要检查，此过程是软硬件联合调试的过程，在实际单片机系统制作过程中非常重要，我们需要借助万用表来完成此过程。本项目常见的调试故障及排查思路见表 5-2。

表 5-2　感光控制模块故障排查

常见故障现象	排查思路
感光电路没有正常工作	检查感光电路，看可变电阻的值是否调到临界值；检查程序，看检测光强变化的代码是否正确

四、总结归纳

这个任务中的知识点、技能点总结归纳如图 5-4 所示。

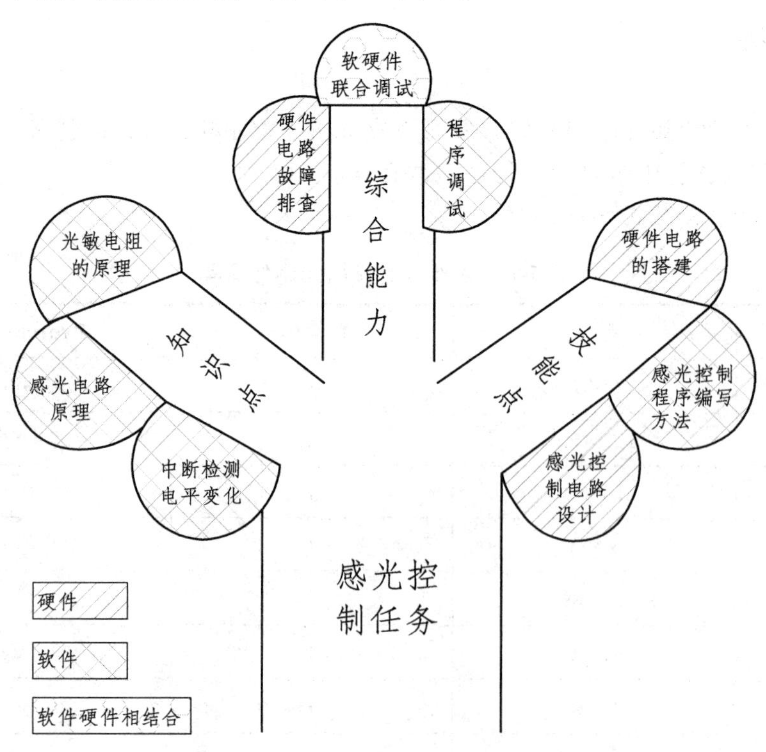

图 5-4　感光控制模块总结归纳知识树

五、学习评价

学习任务评价表参见本书配套的电子版工作页。

子任务二　步进电机模块设计——步进电机正反转控制

在本任务中我们通过按键控制步进电机正反转来理解步进电机的使用方法。单片机输出控制信号经过驱动电路控制步进电机正转或反转，当步进电机拖动的负载为窗帘时就可以使窗帘打开或关闭，最终达到自动开关窗帘的目的。

任务目标

○ 能理解步进电机的基本知识及相关概念
● 能掌握 28BYJ-48 型步进电机的工作原理。
◎ 能绘制步进电机的驱动电路。
◎ 能写出步进电机正反转相序表。
○ 能了解步进电机速度调节方法。
◎ 能完成步进电机正反转控制程序的编写及调试。
◎ 能用 Proteus 软件绘制步进电机正反转控制电路。
● 能排除步进电机正反转控制系统硬件电路故障。
● 能进行步进电机正反转控制系统软硬件联合调试。

说　明

○——了解；◎——重点；●——难点。

一、硬件电路设计

在本设计中，我们分别用三个按键控制步进电机正转、反转以及停止。按下正转按键后步进电机正转（顺时针转）同时正转指示灯亮，按下停止按键后电机停止，按下反转按键后步进电机反转（逆时针转）同时反转指示灯亮。由于步进电机的驱动电流较大，单片机不能直接驱动，一般可以使用 ULN2003 达林顿阵列驱动。电路图如图 5-5 所示。

该电路设计涉及以下知识点：

1. 步进电机基本知识

步进电机是一种将电脉冲转化为角位移的执行机构。通俗一点讲，当步进驱动器接收到一个脉冲信号，它就驱动步进电机按设定的方向转动一个固定的角度（即步进角），可以通过控制脉冲个数来控制角位移量，从而达到准确定位的目的；同时，可以通过控制脉冲频率来控制电机转动的速度和加速度，从而达到调速的目的。

图 5-6 所示为四相步进电机的内部构造，其中中间部分是转子，由一个永磁体组成，边上的是定子绕组。当定子的一个绕组通电时，将产生一个方向的电磁场，如果这个磁场的方向和转子磁场的方向不在同一条直线上，那么定子和转子的磁场将产生一个扭力将转子扭转。依次改变绕组的磁场，就可以使步进电机正转或反转，而改变磁场切换的时间间隔，就可以控制步进电机的速度了，这就是步进电机的驱动原理。

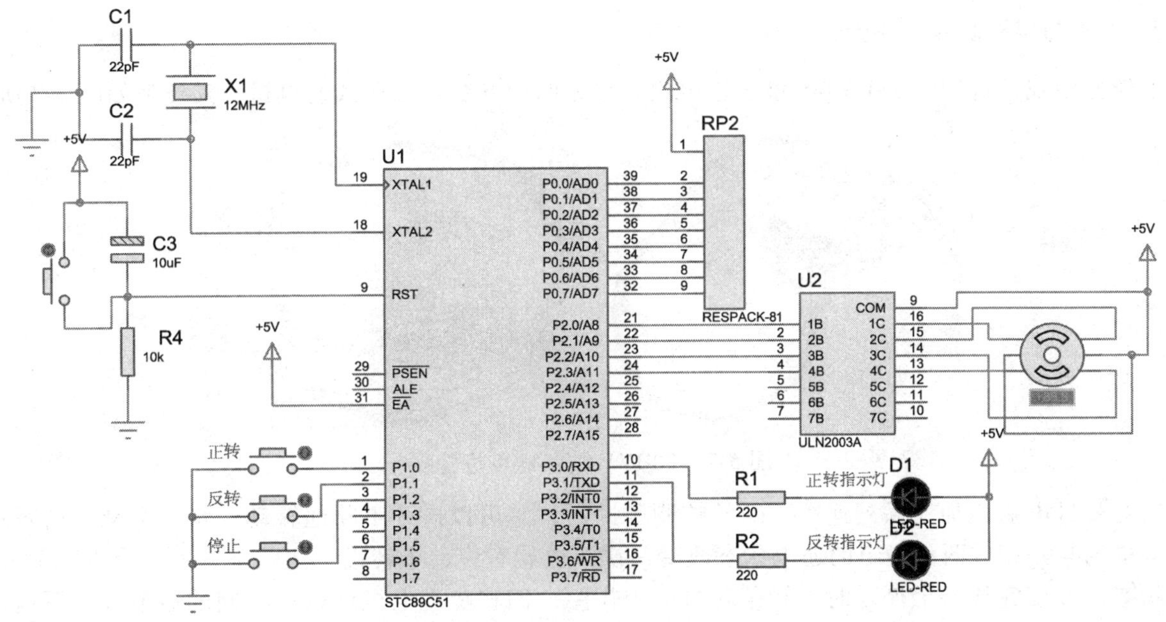

图 5-5　步进电机正反转控制硬件电路图

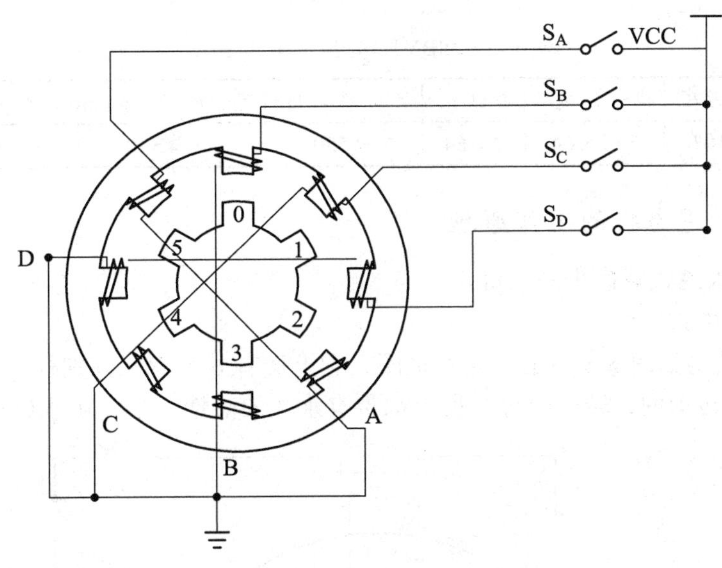

图 5-6　四相步进电机内部示意图

不管是两相四线、四相五线、四相六线步进电机，其内部构造都是如此，控制方式也相同。

2. 步进电机的相关概念

相数：产生不同对 N、S 磁场的励磁线圈对数，常用 m 表示。

拍数：完成一个磁场周期性变化所需脉冲数或导电状态，常用 n 表示，或指电机转过一个步距角所需的脉冲数。以四相电机为例，有四相四拍运行方式（即 AB-BC-CD-DA-AB）和四相八拍运行方式（即 A-AB-B-BC-C-CD-D-DA-A）。

步距角：对应一个脉冲信号，电机转子转过的角位移用 θ 表示。θ=360°/（转子齿数 J×运行拍数）。以常规二、四相，转子齿为 50 齿电机为例、四拍运行时步距角为 θ=360°/（50×4）=1.8°（俗称整步），八拍运行时步距角为 θ=360°/（50×8）=0.9°（俗称“半步”）。

3. 28BYJ-48 型步进电机介绍

本任务中我们选用了 28BYJ48 型步进电机，它是四相五线永磁式减速电机，其外观如图 5-7 所示。

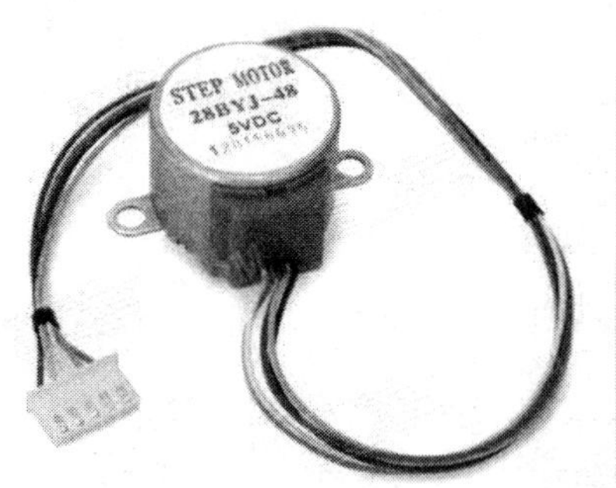

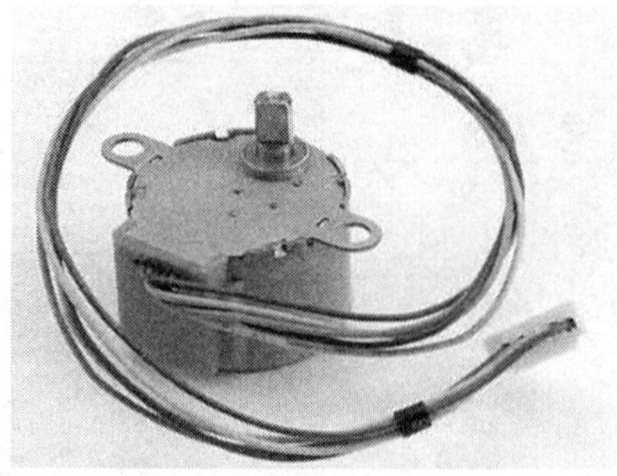

图 5-7　28BYJ-48 步进电机外观

当对步进电机施加一系列连续不断的控制脉冲时，它可以连续不断地转动。每一个脉冲信号对应步进电机的某一相或两相绕组的通电状态改变一次，也就对应转子转过一定的角度（一个步距角）。当通电状态的改变完成一个循环时，转子转过一个齿距。四相步进电机可以在不同的通电方式下运行，常见的通电方式有单（单相绕组通电）四拍（A-B-C-D）、双（双相绕组通电）四拍（AB-BC-CD-DA）和单双八拍（A-AB-B-BC-C-CD-D-DA）。其主要技术参数见表 5-3。

表 5-3　28BYJ-48 步进电机参数

供电电压/V	相数	相电阻/Ω	步进角度/°	减速比	启动频率/Hz	定子转矩/(g·cm)	噪声/dB	绝缘介电强度/V
5	4	50±10%	5.625/64	1：64	≥550	≥300	≤35	AC 600

4. 28BYJ-48 型步进电机的工作原理

28BYJ-48 是四相永磁式减速步进电机。

（1）何谓“四相永磁式”？

28BYJ-48 的内部结构如图 5-8 所示。先看里圈，它上面有 6 个齿，分别标注为 0～5，这个叫作转子，顾名思义，它是要转动的，转子的每个齿上都带有永久的磁性，是一块永磁体，这就是“永磁式”

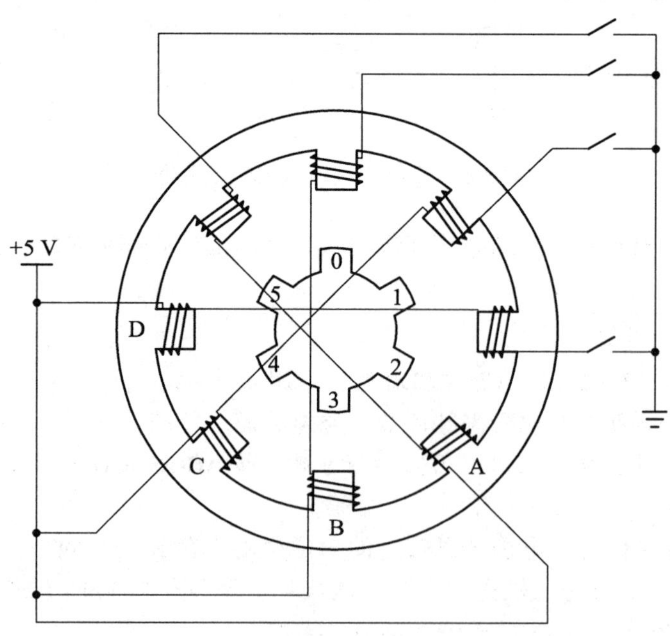

图 5-8　28BYJ-48 步进电机内部结构示意图

的概念。再看外圈，这个就是定子，它是保持不动的，实际上它是跟电机的外壳固定在一起的，上面有 8 个齿，而每个齿上都缠上了一个线圈绕组，正对着的 2 个齿上的绕组又是串联在一起的，也就是说正对着的 2 个绕组总是会同时导通或关断的，如此就形成了四相，在图中分别标注为 A-B-C-D，这就是“四相”的概念。

（2）工作原理。

假定电机的起始状态如图 5-8 所示，逆时针方向转动，起始时是 B 相绕组的开关闭合，B 相绕组导通，那么导通电流就会在正上和正下两个定子齿上产生磁性，这两个定子齿上的磁性就会对转子上的 0 和 3 号齿产生最强的吸引力，就会如图 5-8 所示的那样，转子的 0 号齿在正上、3 号齿在正下而处于平衡状态；此时我们会发现，转子的 1 号齿与右上的定子齿也就是 C 相的一个绕组呈现一个很小的夹角，2 号齿与右边的定子齿也就是 D 相绕组呈现一个稍微大一点的夹角，很明显这个夹角是 1 号齿和 C 绕组夹角的 2 倍。同理，左侧的情况也是一样的。

接下来，我们把 B 相绕组断开，而使 C 相绕组导通，那么很明显，右上的定子齿将对转子 1 号齿产生最大的吸引力，而左下的定子齿将对转子 4 号齿，产生最大的吸引力。在这个吸引力的作用下，转子 1、4 号齿将对齐到右上和左下的定子齿上而保持平衡，如此，转子就转过了起始状态时 1 号齿和 C 相绕组那个夹角的角度。

断开 C 相绕组，导通 D 相绕组，过程与上述的情况完全相同，最终将使转子 2、5 号齿与定子 D 相绕组对齐，转子又转过了上述同样的角度。

那么很明显，当 A 相绕组再次导通，即完成一个 B-C-D-A 的四节拍操作后，转子的 0、3 号齿将由原来的对齐到上下 2 个定子齿，而变为了对齐到左上和右下的两个定子齿上，即转子转过了一个定子齿的角度。以此类推，再来一个四节拍，转子就将再转过一个齿的角度，8 个四节拍以后转子将转过完整的一圈，而其中单个节拍使转子转过的角度就很容易计算出来了，即 360°/（8×4）=11.25°，这个值就叫作步进角度。而上述这种工作模式就是步进电机的单四拍模式——单相绕组通电四节拍。

我们再来讲解一种具有更优性能的工作模式，那就是在单四拍的每两个节拍之间再插入一个双绕组导通的中间节拍，组成八拍模式。比如，在从 B 相导通到 C 相导通的过程中，假如一个 B 相和 C 相同时导通的节拍，这个时候，由于 B、C 两个绕组的定子齿对它们附近的转子齿同时产生相同的吸引力，这将导致这两个转子齿的中心线对比到 B、C 两个绕组的中心线上，也就是新插入的这个节拍使转子转过了上述单四拍模式中步进角度的一半，即 5.625°。这样一来，就使转动精度增加了一倍，而转子转动一圈则需要 8×8=64 拍。另外，新增加的这个中间节拍，还会在原来单四拍的两个节拍引力之间又加了一把引力，从而可以大大增加电机的整体扭力输出，使电机更“有劲”了。

除了上述的单四拍和八拍的工作模式外，还有一个双四拍的工作模式——双绕组通电四节拍。其实就是把八拍模式中的两个绕组同时通电的那四拍单独拿出来，而舍弃掉单绕组通电的那四拍而已。其步进角度同单四拍是一样的，但由于它是两个绕组同时导通，所以扭矩会比单四拍模式大，在此不作过多解释。

八拍模式是这类四相步进电机的最佳工作模式，能最大限度地发挥电机的各项性能，也是绝大多数实际工程中所选择的模式。本任务中的程序就是按八拍模式控制步进电机工作的。

（3）何谓“减速”？

图 5-9 是 28BYJ-48 步进电机的拆解图，从图中可以看到，位于最中心的那个白色小齿轮才是步进电机的转子输出。在工作原理的分析中我们知道转子转动一圈需要 64 拍，也就是 64 个节拍只是让这个小齿轮转了一圈，然后它带动那个浅蓝色的大齿轮，这就是一级减速。右上方的白色齿轮结构，除电机转子和最终输出轴外的 3 个传动齿轮都是这样的结构，由一层多齿和一层少齿构成，而每一个齿轮都用

图 5-9　步进电机内部齿轮示意图

自己的少齿层去驱动下一个齿轮的多齿层，这样每 2 个齿轮都构成一级减速，一共就有了 4 级减速，那么总的减速比是多少呢？即转子要转多少圈最终输出轴才转一圈呢？

电机参数表中的减速比——1∶64，即转子转 64 圈，最终输出轴才会转一圈，也就是需要 64×64=4 096 个节拍，输出轴才转过一圈。4 096 个节拍转动一圈，那么一个节拍转动的角度——步进角度就是 360/4 096，查看表中的步进角度参数 5.625/64，这两个值是相吻合的。

5. 28BYJ-48 型步进电机的驱动电路

由于步进电机的驱动电流较大，单片机不能直接驱动，一般都是使用 ULN2003 达林顿阵列驱动。当然，使用下拉电阻或三极管也是可以驱动的，只不过效果不是那么好，产生的扭力比较小。ULN2003 是高耐压、大电流复合晶体管阵列，由 7 个硅 NPN 复合晶体管组成，其工作电压高，工作电流大，灌电流可达 500 mA，并且能够在关态时承受 50 V 的电压，输出还可以在高负载电流并行运行，在控制电路中应用广泛。

ULN2003 也是一个 7 路反向器电路，即当输入端为高电平时 ULN2003 输出端为低电平，当输入端为低电平时 ULN2003 输出端为高电平。从电路图可以看到，要使步进电机线圈通电需要 ULN2003 输出低电平信号，也就是说，需要控制相应的单片机引脚 P2.0~P2.3 输出高电平信号。

二、软件程序设计

在本设计中，分别用三个按键控制步进电机正转、反转以及停止。按下正转按键后步进电机正转（顺时针转）同时正转指示灯亮，按下停止按键后电机停止，按下反转按键后步进电机反转（逆时针转）同时反转指示灯亮。程序中采用八拍模式控制步进电机工作，即依次给线圈 A-AB-B-BC-C-CD-D-DA 通电。完整程序可以扫描右侧二维码查看。

步进电机正反转控制程序

该程序设计涉及以下知识点：

1. 步进电机正反转相序表

本程序采用八拍模式控制步进电机工作，即依次给线圈 A-AB-B-BC-C-CD-D-DA 通电电机反转，反之正转。根据步进电机工作原理列出反转相序表，如表 5-4 所示，正转的情况刚好相反。

表 5-4　步进电机反转（逆时针）相序表

A（P2.3）	B（P2.2）	C（P2.1）	D（P2.0）	十六制（P2 口）
1	0	0	0	0x08
1	1	0	0	0x0c
0	1	0	0	0x04
0	1	1	0	0x06
0	0	1	0	0x02
0	0	1	1	0x03
0	0	0	1	0x01
1	0	0	1	0x09

可以在程序中定义旋转相序表，如程序第 6、7 行所示。

```
006 uchar code CCW[8]={0x08,0x0c,0x04,0x06,0x02,0x03,0x01,0x09}; //逆时针旋转相序表
007 uchar code CW[8]={0x09,0x01,0x03,0x02,0x06,0x04,0x0c,0x08}; //顺时针旋转相序表
```

在编程时依次将相序表 CCW 里的内容赋给 P2 口，经过 ULN2003 驱动器反向后输出给步进电机的

A、B、C、D 相，则步进电机按照 A-AB-B-BC-C-CD-D-DA 相依次接通，电机逆时针转动（即反转）。正转时将相序表 CW 里的内容依次赋给 P2 口即可。

2. 步进电机速度调节方法

到这里，似乎所有的逻辑问题都解决了，循环将这个数组内的值送到 P2 口就行了。但是，只要再深入想一下就会发现还有个问题：多长时间送一次数据，也就是说，一个节拍要持续多长时间合适呢？是随意的吗？当然不是，这个时间是由步进电机的启动频率决定的。启动频率，就是步进电机在空载情况下能够正常启动的最高脉冲频率，如果脉冲频率高于该值，电机就不能正常启动。表 5-3 是由厂家提供的步进电机参数表，表中启动频率的参数是≥550，单位是 Hz，即每秒脉冲数，这里的意思就是说：电机保证在每秒给出 550 个步进脉冲的情况下，可以正常启动。那么换算成单节拍持续时间就是 1 s/550=1.8 ms。为了让电机能够启动，控制节拍刷新时间大于 1.8 ms 就可以了。有了这个参数，就可以动手写出简单的电机转动程序了。例程中单节拍的持续时间为 2 ms，如程序第 42、61 行所示，实际使用时可以根据需要调整该值的大小来调节步进电机转速。

```
039 for(i=0;i<8;i++) //转子旋转45度（1个齿距角）
040 {
041  P2=CCW[i];
042  delaynms(2); //调节转速
043 }
```

当用八拍模式时，步进电机转子转过一圈需要 64 个节拍，而程序中是每个节拍持续 2 ms，那么转子转一圈就应该是 128 ms，又因为 28BYJ-48 是减速比为 1∶64 的步进电机，所以输出轴转一圈的时间是转子转 64 圈的时间，即 8 192 ms。

三、任务实施

完成了硬件电路图设计和程序编写后，就可以完成步进电机正反转控制任务了。

（1）在 Proteus 仿真软件中验证设计的电路和程序。

首先列出元器件清单，见表 5-5。

表 5-5　步进电机正反转控制元器件清单

品名	型号	数量/个	Proteus 元件库关键字
单片机	STC89C51	1	AT89C51（代替）
晶振	12 MHz	1	CRYSTAL
电阻	10 kΩ	1	RES
排阻	4.7 kΩ	1	RESPACK-8
按键	不带锁	3	BUTTON
瓷片电容	22 pF	2	CAP
电解电容	10 μF	1	CAP-ELEC
达林顿管阵列	ULN2003	1	ULN2003A
发光二极管	LED	2	LED-RED
电阻	220 Ω	2	RES
步进电机	28BYJ-48	1	MOTOR-STEPPER

根据元器件清单中所示的关键字，在 Proteus 仿真软件的元件库中找到所有元件，并按照原理图接线。注意 Proteus 中的步进电机有两种：六线制（MOTOR-STEPPER）和四线制（MOTOR-BISTEPPER），仿真时使用的是六线制步进电机，其中左右中间两根线接电源，剩下四根与 P2 口的连接方式见电路图

中所示，在使用时可以双击元件修改步进角等属性值。若使用四线制步进电机，则四根线与单片机的连接顺序与六线制不同，区别如图 5-10 所示。

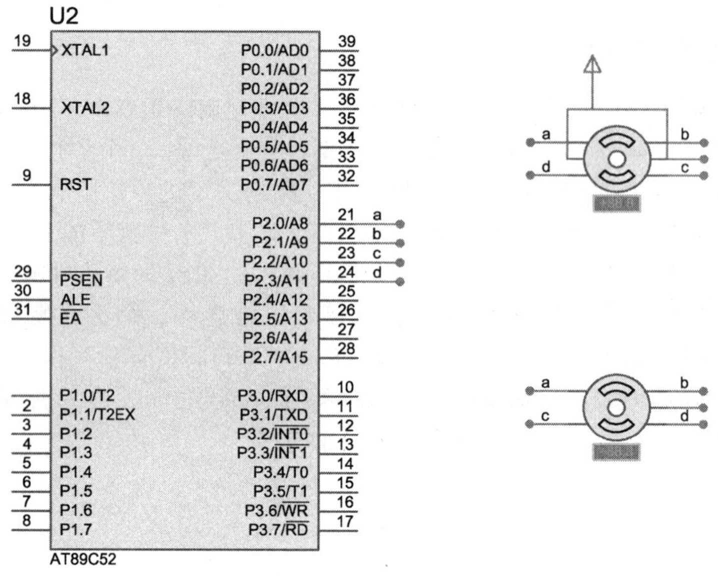

图 5-10 两种步进电机的使用区别示意图

仿真开始后，按下正转按键，步进电机正转且正转指示灯亮，此时按下停止按键步进电机停止转动，电机停转后按下反转按键步进电机反转且反转指示灯亮，按下停止按键电机停转。仿真结果可以扫描右侧二维码查看。

步进电机正反转控制任务仿真结果

（2）根据电路图搭接电路。

根据元器件清单，找到制作电路所需的所有材料后按照电路原理图接线。注意搭建硬件电路后需要使用万用表测试系统的电源、地之间是否连通。在上电之前一定要确保系统电源、地没有短路，这是一个调试的好习惯。

在实际使用时 28BYJ-48 的五根线如何连接呢？在本任务中红线接电源 5 V，橙色线通过 ULN2003 接 P2.3 口，黄色线接 P2.2 口，粉色电线接 P2.1 口，蓝色接 P2.0 口。

（3）下载程序至单片机。

将程序下载至单片机中观察结果。如果程序及电路都没有错误，那么我们就会看到按键按下后电机正转或反转同时指示灯亮起来。

（4）故障调试。

若按下按键步进电机及指示灯未按要求动作就需要检查，此过程是软硬件联合调试的过程，在实际单片机系统制作过程中非常重要，我们需要借助万用表来完成此过程。本项目常见的调试故障及排查思路见表 5-6。

表 5-6 步进电机正反转控制常见故障现象及排查思路

常见故障现象	排查思路
按键按下后步进电机未动作、灯未亮	首先用万用表测量单片机电源、地之间是否有 5 V 左右电压，无则检查电源地电路，有则在按键按下时测与单片机相连的 I/O 口电压是否为 0 V。若不为 0 则检查按键输入电路，为 0 则检查步进电机及驱动电路硬件接线是否正确，接线正确的情况下检查程序
按键按下后仅灯亮，步进电机未动作	检查步进电机及驱动电路硬件接线是否正确，接线正确的情况下检查步进电机正反转程序
按键按下后灯不亮，步进电机能动作	检查 LED 灯的硬件电路及 LED 灯控制程序
按键按下后步进电机旋转方向与要求相反	检查步进电机硬件连接及步进电机正反转相序表

四、总结归纳

在本任务中，我们学习了步进电机的正反转控制，涉及的知识有步进电机的基本知识及相关概念、28BYJ-48 型步进电机的工作原理、步进电机的驱动电路、步进电机正反转相序表、步进电机速度调节方法、步进电机正反转控制程序的编写及调试、系统硬件电路故障的调试、系统软硬件联合调试等，接下来我们通过知识树的形式来归纳总结本任务所学的知识点、技能点及综合能力（见图 5-11）。

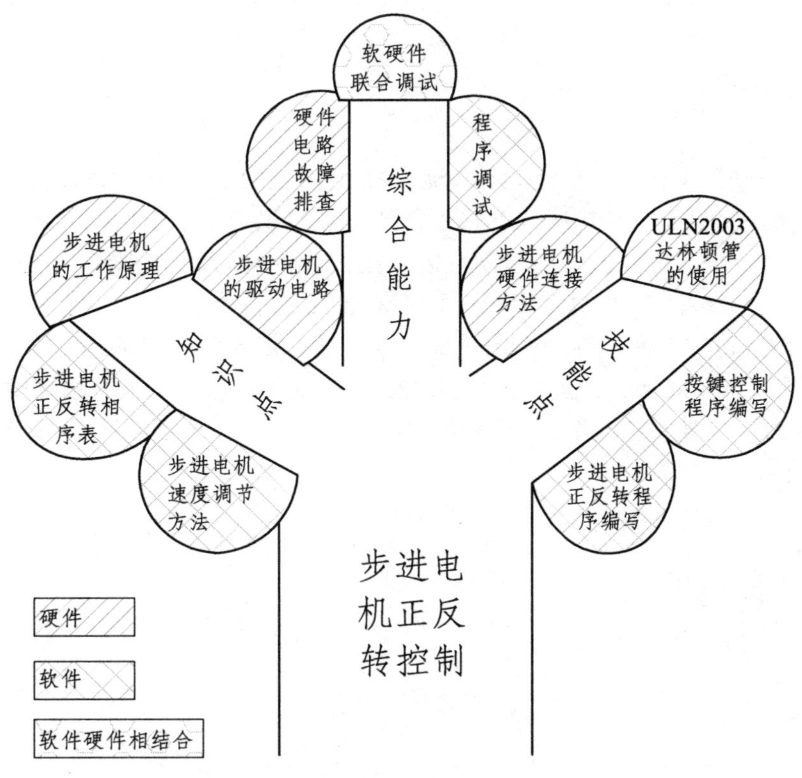

图 5-11　步进电机正反转控制任务知识树

五、学习评价

学习任务评价表参见本书配套的电子版工作页。

子任务三　无线遥控模块设计——四键无线遥控器的使用

在本任务中我们通过无线遥控器控制三基色 LED 灯变色来了解 PT2272 无线遥控模块的使用方法。

任务目标

- ● 能掌握 PT2272 无线遥控模块的使用方法。
- ◎ 能用 Proteus 软件绘制无线遥控器控制三基色 LED 灯电路图。
- ◎ 能完成无线遥控器控制三基色 LED 灯程序的编写及调试。

● 能排除无线遥控器控制三基色 LED 灯硬件电路故障。
● 能进行无线遥控器控制三基色 LED 灯系统软硬件联合调试。

说 明

○——了解；◎——重点；●——难点。

一、硬件电路设计

在本设计中，我们使用 PT2272 无线遥控模块。PT2262/2272 是一种 CMOS 工艺制造的低功耗、低价位通用编/解码电路，是目前在无线通信电路中作地址编码识别最常用的芯片之一。该模块有四个按键分别为 A、B、C、D，适合需要远距离控制且需求按键较少的场合。当按下 A 键时，三基色 LED 灯发红光；按下 B 键时，三基色 LED 灯发绿光；按下 C 键时，三基色 LED 灯发蓝光；按下 D 键时，三基色 LED 灯七彩变色，每按下一次颜色变化一次。本任务采用共阳极三基色 LED 灯，公共端接+5 V，红灯管脚接 P2.0，绿灯管脚接 P2.1，蓝灯管脚接 P2.2。四键无线遥控器接收模块数据输出端 D0~D3，分别与单片机 P1.0~P1.3 相连，VT 端经过反相器 74LS04 与单片机外部中断 0 引脚 P3.2 口相连，电路图如图 5-12 所示。

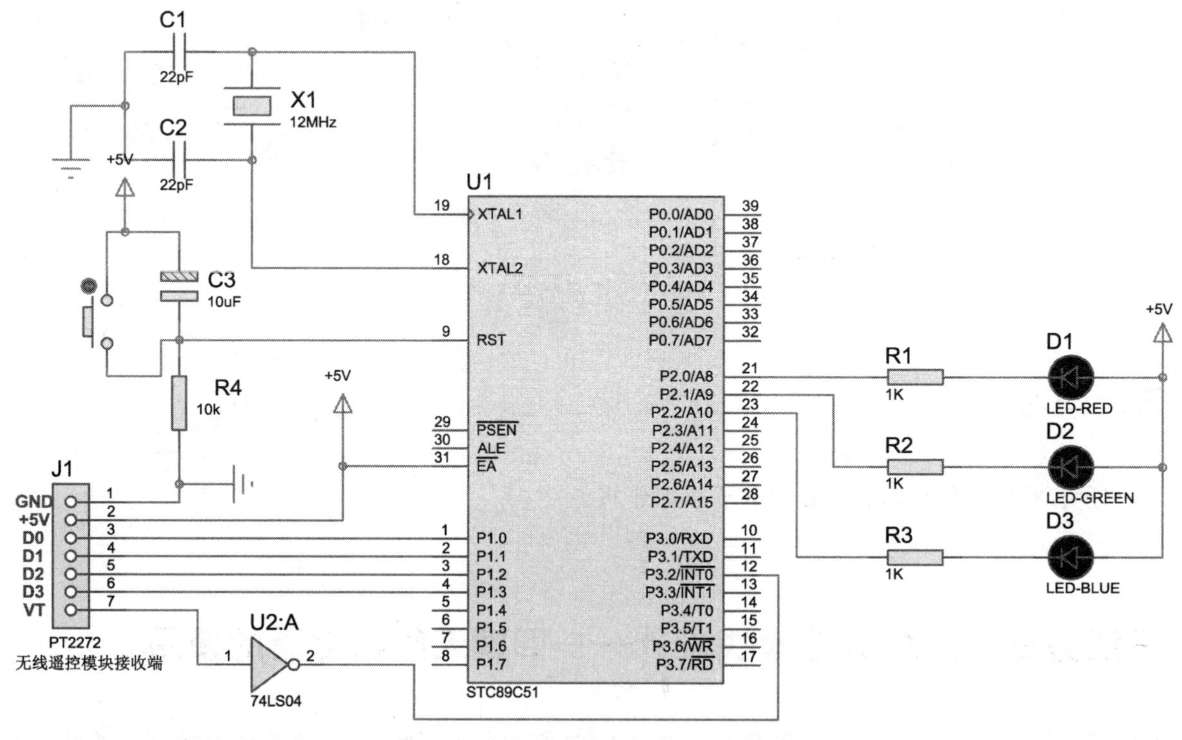

图 5-12 四键无线遥控器使用电路原理图

该电路设计涉及以下知识点：

PT2272 无线遥控模块介绍：

PT2272 无线遥控模块包括两部分：一是发射模块，也就是通常说的遥控器；另一部分是接收模块，用来接收发射模块发射的信号。无线遥控模块外围元件少、功能强，设计与应用简单，因此常用在单片机控制系统中。图 5-13 所示为 PT2272 无线遥控模块外形图。

发射模块外形与汽车遥控器类似，有 A、B、C、D 四个按键，其内部主要由编码芯片 PT2272、高频调制及功率放大电路组成。

图 5-13　PT2272 无线遥控模块外形图

接收模块由 PT2272-M4 及接收电路组成。接收模块共有 7 个引出端，正视面从左到右分别为 VT、D3、D2、D1、D0、+5 V、GND，其中 VT 端为解码有效输出端，D0~D3 为 4 位数据非锁存输出端。接收模块引脚功能见表 5-7。

表 5-7　无线遥控器接收模块引脚功能

脚位	名称	功能说明
1	VT	输出状态指示
2	D3	数据输出
3	D2	数据输出
4	D1	数据输出
5	D0	数据输出
6	5 V	电源正极
7	GND	电源负极

无线遥控模块在使用时，编码芯片发出编码信号（由地址码、数据码、同步码组成一个完整的码字），解码芯片接收到信号后，其地址码经过两次比较核对后，VT 脚输出高电平，与此同时，相应的数据脚也输出高电平。经万用表测量发现当 A 键按下时 D0 脚输出高电平，B 键按下时 D1 脚输出高电平，C 键按下时 D2 脚输出高电平，D 键按下时 D3 脚输出高电平（不同的发射模块按键位置不同，需要自己测试）。知道了这样的对应关系，我们就可以根据 D0~D3 脚的值来判断是哪个按键被按下了。同时，只要有按键被按下，VT 脚就输出高电平，我们可以利用这个特点加入反相器作为外部中断源向单片机申请中断，这样一来只要有键被按下，单片机就能马上响应它。

二、软件程序设计

本任务程序设计的重点是识别无线遥控器的按键值并按照控制要求对键值进行相应的处理。在前面我们了解到四键无线遥控器接收模块数据输出端 D0~D3 分别与单片机 P1.0~P1.3 相连，且当 A 键被按下时 D0 脚输出高电平，B 键被按下时 D1 脚输出高电平，C 键被按下时 D2 脚输出高电平，D 键被按下时 D3 脚输出高电平。由此，可以写出按键与 P1 口的值的对应关系为 A—0x01、B—0x02、C—0x04、D—0x08。三基色 LED 灯的使用及编程方法前面已经有详细讲解，在此不再赘述。本任务完整程序可以扫描右侧二维码查看。

四键无线遥控器使用示范程序

三、任务实施

完成了硬件电路图设计和程序编写后，就可以完成四键无线遥控器的使用任务了。

（1）在 Proteus 仿真软件中绘制电路图。

首先列出元器件清单，见表 5-8。

表 5-8　四键无线遥控器的使用元器件清单

品名	型号	数量/个	Proteus 元件库关键字
单片机	STC89C51	1	AT89C51（代替）
晶振	12 MHz	1	CRYSTAL
电阻	10 kΩ	1	RES
瓷片电容	22 pF	2	CAP
电解电容	10 μF	1	CAP-ELEC
按键	不带锁	1	BUTTON
四键无线遥控模块	基于 PT2272 芯片	1	SIL-100-07（不可仿真）
三基色 LED 灯	共阳极雾化	1	LED-RED/GREEN/BLUE 代替
反相器	74LS04	1	74LS04
电阻	1 kΩ	3	RES

根据元器件清单中所示的关键字，在 Proteus 仿真软件的元件库中找到所有元件，并按照原理图接线。注意 Proteus 中没有四键遥控模块，在这里用的 7 脚接插件代替，该模块是不可仿真的。另外，三基色 LED 彩灯分别用红、绿、蓝三色 LED 灯来代替。

（2）根据电路图搭接电路。

根据元器件清单，找到制作电路所需的所有材料后按照电路原理图接线。注意搭建硬件电路后需要使用万用表测试系统的电源、地之间是否连通。在上电之前一定要确保系统电源、地没有短路，这是一个调试的好习惯。

在搭建硬件电路前可以先用一个小实验来检验四键无线遥控收发模块是否功能正常，方法如下：无线遥控模块接收端 D0~D3 以及 V_T 端分别连接五盏发光二极管的阳极，发光二极管的阴极都接地，给无线遥控模块接上 5 V 电源后，按下 A、B、C、D 四个按键后可以看到，与按键所对应的数据输出口相连的 LED 灯亮了，同时与 V_T 相连的 LED 灯也亮了，出现这样的现象证明无线遥控模块是可以正常使用的。

（3）下载程序至单片机。

将程序下载至单片机中观察结果。如果程序及电路都没有错误，那么我们就会看到当按下四键无线遥控器的 A 键时三基色 LED 灯发红光；按下 B 键时三基色 LED 灯发绿光；按下 C 键时三基色 LED 灯发蓝光；按下 D 键时三基色 LED 灯七彩变色，每按下一次颜色变化一次。

（4）故障调试。

若按下无线遥控器的按键后三基色 LED 灯未按要求动作就需要检查，此过程是软硬件联合调试的过程，在实际单片机系统制作过程中非常重要，我们需要借助万用表来完成此过程。本项目常见的调试故障及排查思路见表 5-9。

表 5-9　四键无线遥控器的使用常见故障现象及排查思路

常见故障现象	排查思路
按下无线遥控器任一按键后三基色 LED 灯未亮	首先用万用表测量单片机电源、地之间是否有 5 V 左右电压，无则检查电源地电路，有则在按键按下时测 P3.2 口是否由高电平变为低电平。若未变成低电平则检查无线遥控模块及反相器电路，若变为了低电平则检查三基色 LED 灯的接线电路，接线正确的情况下检查程序
按键按下后灯亮，但亮的颜色和控制要求不同	检查程序中按键键码定义部分及键值处理部分

四、总结归纳

在本任务中，我们学习了四键无线遥控器的使用方法，涉及的知识有 PT2272 无线遥控模块的使用方法、无线遥控模块的电路连接、无线遥控模块的按键识别程序编写、无线遥控器控制三基色 LED 灯变色程序的编写及调试、系统硬件电路故障的调试、系统软硬件联合调试等，接下来我们通过知识树的形式来归纳总结本任务所学的知识点、技能点及综合能力（见图 5-14）。

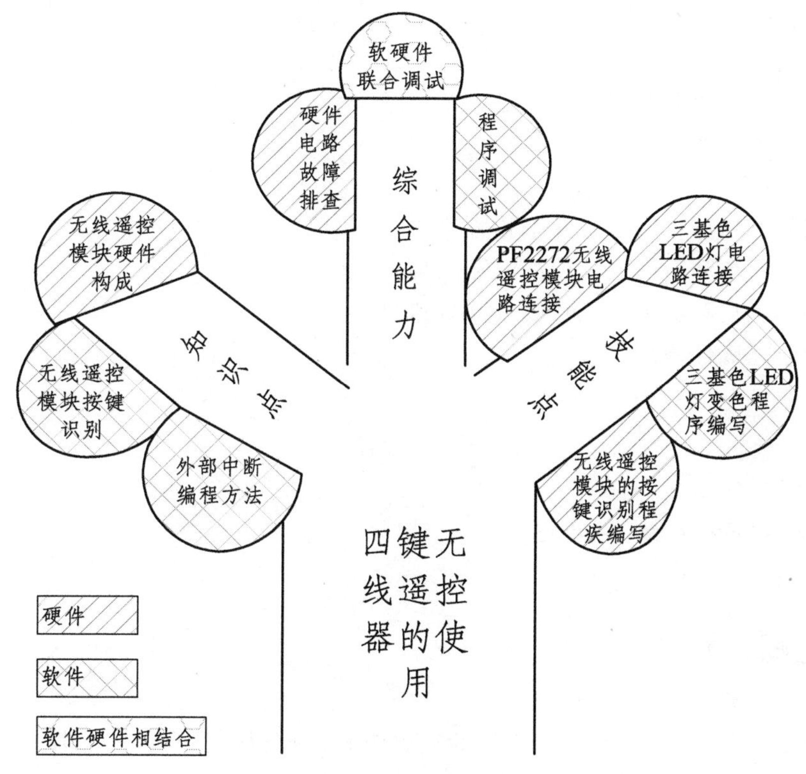

图 5-14　四键无线遥控器的使用知识树

五、学习评价

学习任务评价表参见本书配套的电子版工作页。

子任务四　综合设计——智能小屋自动窗帘系统制作与调试

在前面我们已经学习了光敏电阻的原理及使用方法、步进电机正反转控制、四键无线遥控器的使用方法等。接下来，我们要利用前面所学的知识来制作智能小屋自动窗帘系统，该系统有手动和自动两种运行模式，可以用按键或无线遥控器进行模式切换。在手动模式下可以使用按键控制窗帘的打开和关闭，也可以使用无线遥控器远距离开关窗帘；在自动模式下使用光敏电阻来感应光照强度，当白天时窗帘自动打开，晚上时窗帘自动关闭。本系统采用步进电机作为执行机构，带动窗帘打开或关闭。自动窗帘系统的使用将提高智能小屋的舒适性。

任务目标

● 能叙述单片机控制系统设计制作的流程。
○ 能进行元器件的选型。
● 能掌握步进电机的工作原理。
◎ 能编写步进电机正反转控制程序。
◎ 能掌握无线遥控模块的使用方法。
◎ 能掌握光敏电阻的使用方法。
◎ 能在 Proteus 中绘制电路图。
◎ 能根据控制要求划分程序模块并编程程序。
● 能排除智能小屋自动窗帘系统硬件电路故障。
◎ 能进行智能小屋自动窗帘系统软硬件联合调试。
○ 能与他人合作完成任务。

说　明

○——了解；◎——重点；●——难点。

一、硬件电路设计

结合之前学习的单片机控制系统设计制作的完整流程，按以下步骤开展工作：

（1）确定（分析）系统功能。

本次任务是制作一个智能小屋自动窗帘系统，有手动和自动两种模式，两种模式可以自由切换。在手动模式下要求能近距离和远距离控制窗帘的打开和关闭；在自动模式下能够根据光照强度，白天时窗帘自动打开，晚上时窗帘自动关闭。

（2）元器件选型。

根据对前面子任务的学习以及对系统功能分析，我们选用四键无线遥控器作为输入部件用以远距离开关窗帘，选用光敏电阻感应光照强度，选用步进电机作为执行机构带动窗帘开或关。根据各器件的应用电路，列出元器件清单，见表 5-10。

表 5-10　智能小屋自动窗帘系统元器件清单

品名	型号	数量/个	Proteus 元件库关键字
单片机	STC89C51	1	AT89C51（代替）
晶振	12 MHz	1	CRYSTAL
瓷片电容	22 pF	2	CAP
电解电容	10 μF	1	CAP-ELEC
电阻	10 kΩ	1	RES
按键	不带锁	4	BUTTON
发光二极管	LED	4	LED-RED
排阻	4.7 kΩ	1	RESPACK-8
可变电阻	10 kΩ	1	POT-HG
电阻	1 kΩ	2	RES
电阻	3 kΩ	1	RES
比较器	LM393	1	LM393
PNP 三极管	9012	1	PNP
光敏电阻	GL5506	1	LDR
无线遥控器	PT2272 无线遥控模块	1	SIL-100-07
反向器	74LS04	1	74LS04
达林顿管阵列	ULN2003	1	ULN2003
步进电机	28BYJ-48	1	MOTOR-STEPPER

（3）单片机 I/O 端口分配。

接下来为按键、发光二极管、无线遥控器、光敏电阻、步进电机等分配单片机 I/O 端口，见表 5-11。

表 5-11　智能小屋自动窗帘系统 I/O 分配

单片机引脚	连接硬件	备注
P1.0~P1.3	无线遥控模块输出端	D0~D3
P1.5	步进电机方向控制按键	
P1.6	手自动切换按键	
P1.7	停止开关窗按键	
P3.2	经反相器连接无线遥控 VT 端	
P2.0~P2.3	经 ULN2003 连接步进电机 A、B、C、D 端	
P0.0	自动模式指示灯	
P0.1	手动模式指示灯	
P0.2	开窗指示灯	
P0.3	关窗指示灯	
P3.0	光敏电阻电路	

（4）功能电路的设计及验证。

由于前面的子任务中我们已经成功应用了本任务涉及的各个功能模块，所以在这里就可以省略功能电路的设计及验证部分。

（5）设计并绘制硬件电路。

分配好 I/O 口后可以在 Proteus 仿真软件中绘制出电路原理图，绘制好的电路原理图如图 5-15 所示。

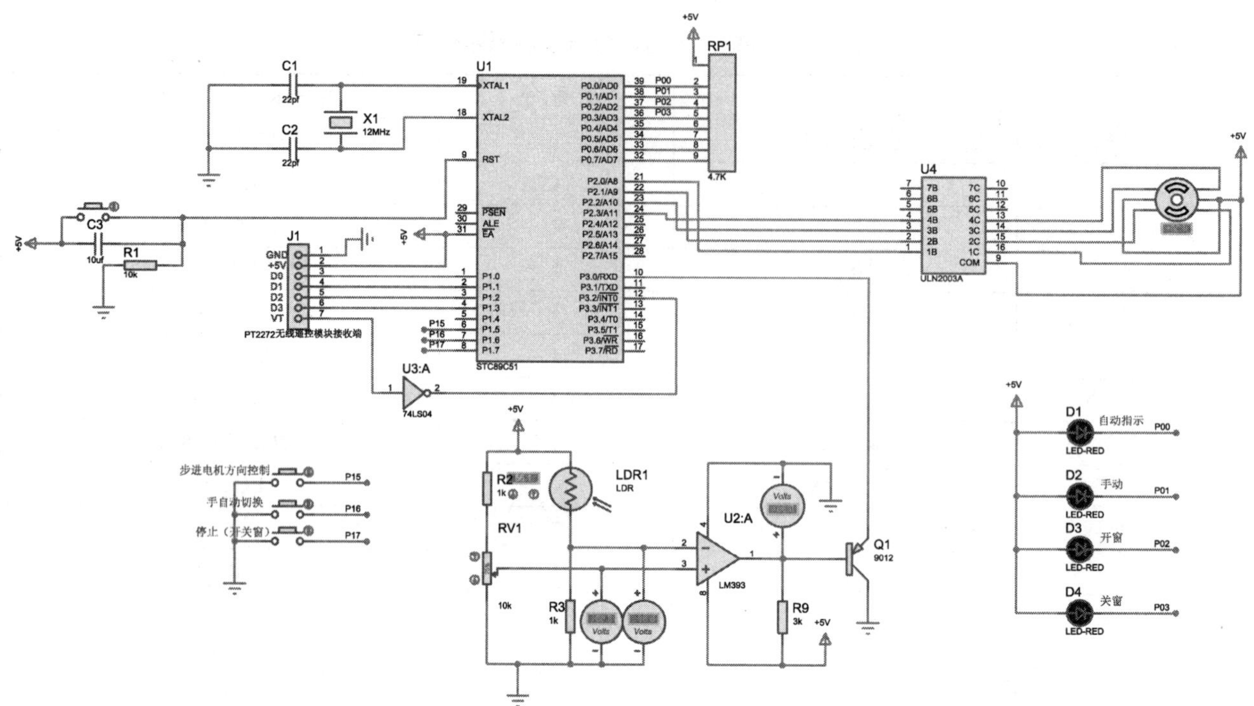

图 5-15　智能小屋自动窗帘系统电路原理图

该电路设计涉及以下知识点：

电压比较器 LM393 的工作原理：

LM393 是双电压比较器集成电路。其管脚图如图 5-16 所示。

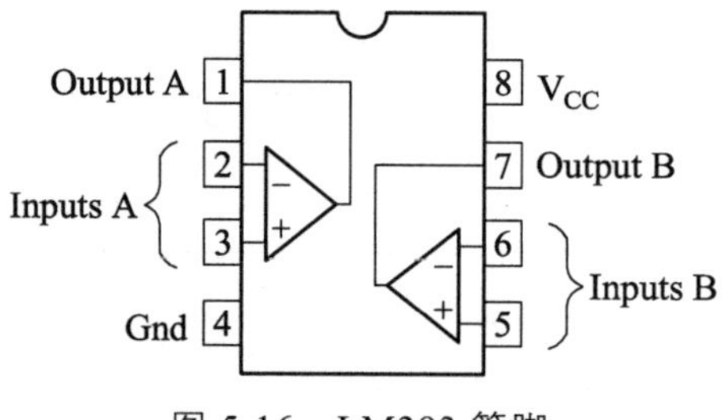

图 5-16　LM393 管脚

电压比较器可以看作是放大倍数接近“无穷大”的运算放大器。电压比较器的功能是比较两个电压的大小（用输出电压的高或低电平，表示两个输入电压的大小关系）：

（1）当“+”输入端电压高于“-”输入端时，电压比较器输出为高电平；

（2）当“+”输入端电压低于“-”输入端时，电压比较器输出为低电平。

在前面的电路图中可以看到，光敏电阻接收光照产生的电阻值的变化转变成电压信号，传递给电压比较器的反相输入端，这个变化的电压信号与电压比较器的同相输入端的基准电压相比较。当同相端电压大于反相端电压时，电压比较器的输出端输出高电平信号；当同相端电压小于反相端电压时，电压比较器的输出端输出低电平信号。

在没有光照时（夜晚），光敏电阻的阻值很大，电阻 R_3 与光敏电阻组成的分压点电压降低，使同相端电压大于反相端端电压，电压比较器的输出端输出高电平信号，9012 截止，发射极为高电平，如图 5-17 所示。

在有光照时（白天），光敏电阻的电阻值很小，电阻 R_3 与该光敏电阻组成的分压点电压上升，使同相端电压小于反相端电压，电压比较器的输出端输出低电平信号，此时 9012 发射极为低电平，如图 5-18 所示。

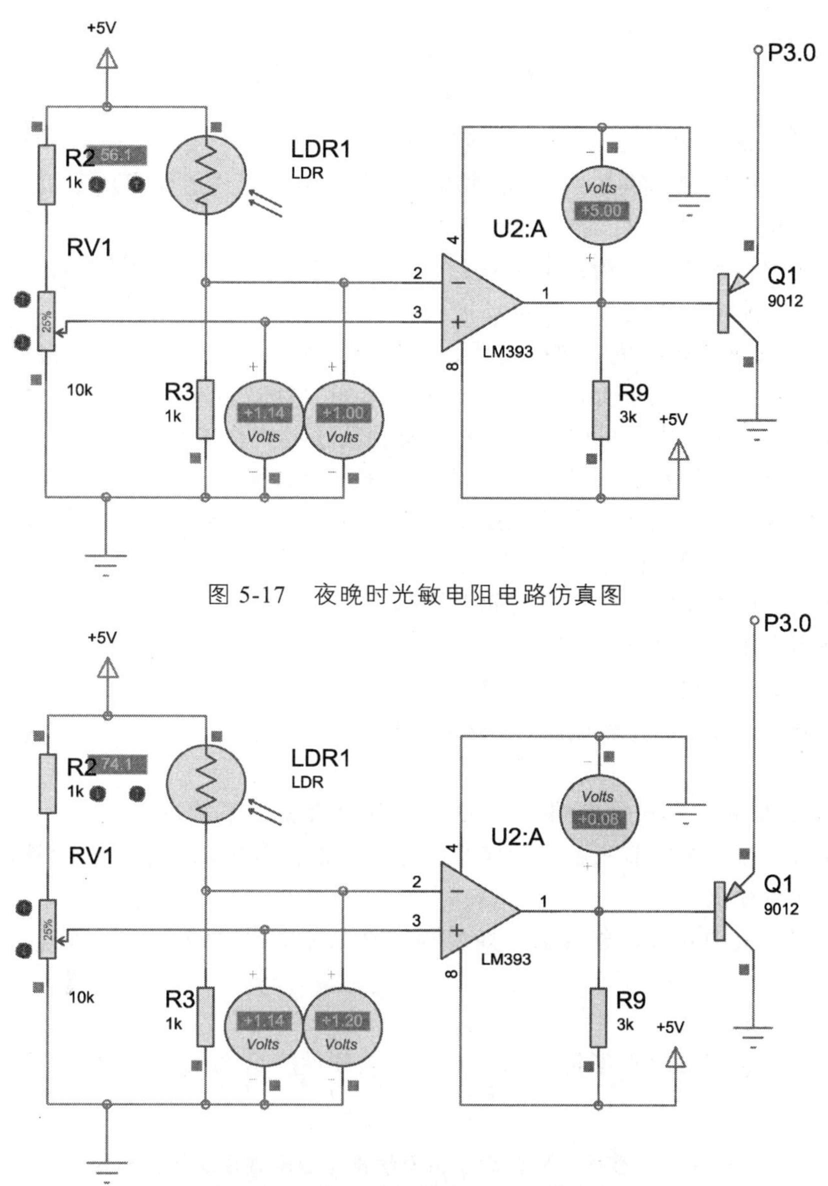

图 5-17　夜晚时光敏电阻电路仿真图

图 5-18　白天时光敏电阻电路仿真图

使用时将 9012 的发射极接到单片机 P3.0 端口，单片机可以根据 P3.0 口的电平来判断是白天还是黑夜，进而在程序中控制窗帘的打开和关闭，实现自动开关窗帘的目的。

接在同相端的电位器 R_{V1} 用于调节该端的电位电压，这个电压也就是电压比较器输入的阈值翻转电压，用于光照灵敏度调节。

该电路涉及的其他知识已经在前面的子任务中有详细讲解，在此不再赘述。

二、软件程序设计

本任务要求设计智能小屋自动窗帘系统，该系统有手动和自动两种运行模式，可以用按键或无线遥控器进行模式切换。在手动模式下可以使用按键控制窗帘的打开和关闭，也可以使用无线遥控器远距离开关窗帘；在自动模式下使用光敏电阻来感应光照强度，当白天时窗帘自动打开，晚上时窗帘自动关闭。完整程序可以扫描右侧二维码查看。

智能小屋自动窗帘系统制作与调试综合设计程序

三、任务实施

（1）在 Proteus 仿真软件中验证设计的电路和程序。

首先列出仿真时元器件对应的 Proteus 元件库关键字。由于无线遥控模块不可仿真，在仿真开始前将该模块属性值修改为不参与仿真，否则会仿真报错。

按下仿真开始按键，系统默认为手动模式且窗帘处于关闭状态，此时手动指示灯及关窗指示灯亮起。可以按下手自动切换按键进行手动和自动模式的切换。

① 手动模式下，按下步进电机方向按键后，步进电机逆时针旋转同时开窗指示灯亮起，窗帘慢慢打开。窗帘完全打开后，再次按下方向按键，步进电机顺时针转动同时关窗指示灯亮起，窗帘慢慢关闭。在窗帘打开或关闭的过程中，可以按下停止按键使窗帘停止在中间任一位置上。

② 按下按键切换到自动模式后，方向控制和停止按键均不起作用。此时，调节光敏电阻的光照强度值，通过仿真我们发现在此电路中当光照强度大于 68 lx 时，系统认为是白天，此时自动开窗；当光照强度小于 68 lx 时，认为是黑夜，此时自动关窗。可以调整滑动变阻器的值来调节光照灵敏度。仿真结果可以扫描右侧二维码查看。

智能小屋自动窗帘系统仿真结果

（2）根据电路图焊接硬件电路。

①根据元器件清单，找到制作电路所需的所有材料。

②测试发光二极管、按键、光敏电阻、74LS04 的好坏。

③焊接硬件电路。

按照电路原理图焊接完成硬件电路后需要使用万用表测试系统的电源、地之间是否连通。在上电之前一定要确保系统电源、地没有短路，这是一个调试的好习惯。

（3）下载程序至单片机。

将程序下载至单片机中观察任务现象。如果程序及电路都没有错误，那么我们就会看到仿真成功的现象了。

（4）软硬件联合调试。

若最终的实验现象和任务要求不符，则需要进行软硬件联合调试。本项目常见的调试故障及排查思路见表 5-12。

表 5-12　智能小屋自动窗帘系统常见故障现象及排查思路

常见故障现象	排查思路
上电后手动指示灯、关窗指示灯不亮	首先用万用表测量单片机电源、地之间是否有 5 V 左右电压，无则检查电源、地电路，有则检查 LED 灯是否接反以及 LED 控制程序
手动模式下，按下方向按键后步进电机未动作	在按键按下时测与单片机相连的 I/O 口电压是否为 0 V，不为 0 则检查按键输入电路，为 0 则检查步进电机及驱动电路硬件接线是否正确，接线正确的情况下检查程序
手动模式下，无线遥控器按键按下后，步进电机及指示灯均未动作	检查无线遥控器接收模块电路连接是否正确，不正确则检查按键中断程序
自动模式下，无论有无光照步进电机均不动作	检查光敏电阻电路输出是否正确，正确则检查自动程序

四、总结归纳

在本任务中，我们制作了智能小屋的自动窗帘系统，涉及的知识有光敏电阻的使用、步进电机的控制原理及编程方法、四键无线遥控器的使用及编程方法等。接下来我们通过知识树的形式来归纳总结本任务所学的知识点、技能点及综合能力（见图 5-19）。

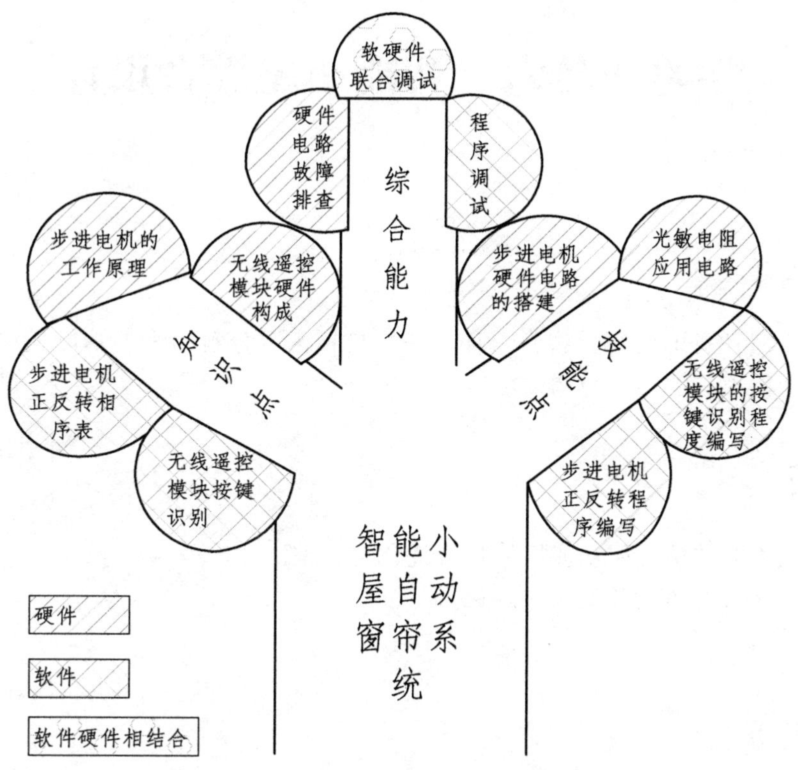

图 5-19　智能小屋自动窗帘系统知识树

五、学习评价

学习任务评价表参见本书配套的电子版工作页。

学习任务六　智能小屋综合设计

【学习任务描述】

综合前面所有学习任务的内容，将学习任务一中自顶向下分解出来的功能模块从全局层面进行优化设计并最终完成智能小屋的设计与调试。

【学习目标】

（1）能从全局层面对智能小屋功能模块进行优化与调整。
（2）能在 Protel99SE 软件中绘制硬件电路图。
（3）能进行 PCB 制板。

【学习工作任务】

前面我们已经完成了智能小屋彩灯模块设计、数字钟模块设计、门禁模块设计以及自动窗帘模块设计。本学习任务需要将前面各个分立的模块整合在一起，并对部分模块进行相应的调整，最终完成智能小屋系统的设计。

通过对各个模块的综合任务分析：数字钟是需要放置在小屋内部可以移动的独立小系统；门禁系统是需要固定在智能小屋门上用来输入密码进入小屋的；彩灯系统是装饰在智能小屋内部增加浪漫氛围的；自动窗帘系统是安装在窗帘附近进行开关窗帘控制的。根据我们的实际应用经验可以知道，数字钟和门禁系统都应该是独立的系统，设计时我们已经对性能以及节约 I/O 端口方面进行了优化设计。下面将重点对彩灯系统和自动窗帘系统进行调整和优化。

任务　智能小屋自动窗帘系统的优化与调整

我们已经知道彩灯系统是装饰在智能小屋内部增加浪漫氛围的；自动窗帘系统是安装在智能小屋窗帘附近进行开关窗帘控制的，两者都是安装在小屋内部的。从节约成本的实际需求考虑，可以将二者优化调整为一个系统，用同一块单片机进行控制，在自动窗帘控制系统的基础上增加花样彩灯功能，并用无线遥控器和独立按键控制花样彩灯的启动和停止。

任务目标

◎ 能叙述硬件电路优化思路。
● 能了解单片机程序优化的一般方法。

◎ 能对智能小屋自动窗帘系统硬件电路进行优化与调整。
◎ 能对智能小屋自动窗帘系统程序进行优化。
● 能排除优化后的智能小屋自动窗帘系统硬件电路故障。
◎ 能完成优化后的智能小屋自动窗帘系统软硬件联合调试。
○ 能与他人合作完成任务。

说 明

○——了解；◎——重点；●——难点。

一、硬件电路优化设计

在本任务中，我们需要在自动窗帘控制系统的基础上增加花样彩灯功能，并用无线遥控器和独立按键控制花样彩灯的启动和停止。

要将两个系统整合在一起，首先需要来看下自动窗帘系统的 I/O 分配，看看还有多少 I/O 口可以供我们使用。从表 5-11 中可以看到，单片机还剩余 15 个 I/O 口，需要在这个范围内重新设计花样彩灯，并且需要增加一个按键来控制花样彩灯的启动和停止。

我们依然使用单片机控制系统设计制作的流程开展工作：

（1）确定系统功能。

本次任务是在智能小屋自动窗帘系统的基础上加入彩灯系统，实现系统的优化调整。经过分析，需要重新设计彩灯的图案及花样，用单片机控制 12 盏彩灯，其中红灯 4 盏、绿灯 6 盏、蓝灯 2 盏，将彩灯排列为如图 6-1 所示的图案，重新设计花样彩灯的功能如下：按照图案方向先从外向内亮一段时间，再从内向外亮，之后从上到下、从左到右亮，最后依次按照红灯闪亮 4 次、绿灯闪亮 4 次、蓝灯闪亮 4 次的方式亮。当然，也可以设计更多花样或者通过串联或并联驱动更多盏灯。

同时我们增加 P1.4 口按键控制花样彩灯的启动和停止。另外，修改无线遥控器的按键功能：将 B 键由开窗帘功能修改为开/关窗帘功能，即按下为开窗帘，再次按下则关窗帘。将 C 键功能由关窗帘改为停止开关窗帘，将 D 键功能改为控制花样彩灯的启动和停止。

（2）元器件选型。

结合自动窗帘系统综合设计，依然选用四键无线遥控器作为输入部件，用以远距离开关窗帘；选用光敏电阻感应光照强度；选用步进电机作为执行机构，带动窗帘开或关。根据各器件的应用电路，列出元器件清单，见表 6-1。

表 6-1 优化后的智能小屋自动窗帘系统元器件清单

品名	型号	数量/个	Proteus 元件库关键字
单片机	STC89C51	1	AT89C51（代替）
晶振	12 MHz	1	CRYSTAL
瓷片电容	22 pF	2	CAP
电解电容	10 μF	1	CAP-ELEC
电阻	10 kΩ	1	RES
按键	不带锁	5	BUTTON
发光二极管	LED（红色）	8	LED-RED
发光二极管	LED（绿色）	6	LED-GREEN
发光二极管	LED（蓝色）	2	LED-BLUE

续表

品名	型号	数量/个	Proteus 元件库关键字
排阻	4.7 kΩ	1	RESPACK-8
可变电阻	10 kΩ	1	POT-HG
电阻	1 kΩ	2	RES
电阻	3 kΩ	1	RES
比较器	LM393	1	LM393
PNP 三极管	9012	1	PNP
光敏电阻	GL5506	1	LDR
无线遥控器	PT2272 无线遥控模块	1	SIL-100-07
反向器	74LS04	1	74LS04
达林顿管阵列	ULN2003	1	ULN2003
步进电机	28BYJ-48	1	MOTOR-STEPPER

（3）单片机 I/O 端口分配。

接下来为按键、发光二极管、无线遥控器、光敏电阻、步进电机等分配单片机 I/O 端口，见表 6-2。

表 6-2　优化后的智能小屋自动窗帘系统 I/O 分配

单片机引脚	连接硬件	备注
P1.0~P1.3	无线遥控模块输出端	D0~D3
P1.5	步进电机方向控制按键	
P1.6	手自动切换按键	
P1.7	停止开关窗按键	
P3.2	经反相器连接无线遥控 VT 端	
P2.0~P2.3	经 ULN2003 连接步进电机 A、B、C、D 端	
P0.0	自动模式指示灯	
P0.1	手动模式指示灯	
P0.2	开窗指示灯	
P0.3	关窗指示灯	
P3.0	光敏电阻电路	
P1.4	花样彩灯启停控制按键	
P0.4	控制两盏红灯	
P0.5	控制两盏绿灯	
P0.6	控制两盏红灯	
P2.4	控制两盏绿灯	
P2.5	控制两盏绿灯	
P2.6	控制两盏蓝灯	
P2.7	接彩灯公共端（共阴极连接）	0 亮，1 灭

（4）功能电路的设计及验证。

由于前面的任务中我们已经成功应用了本任务涉及的各个功能模块，所以在这里就可以省略功能电路的设计及验证部分。

（5）设计并绘制硬件电路。

分配好 I/O 口后可以在 Proteus 仿真软件中绘制出电路原理图，绘制好的电路原理图如图 6-1 所示。

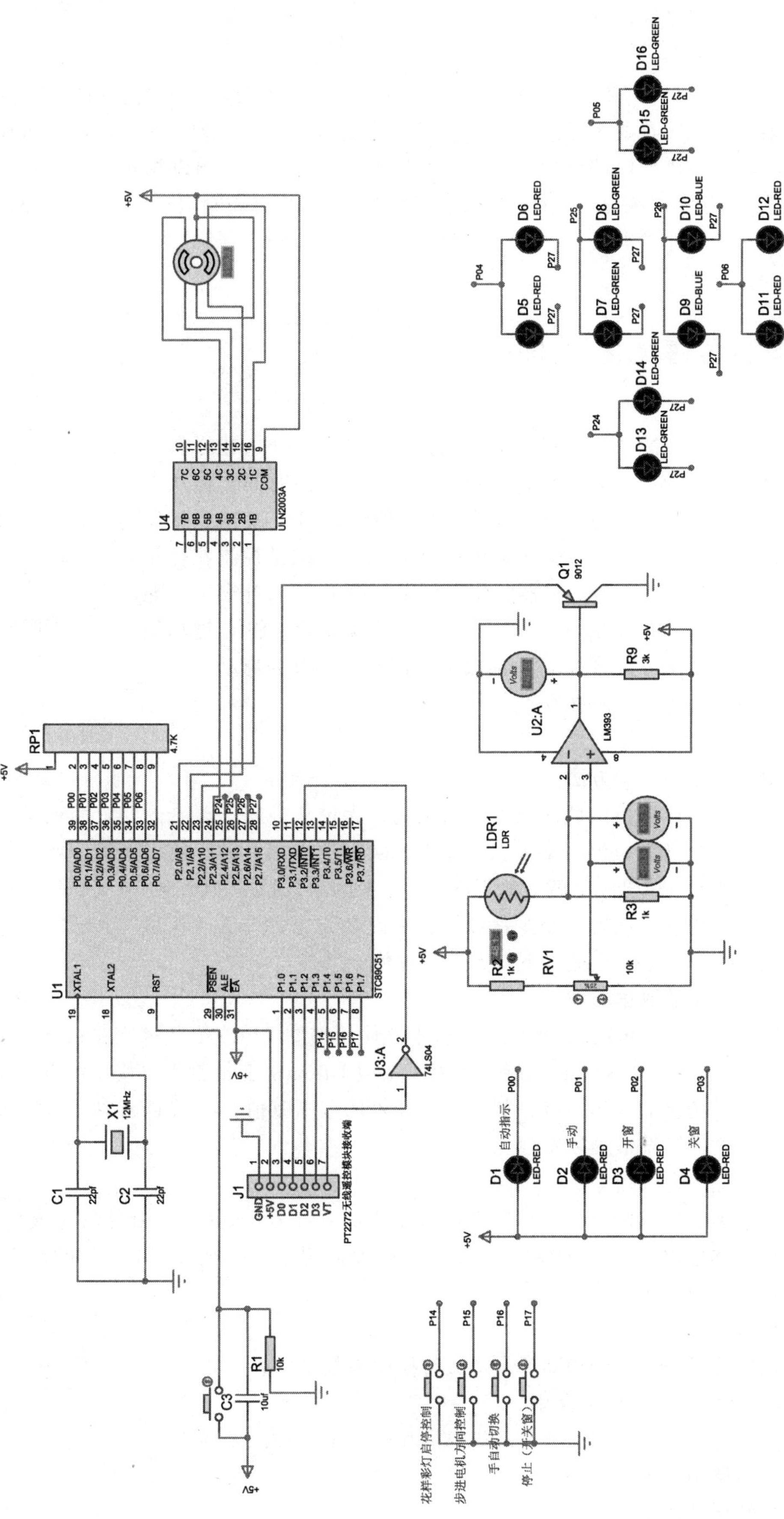

图 6-1　优化后的智能小屋自动窗帘系统电路原理图

该电路设计涉及以下知识点：

硬件电路优化思路：

51 单片机 I/O 口只有 32 个，能够连接的外设有限。对于功能较为复杂的项目，如何节约 I/O 口资源就是进行系统优化时首要考虑的。同时在保证系统功能、性能的前提下选用性价比更高的元器件、复用元器件功能也是硬件电路优化的方法。本任务将彩灯系统和自动窗帘系统整合为一个系统，减少了一套单片机最小系统的硬件开销，另外使用的按键同时具有控制启动和停止这两种功能，在节约 I/O 口的同时也降低了硬件成本。

二、软件程序优化设计

本任务要求优化智能小屋自动窗帘系统，在其基础上加入花样彩灯功能。花样彩灯的功能为：按照图案方向先从外向内亮一段时间，再从内向外亮，之后从上到下、从左到右亮，最后依次按照红灯闪亮 4 次、绿灯闪亮 4 次、蓝灯闪亮 4 次的方式亮。同时我们增加 P1.4 口按键控制花样彩灯的启动和停止，并且修改无线遥控器的按键功能，将 B 键由开窗帘功能修改为开/关窗帘功能，即按下为开窗帘，再次按下则关窗帘。将 C 键功能由关窗帘改为停止开关窗帘，将 D 键功能改为控制花样彩灯的启动和停止。完整程序可以扫描右侧二维码查看。

智能小屋自动窗帘系统的优化与调整完整程序

该程序设计涉及以下知识点：

单片机程序优化的一般方法：

单片机的性能同计算机的性能是天渊之别的，无论从空间资源、内存资源还是工作频率，都是无法与之比较的。个人计算机编程基本上不用考虑空间的占用、内存的占用等问题，最终目的就是实现功能就可以了。对于单片机来说就截然不同了，一般的单片机的 FLASH 和 RAM 的资源是以 KB 来衡量的，可想而知，单片机的资源是少得可怜，为此必须想方设法“榨尽”其所有资源，将它的性能发挥到最佳，程序设计时必须遵循以下几点进行优化：

（1）使用尽量小的数据类型。

能够使用字符型（char）定义的变量，就不要使用整型（int）变量来定义；能够使用整型变量定义的变量就不要用长整型（long int），能不使用浮点型（float）变量就不要使用浮点型变量。当然，在定义变量后不要超过变量的作用范围，如果超过变量的范围赋值，C 编译器并不报错，但程序运行结果却错了，而且这样的错误很难被发现。

（2）使用自加、自减指令。

通常使用自加、自减指令和复合赋值表达式（如 a-=1 及 a+=1 等）都能够生成高质量的程序代码，编译器通常都能够生成 INC 和 DEC 之类的指令，而使用 a=a+1 或 a=a-1 之类的指令，有很多 C 编译器都会生成 2~3 字节的指令。

（3）减少运算的强度。

可以使用运算量小但功能相同的表达式替换原来复杂的表达式。

（4）while 与 do…while 的区别

使用 do…while 循环编译后生成的代码的长度短于 while 循环。

（5）适当地使用算法。

（6）用指针代替数组。

在许多种情况下，可以用指针运算代替数组索引，这样做常常能产生又快又短的代码。与数组索引相比，指针一般能使代码速度更快，占用空间更少。

（7）强制转换。

C 语言的第一精髓就是指针的使用，第二精髓就是强制转换的使用，恰当地利用指针和强制转换不但可以提供程序效率，而且使程序更加简洁。

（8）减少函数调用参数。

使用全局变量比函数传递参数更加有效率。这样做去除了函数调用参数入栈和函数完成后参数出栈所需要的时间。然而决定使用全局变量会影响程序的模块化和重入，故要慎重使用。

（9）switch 语句中根据发生频率来进行 case 排序。

switch 语句在使用时，编译器会产生 if-else if 的嵌套代码，并按照顺序进行比较，发现匹配时，就跳转到满足条件的语句执行。为了提高速度，把最可能发生的情况放在第一位，最不可能的情况放在最后。

（10）循环嵌套。

循环在编程中经常用到，往往会出现循环嵌套。较大的循环嵌套较小的循环编译器会浪费更加多的时间，推荐的做法就是较小的循环嵌套较大的循环。

（11）从编译器着手。

很多编译器都具有偏向于代码执行速度上的优化、代码占用空闲太小的优化。例如 Keil 开发环境编译时可以选择偏向于代码执行速度上的优化（Favor Speed）还是代码占用空间太小的优化（Favor Size）。还有其他基于 GCC 的开发环境一般都会提供-O0、-O1、-O2、-O3、-Os 的优化选项，而使用 -O2 的优化代码执行速度上最理想，使用-Os 优化代码占用空间最小。

（12）嵌入汇编（杀手锏）。

汇编语言是效率最高的计算机语言，在一般项目开发当中一般都采用 C 语言来开发的，因为嵌入汇编之后会影响平台的移植性和可读性，不同平台的汇编指令是不兼容的。但是对于一些执着的程序员要求程序获得极致的运行效率，他们会在 C 语言中嵌入汇编，即“混合编程”。注意：如果想嵌入汇编，一定要对汇编有深刻的了解。

三、任务实施

（1）在 Proteus 仿真软件中验证设计的电路和程序。

首先列出仿真时元器件对应的 Proteus 元件库关键字，如表 6-1 所示。由于无线遥控模块不可仿真，在仿真开始前将该模块属性值修改为不参与仿真，否则会仿真报错。

按下仿真开始按键后，在检查原有功能的基础上重点观察新增加的花样彩灯的亮灭情况以及彩灯按键控制是否有效。仿真结果可以扫描右侧二维码查看。

优化后的智能小屋自动窗帘系统仿真结果

（2）根据电路图焊接硬件电路。

①根据元器件清单，找到制作电路所需的所有材料。

②测试发光二极管、按键、光敏电阻、74LS04 的好坏。

③焊接硬件电路。

按照电路原理图焊接完成硬件电路后需要使用万用表测试系统的电源、地之间是否连通。在上电之前一定要确保系统电源、地没有短路，这是一个调试的好习惯。

（3）下载程序至单片机。

将程序下载至单片机中观察任务现象。如果程序及电路都没有错误，那么我们就会看到仿真成功的现象了。

（4）软硬件联合调试。

若最终的实验现象与任务要求不符，则需要进行软硬件联合调试。本项目常见的调试故障及排查思路见表 6-3。

表 6-3　智能小屋自动窗帘系统的优化与调整常见故障现象及排查思路

常见故障现象	排查思路
上电后手动指示灯、关窗指示灯不亮	首先用万用表测量单片机电源、地之间是否有 5 V 左右电压，无则检查电源地电路，有则检查 LED 灯是否接反以及 LED 控制程序
手动模式下，按下方向按键后步进电机未动作	在按键按下时测与单片机相连的 I/O 口电压是否为 0 V，否则检查按键输入电路，是则检查步进电机及驱动电路硬件接线是否正确，接线正确的情况下检查程序
手动模式下，无线遥控器按键按下后，步进电机及指示灯均未动作	检查无线遥控器接收模块电路连接是否正确，不正确则检查按键中断程序
自动模式下，无论有无光照步进电机均不动作	检查光敏电阻电路输出是否正确，正确则检查自动程序
彩灯按键按下后彩灯不亮	检查彩灯控制按键连接是否正确，不正确则检查所有彩灯阴极有无接到 P2.7 口
部分彩灯不亮	检查彩灯电路，是否漏接相应 I/O 口或阴极未接到 P2.7 口上

四、总结归纳

在本任务中，我们优化了智能小屋的自动窗帘系统，在原来的基础上增加了花样彩灯功能。接下来我们通过知识树的形式来归纳总结本任务所学的知识点、技能点及综合能力（见图 6-2）。

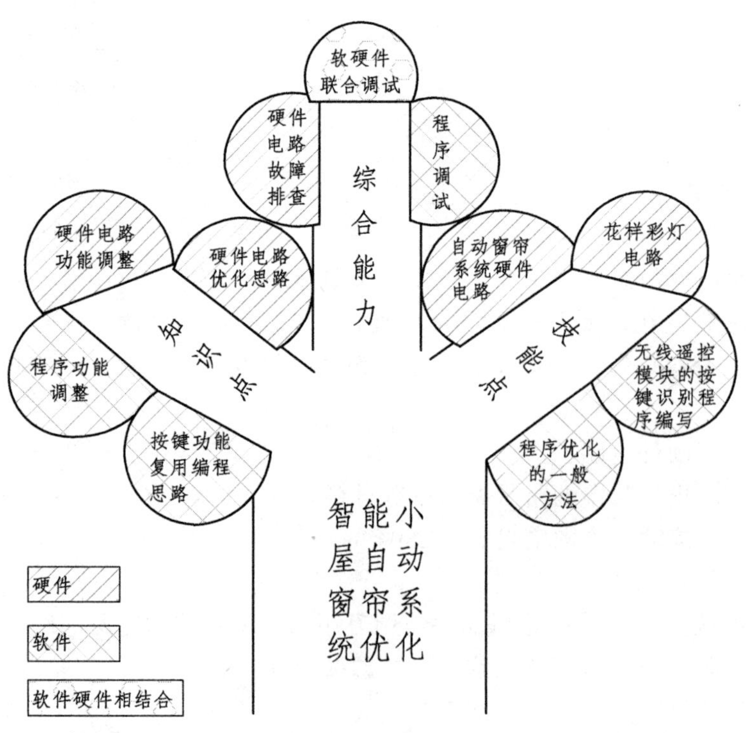

图 6-2　智能小屋自动窗帘系统的优化与调整知识树

五、学习评价

学习任务评价表参见本书配套的电子版工作页。

附表　汇编语言指令

附表 1　MCS-51 数据传送类指令

助记符	说明	字节数	时钟周期
MOV A, Rn	寄存器内容传送到累加器 A	1	12
MOV A, direct	直接寻址字节传送到累加器 A	2	12
MOV A, @Ri	间址 RAM 传送到累加器 A	1	12
MOV A, #data	立即数传送到累加器 A	2	12
MOV Rn, A	累加器内容传送到寄存器	1	12
MOV Rn, direct	直接寻址字节传送到寄存器	2	24
MOV Rn, #data	立即数传送到寄存器	2	12
MOV direct, A	累加器内容传送到直接寻址字节	2	12
MOV direct, Rn	寄存器内容传送到直接寻址字节	2	24
MOV direct, direct	直接寻址字节传送到直接寻址字节	2	24
MOV direct, @Ri	间址 RAM 传送到直接寻址字节	2	24
MOV direct, #data	立即数传送到直接寻址字节	3	24
MOV @Ri, A	累加器传送到间接寻址 RAM	1	12
MOV @Ri, direct	直接寻址字节到间接寻址 RAM	2	24
MOV @Ri, #data	立即数传送到间接寻址 RAM	2	12
MOV DPTR, #data	16 位常数装入数据指针	3	24
MOVC A, @A+DPTR	代码字节传送到累加器（查表指令）	1	24
MOVC A, @A+PC	代码字节传送到累加器（查表指令）	1	24
MOVX A, @Ri	外部 RAM（8 位地址）传送到 A	1	24
MOVX A, @DPTR	外部 RAM（16 位地址）传送到 A	1	24
MOVX @Ri, A	累加器传送到外部 RAM（8 位地址）	1	24
MOVX @DPTR, A	累加器传送到外部 RAM（16 位地址）	1	24
PUSH direct	直接寻址字节压入栈顶	2	24
POP direct	栈顶弹到直接寻址字节	2	24
XCHA, Rn	寄存器和累加器交换	1	12
XCHA, direct	直接寻址字节和累加器交换	2	12
XCHA, @Ri	间接寻址 RAM 和累加器交换	1	12
XCHD A, @Ri	间接寻址 RAM 和累加器交换低半字节	1	12
SWAP A	累加器内高低半字节交换	1	12

附表 2 MCS-51 算术操作指令

助记符	说明	字节数	时钟周期
ADD A, Rn	寄存器内容加到累加器	1	12
ADD A, direct	直接寻址字节内容加到累加器	2	12
ADD A, @Ri	间接寻址 RAM 内容加到累加器	1	12
ADD A, #data	立即数加到累加器	2	12
ADDC A, Rn	寄存器加到累加器（带进位）	1	12
ADDC A, direct	直接寻址字节加到累加器（带进位）	2	12
ADDC A, @Ri	间接寻址 RAM 加到累加器（带进位）	1	12
ADDC A, #data	立即数加到累加器（带进位）	2	12
SUBB A, Rn	累加器内容减去寄存器内容（带借位）	1	12
SUBB A, direct	累加器内容减去直接寻址字节（带借位）	2	12
SUBB A, @Ri	累加器内容减去间接寻址 RAM（带借位）	1	12
SUBB A, #data	累加器内容减去立即数（带借位）	2	12
INCA	累加器内容加 1	1	12
INCRn	寄存器内容加 1	1	12
INC direct	直接寻址字节内容加 1	2	12
INC @Ri	间接寻址 RAM 内容加 1	1	12
INC DPTR	数据指针加 1	1	24
DEC A	累加器内容减 1	1	12
DEC Rn	寄存器内容减 1	1	12
DEC direct	直接寻址字节内容减 1	2	12
DEC @Ri	间接寻址 RAM 内容减 1	1	12
MUL AB	累加器和寄存器 B 内容相乘，积存入 AB	1	48
DIV AB	累加器除以寄存器 B，商存入 A，余数存入 B	1	48
DA A	累加器十进制调整	1	12

附表 3　MCS-51 逻辑操作类指令

助记符	说明	字节数	时钟周期
ANL A, Rn	寄存器与到累加器	1	12
ANL A, direct	直接寻址字节内容与到累加器	2	12
ANL A, @Ri	间接寻址 RAM 内容与到累加器	1	12
ANL A, #data	立即数与到累加器	2	12
ANL direct, A	累加器与到直接寻址字节	2	12
ANL direct, #data	立即数与到直接寻址字节	3	24
ORL A, Rn	寄存器或到累加器	1	12
ORL A, direct	直接寻址字节内容或到累加器	2	12
ORL A, @Ri	间接寻址 RAM 内容或到累加器	1	12
ORL A, #data	立即数或到累加器	2	12
ORL direct, A	累加器或到直接寻址字节	2	12
ORL direct, #data	立即数或到直接寻址字节	3	24
XRL A, Rn	寄存器异或到累加器	1	12
XRL A, direct	直接寻址字节内容异或到累加器	2	12
XRL A, @Ri	间接寻址 RAM 内容异或到累加器	1	12
XRL A, #data	立即数异或到累加器	2	12
XRL direct, A	累加器异或到直接寻址字节	2	12
XRL direct, #data	立即数异或到直接寻址字节	3	24
CLR A	累加器清 0	1	12
CPL A	累加器按位取反	1	12
RL A	累加器循环左移	1	12
RLC A	带进位的累加器循环左移	1	12
RR A	累加器循环右移	1	12
RRC A	带进位的累加器循环右移	1	12

附表 4 MCS-51 控制转移类指令

助记符	说明	字节数	时钟周期
ACALL addr11	绝对调用子程序	2	24
LCALL addr16	长调用子程序	3	24
RET	从子程序返回	1	24
RETI	从中断返回	1	24
AJMP addr11	绝对转移	2	24
LJMP addr16	长转移	3	24
SJMP rel	相对转移	2	24
JMP @A+DPTR	散转，相对 DPTR 的间接转移	1	24
JZ rel	累加器为 0 则转移	2	24
JNZ rel	累加器不为 0 则转移	2	24
CJNE A, direct, rel	比较直接寻址字节和 A，不等则转移	3	24
CJNE A, #data, rel	比较立即数和 A，不等则转移	3	24
CJNE Rn, #data, rel	比较立即数和寄存器，不等则转移	3	24
CJNE @Ri, #data, rel	比较立即数和间址 RAM，不等则转移	3	24
DJNZ Rn, rel	寄存器减 1，不为 0 则转移	3	24
DJNZ direct, rel	直接寻址字节内容减 1，不为 0 则转移	3	24
NOP	空操作	1	12

附表 5　MCS-51 位变量操作类指令

助记符	说明	字节数	时钟周期
CLR C	清进位位	1	12
CLR bit	清直接寻址位	2	12
SETB C	进位位置位	1	12
SETB bit	直接寻址位置位	2	12
CPL C	进位位取反	1	12
CPL bit	直接寻址位取反	2	12
ANL C, bit	直接寻址位与到进位位	2	24
ANL C, /bit	直接寻址位的反码与到进位位	2	24
ORL C, bit	直接寻址位或到进位位	2	24
ORL C, /bit	直接寻址位的反码或到进位位	2	24
MOV C, bit	直接寻址位传送到进位位	2	12
MOV bit, C	进位位传送到直接寻址位	2	24
JC rel	进位位为 1 则转移	2	24
JNC rel	进位位为 0 则转移	2	24
JB bit, rel	直接寻址位为 1 则转移	3	24
JNB bit, rel	直接寻址位位 0 则转移	3	24
JBC bit, rel	直接寻址位 1 则转移，且清 0 该位	3	24

参考文献

[1] 郭天祥. 新概念 51 单片机 C 语言教程——入门、提高、开发、拓展全攻略[M]. 2 版. 北京：电子工业出版社，2018.

[2] 刘建清. 轻松玩转 51 单片机 C 语言：魔法入门、实例解析、开发揭秘全攻略[M]. 北京：北京航空航天大学出版社，2011.

[3] 王静霞. 单片机应用技术（C 语言版）[M]. 4 版. 北京：电子工业出版社，2019.

[4] 人力资源和社会保障部教材办公室. 单片机基础及应用[M]. 2 版. 北京：中国劳动社会保障出版社，2017.

[5] 廖传柱. 单片机应用系统设计与制作工作页[M]. 厦门：厦门大学出版社，2009.

工作页